BORSIG

von
Dieter Vorsteher

Industriekultur

Schriften zur Sozial- und Kulturgeschichte
des Industriezeitalters

herausgegeben von Tilmann Buddensieg

BORSIG

Eisengießerei und Maschinenbauanstalt zu Berlin

von
Dieter Vorsteher

im
Siedler Verlag

CIP-Kurztitelaufnahme der Deutschen Bibliothek

Vorsteher, Dieter:
Borsig: Eisengießerei u. Maschinenbauanst. zu Berlin / von Dieter Vorsteher. – Berlin: Siedler, 1983.
(Industriekultur)
ISBN 3-88680-101-2

Redaktion und Layout: Ditta Ahmadi
Umschlag und Einband: Hans Peter Willberg
Reproduktionen: Rembert Faesser, Berlin
Satz: Bongé & Partner, Berlin
Druck und Buchbinder: SVA, Ludwigsburg

Printed in Germany 1983
ISBN 3-88680-101-2

Inhaltsverzeichnis

Geleitwort von Tilmann Buddensieg

Industriekultur – dieser nun schon wieder abgegriffenen Münze sollen festere Konturen zurückgegeben werden: Das ist das Ziel einer Schriftenreihe unter diesem Namen, deren erster Band hier vorliegt.

Gewiß gibt es angesehene Studien im Bereich der Wirtschafts- und Technikgeschichte, der Volkswirtschaft und Stadtgeschichte, ferner die Gattung der werkseigenen Firmenfestschriften, doch bedürfen diese Unternehmungen der Ergänzung durch eine in die Kultur- und Sozialgeschichte hineinreichende Kunstgeschichte, die als Instrument zur Aufschließung der unmittelbaren Evidenz des Sichtbaren dient, die Symbolik der Bildzeichen erklärt und das Bilddokument in die Darstellung des geschichtlichen Ablaufs einbezieht.

Dies meint der Titel der hier eröffneten Reihe, die jene Arbeit der Industrie im Auge hat, die über die betriebswirtschaftlichen und finanztechnischen Fragen innerhalb der Realität der Fabriktore und Chefetagen in den städtischen und privaten Lebensraum hinausgreift. Das Medium der Architektur als Sprache der Selbstdarstellung ist in der Welt der Industrie noch weitgehend unerschlossen. Das von dem Autor des vorliegenden Bandes ausgebreitete Material zur Geschichte der Maschinenbauanstalt August Borsigs zeigt die Vielfalt der möglichen Aspekte und sozialgeschichtlichen Erkenntnisse.

Im Übergang von den höfischen Staatsmanufakturen zum privaten Unternehmertum erscheint die Architektur im industriellen Herstellungsprozeß – außerhalb der Ordnungstraditionen der abendländischen Baukunst – zunächst schmucklos, wird lediglich als variables Arbeitsinstrument gebraucht für Witterungsschutz, Maschinensockel und Widerlager der Transmissionen. Im Gegensatz dazu zeigt die von Biermann gemalte neue Gießhalle der Borsigschen Maschinenbauanstalt die Fähigkeit der frühen Industrie, in ihren neuen Gehäusen die Produktivkraft der gebändigten Natur und kollektiven Arbeit in der Wucht stereometrischer Reduktion auf Urformen als ihr Firmengesicht abzubilden.

Bei Borsig stehen die beiden Wurzeln des Industriebaus unvermittelt nebeneinander: die englische Un-Architektur und die französische »Architecture parlante«. Daneben findet sich die Architektur in bewußtem Einsatz als Medium, das die geschichtslose Industrie in die überlieferten Strukturen von Staat und Gesellschaft einbettet: Die humanistische Säulenhalle und die Renaissance-Villa von August Borsig sind Zeichen für den Aufstieg des Breslauer Zimmermanns aber auch für den Einstieg des ersten Großindustriellen Berlins in die Führungsschicht Preußens.

Diese Borsig-Monographie liefert die Stichworte für künftige Studien zur Bedeutung der Industrie: Die Industrie ist auf dem Weg zur modernen Großstadt die bestimmende Kraft im Hinblick auf die stadträumliche Organisation. Borsigs nicht mehr erhaltene frühe Leistungen auf diesem Felde finden in Vorstehers Studie ihre notwendige Rekonstruktion; in Berlin hat dieser Weg dann ein halbes Jahrhundert später zu den kostbaren urbanistischen Schöpfungen der AEG im Wedding und zur Siemens-Stadt geführt. Andere Modelle wird man untersuchen müssen, so die bestimmende Rolle der Industrie in Kleinstädten (ein Beispiel wäre die Papierfabrik Zanders in Bergisch Gladbach), das Überwachsen der historischen Stadt durch die Großindustrie (Krupp in Essen), den problematischen Auszug der Industrie auf die grüne Wiese (Faguswerk in Alfeld/Leine von Gropius). Bei der Untersuchung dieser urbanistischen Probleme muß auch das individuelle, fabrikeigene und gewerkschaftliche Siedlungs- und Wohnungswesen berücksichtigt werden sowie das große Thema Verkehr, von den Eisenbahnen bis zu den Autobahnen.

Einen eigenen Bereich der Industriekultur stellt die Fülle des noch weitgehend unerschlossenen Bildmaterials der Firmen- und Produktwerbung dar, der literarischen und bildlichen Festschriften anläßlich von Firmenjubiläen und runden Produktzahlen – wieder liefert die vorliegende Studie ein Modell für die Erschließung dieses immer noch dem Trivialbereich der Künste zugeschobenen, kulturgeschichtlich ungemein aufschlußreichen Materials.

Das führt auf das große Feld des Design, der Gestaltungsformen und Herstellungsmethoden der Waren im Zeitalter der Massenproduktion.

So sind Studien über Produktserien und Gebrauchsgegenstände der Alltagskultur im Bereich der Metall-, Keramik-, Möbel- oder Textilindustrie, insbesondere über das Autodesign und die Elektrogeräte notwendig. Noch stehen Arbeiten über jene Verkaufsstätten aus, in denen diese Produkte umgeschlagen werden; der Weg vom Warenhaus der Belle Epoque zum Supermarkt der Angestellten-Kultur spiegelt nicht nur die Entwicklung der Verkaufsmethoden, sondern auch der städtischen Lebensgewohnheiten. Schließlich scheint es an der Zeit, das Stiftungswesen der Industrie oder einzelner Unternehmer im künstlerischen, wissenschaftlichen und sozialen Bereich darzustellen.

So hoffen der Herausgeber und der Verleger, Arbeiten zur Publikation zu verhelfen, die die Spannweite der kontrastreichen Kulturgeschichte der Industrie zu erfassen suchen – von Arbeiterkolonien und Beamtensiedlungen zu Fabrikantenvillen, von traditionsreichen oder neugegründeten Kleinbetrieben zu den Großunternehmen; von Produkten neuer Technologien zu solchen, die aus der Handwerkerkultur in die industrielle Massenproduktion überführt wurden.

Seit den späten sechziger Jahren hat sich eine sozialgeschichtlich orientierte Kunstgeschichte gegen die Erforschung organisierter und gewinnbringender Arbeit, gegen individuell verantwortete Planungsmethoden der Produktion, gegen den Einsatz der Bildkünste für wenig anderes als Verkaufsförderung gestellt und deren Methoden zu entlarven gesucht; eine solche Kunstgeschichte, die bisher in der Arbeiterkultur nur und immer eine Gegenwelt zur Industriekultur zu sehen vermochte, hat sehr viel zu tun, seit sie endlich begonnen hat, diese Verweigerungshaltung aufzugeben.

Vorwort

Im Garten der Technischen Universität Berlin befindet sich ein architektonisches Fragment aus Backstein und Terrakotta. Ein kleines Schild klärt den Betrachter auf: »Reste der Vorhalle der ehemaligen Borsig Fabrik, die 1857 am Oranienburger Tor von Joh. Heinr. Strack erbaut worden war«. Die Fragmente der Bogenhalle, ihre Mauerreste mit eingelassenen Terrakottareliefs erwecken den Wunsch, der Bedeutung dieser Firma nachzugehen, die ihre Fabrikanlagen mit solch aufwendigen, an den Formen der Renaissance orientierten Verzierungen errichten ließ, die dann auch von der Nachwelt für wert erachtet wurden, erhalten und mit einer Gedenktafel gekennzeichnet zu werden.

Ihren Standort in der Chausseestraße vor dem Oranienburger Tor hatte die Borsigsche Fabrik bereits 1887 aufgeben müssen. Erst während des Abrisses der einst so prachtvollen Anlage entschied man sich, einige Teile, soweit sie für »das Verständnis des untergegangenen Baues erforderlich«[1] seien, im Garten der Technischen Hochschule zu Berlin-Charlottenburg aufzustellen. Diese Nähe zur technischen Lehranstalt Berlins hatte man gewählt, weil über viele Jahrzehnte in der Borsigschen Maschinenbauanstalt die praktische Ergänzung zum naturwissenschaftlichen Unterricht des Berliner Gewerbeinstituts stattfand. 1876 beschloß man, die Bauakademie und das Gewerbeinstitut zu einer großen Technischen Hochschule zu vereinen, für die 1878–1884 die Architekten Lucae, Hitzig und Raschdorff die Gebäude errichteten. Im Garten dieses neuen Zentrums der naturwissenschaftlichen Elite Preußens fanden die »Spolien« des Borsigschen Unternehmens eine würdige Aufstellung als ein Zeichen preußischen Gewerbefleißes der Vorgründerzeit.

Die Maschinenbauanstalt und Eisengießerei von A. Borsig war 1837 gegründet worden und zeichnete sich bereits nach wenigen Jahren unter den Berliner Maschinenbauanstalten durch ihren Lokomotivbau aus. Schon 1844 schrieb die »Allgemeine Bauzeitung« über die Borsigsche Fabrik, sie sei »die ausgedehnteste und wichtigste, nicht nur unter denen Berlins, sondern im ganzen preußischen Staate«; sie habe »die erste vaterländische Lokomotive hervorgebracht, und kann Monat für Monat zwei neue herstellen«[2]. Wenige Jahre später zählte August Borsigs Lokomotivfabrik zu den größten Fabriken Europas und 1862, zum Jahrestag des fünfundzwanzigjährigen Bestehens der Firma, konnte Albert Borsig, der Sohn des Gründers und neuer Firmenchef, feststellen: »... die Vergangenheit dieser Fabrik ist ein Stück preußischer Geschichte, lehrreicher als manch dicker Foliant, den gelehrte Professoren schreiben, lehrreicher als die Geschichte von manchen Kriegen, Notenwechseln, Mobilmachungen und Staatsumwälzungen.«[3]

Die Entwicklung dieser Firma soll hier rekonstruiert werden. Das architektonische Fragment aus dem Garten der heutigen Technischen Universität Berlin wurde während der Arbeit immer mehr zu einem Symbol für die fragmentarische Überlieferung, die dieser einst größten Fabrik Berlins anhaftet.

Durch den Zerfall der Borsigwerke Anfang der dreißiger Jahre des 20. Jahrhunderts gelangten Teile des Archivs an die Lokomotivfabrik der AEG in Henningsdorf, die den Borsigschen Lokomotivbau übernahm und bis zum Ende des Zweiten Weltkrieges fortsetzte. Der Verbleib des Archivs ist unbekannt. Nach dem Krieg wurde die Bergmann-Borsig-VEB in Berlin/DDR gegründet; der historische Teil dieses Firmenarchivs wurde 1980 in das Märkische Museum (Berlin/DDR) verbracht – Einblicke in diese Bestände wurden dem Verfasser von der Museumsverwaltung aus technischen Gründen bisher nicht gewährt. Das Firmenarchiv der Babcock & Wilcock, die die Geschäftsanteile von Borsig in Berlin-Tegel 1970/71 übernommen hat, besteht aus Bruchstücken, das sind neben einigen älteren Originalen Kopien und Fotoreproduktionen, die zwischen 1958 und 1965 angefertigt wurden.

Erfolglos blieb die Suche nach den Bauzeichnungen Johann Heinrich Stracks. Der Nachlaß des Architekten, der große Teile der Fabrik an der Chausseestraße, das Walzwerk in Moabit und die Villa des Fabrikanten entworfen hat, befand sich ehemals in der Technischen Hochschule (heute Plansammlung der Universitätsbibliothek der TU Berlin). Seit dem Zweiten Weltkrieg ist er verschollen und wird wohl endgültig als Kriegsverlust bezeichnet werden müssen.

Im Borsig-Archiv fanden sich einige Großfotos der verschollenen Pläne. Wann sie aufgenommen wurden, ist nicht vermerkt, sie sind aber sicher vor dem Kriege entstanden; möglicherweise handelte es sich bei den Vorlagen um einen zweiten Satz Bauzeichnungen, die ehemals Archivbestand der Abteilung für Lokomotivbau waren und Anfang der dreißiger Jahre an die AEG nach Henningsdorf gingen. Das Archiv der 1936 gegründeten A. Borsigschen Vermögensverwaltung, die den Privatbesitz der Familie von Borsig (1909 geadelt) in Berlin betreute, förderte dagegen unerwartete Schätze zutage: neben Originalakten aus den ersten Jahren der Firma das bedeutendste Industriegemälde des 19. Jahrhunderts für den Berliner Wirtschaftsraum! [Tafel II]

Angesichts der Quellenlage zur Borsigschen Firmen- und Baugeschichte mag es nicht verwundern, daß in der neueren Literatur zur Baugeschichte Berlins die Borsigschen Bauten selten oder ungenau besprochen wurden. Selbst die profunde Kennerin der Berliner Baukunst nach Schinkel, Eva Börsch-Supan, läßt die Baugeschichte der 1837 von August Borsig gegründeten Eisengießerei an der Chausseestraße im Jahre 1857 beginnen: »Seit 1857 baute er [Strack, der Verf.] für die von August Borsig's Sohn Albrecht [Albert, der Verf.] neu eingerichtete Maschinenbauanstalt und Eisengießerei im Norden Berlins, im Geviert Chaussee-, Elsässer-, Borsig- und Tieckstraße.«[4] Volker Duvigneau bemerkt in seiner Arbeit über die Berlin-Potsdamer Architektur nicht, daß Strack zwei Werke für Borsig in Berlin errichtet hatte und datiert das Werk Chausseestraße in das Jahr 1849, als das Walzwerk in Moabit fertiggestellt war. In seiner architektonischen Beschreibung bezieht er sich einerseits auf die Straßenseite des Werkes an der Chausseestraße und andererseits auf die zur Spree gewandte Seite des Walzwerkes in Moabit und faßt beide als zu einer Fabrikanlage gehörig auf.

Neben der Rekonstruktion der Baugeschichte der Maschinenbauanstalt und Eisengießerei an der Chausseestraße enthält dieses Buch die Entstehungsgeschichte des Borsigschen Unternehmens während der Frühindustrialisierung Preußens, entfaltet eine Firmengeschichte, die über die Zusammenstellung der hauseigenen Firmenfestschriften, die nach 1900 bis 1937 erschienen, hinausgeht. Den Firmenfestschriften vorangegangen waren volkstümliche Firmenfeste, die seit 1846 zu verschiedenen Anlässen die Höhepunkte der Firmenchronik kennzeichnen. Aus dieser innerbetrieblichen Kultivierung der Arbeit und des Leistungsnachweises lassen sich Rückschlüsse auf Borsigsche Fabrikarchitektur wie auch auf ein kulturelles Selbstverständnis der entstehenden Industrie ziehen.

Für Unterstützung und Anregung danke ich nachdrücklich dem Herausgeber dieser Reihe, Tilmann Buddensieg, und meinem Freund Winfried Ranke; dem Verwalter der A. Borsigschen Vermögensverwaltung in Berlin, Herrn Emanuel Drathschmidt für seine Bereitschaft, mir unbürokratisch das gesamte Firmenarchiv zur Verfügung zu stellen. Er hat dafür gesorgt, daß dieser Teil des ehemaligen Firmenarchives seit über vierzig Jahren zusammengehalten worden ist. Im Borsig-Archiv Berlin fand ich hilfreiche Unterstützung durch Herrn Schulz und Frau Whittacker.

Frühindustrialisierung in Preußen und Berliner Maschinenbau

Da sich ein bürgerliches Unternehmertum im merkantilistischen Preußen bis in die erste Hälfte des 19. Jahrhunderts nicht entwickelt hatte, fiel es dem Staat zu, sich mit neuen Technologien und liberalen Wirtschaftsformen zu beschäftigen und diese auf preußische Verhältnisse zu übertragen. Ihm blieb zunächst auch die Gründung großer Industrieanlagen wie Textil-, Gewehr- und Porzellanmanufakturen vorbehalten, die er als Musterbetriebe einer vom Staat geförderten Modernisierung aufbaute.

Der Ausbau des Eisenhüttenwesens und der Aufbau einer preußischen Eisenindustrie standen im Zusammenhang mit den machtpolitischen Interessen Friedrichs II. von Preußen. 1740 war er mit seiner Armee in Schlesien eingerückt, das er kurze Zeit später endgültig an Preußen anschloß. Durch den Gewinn Oberschlesiens erhielt der sonst rohstoffarme preußische Staat bedeutende Bodenschätze: Kohle, Blei, Kupfer und Erze. In der politisch und militärisch heiklen Situation vor Ausbruch des Siebenjährigen Krieges drängte Friedrich II. darauf, die im eroberten Schlesien schon vorhandene Eisenindustrie zu fördern und die Produktion nachhaltig zu steigern. Sein Ziel war, sich vom ausländischen Eisen – insbesondere vom schwedischen –, das zur Deckung des Artillerie- und Munitionsbedarfes eingeführt werden mußte, unabhängig zu machen. 1754 arbeitete das neugegründete Eisenhüttenwerk in Malapane mit zwei Hochöfen und ein Jahr später, nach Fertigstellung der Kreuzburger Hütte, begann der Aufbau der Friedrichshütte bei Tarnowitz. Während des Siebenjährigen Krieges wurden die Hüttenanlagen so stark beschädigt, daß sie nicht mehr produzieren konnten. Nach dem gewonnenen Krieg wurden sie dann mit Hilfe neuer Technologien ausgebaut. Neue Anlagen, wie die Hütten in Kraschcow (1768) und in Zedlitz (1775), entstanden. Die wissenschaftlichen Grundlagen für eine optimale Ausnutzung der Bodenschätze sollte die 1770 gegründete Bergakademie in Berlin liefern.

Als man in Preußen von den ersten Erfolgen englischer Dampfmaschinen hörte, schickte Friedrich II. den späteren Bergrat Carl Friedrich Bückling 1776 nach England, damit er sich über Konstruktion und Anwendungsmöglichkeiten dieser Maschinen informiere. 1785 gelang es Bückling, die erste preußische »Feuermaschine« für kurze Zeit in Betrieb zu setzen. Sie sollte für den König-Friedrich-Schacht arbeiten, hielt aber erst vier Jahre später das Räderwerk störungsfrei in Gang. Experte für den preußischen Dampfmaschinenbau wurde August Friedrich Holtzhausen, der zwischen den Jahren 1794 und 1825 über fünfzig funktionstüchtige Dampfmaschinen konstruierte.

Die bedeutendsten Förderer des Bergbaus waren dem preußischen Staat durch die beiden Staatsbeamten Freiherr von Heinitz und Friedrich Graf von Reden gegeben. Der kursächsische Berghauptmann Heinitz war von Friedrich II. 1777 für das Amt des Chefs des preußischen Bergwerks- und Hüttendepartements gewonnen worden. Sein Neffe, Graf von Reden, war Direktor des Schlesischen Oberbergamtes und seit 1803 Heinitz' Amtsnachfolger. Reden bereiste in den achtziger Jahren mehrmals England. Seine dort gesammelten Erkenntnisse über die Roheisenerzeugung im Koksverfahren konnte er 1789 erstmals in der Bleihütte von Tarnowitz anwenden. Für diese Hütte hatte er bereits 1787 die erste englische Dampfmaschine für Preußen erworben.

Aber nicht nur den Import von Technologie und Maschinen besorgten die preußischen Beamten. Reden engagierte sogar einen englischen Experten für Hochofenanlagen, John Baildon, als Berater für den Aufbau des oberschlesischen Industriegebietes[5]. Eine Besichtigungsreise, die Reden und Heinitz zusammen mit John Baildon und dem englischen Hüttenfachmann und Gießereibesitzer John Wilkinson 1789 unternahmen, führte unter anderem zu dem Plan, bei Gleiwitz und bei Berlin Hütten und Gießereien zu errichten. Die Gleiwitzer Hütte[6], die als erste zwischen 1794 und 1796 aufgebaut wurde, erhielt einen Kokshochofen. 1802 folgten zwei weitere Hochöfen – der »Redenofen« und der »Heinitzofen« – auf der neuerrichteten Königshütte (1798–1802). Beide arbeiteten nach dem englischen Prinzip. 1802 wendete man in Oberschlesien zum erstenmal das Puddelverfahren an, nach dem bis in die sechziger Jahre Eisen verhüttet wurde und das erst durch die Entwicklung des Siemens-Martin-Verfahrens an Bedeutung verlor. Der erste Siemens-Martin-Ofen wurde 1872 im »Borsigwerk« Oberschlesien installiert.

Bis zur Mitte des 19. Jahrhunderts machte es die wirtschaftliche Rückständigkeit Preußens allerdings notwendig, sich Technologie aus westeuropäischen Nachbarstaaten zu verschaffen. Einige der betroffenen Staaten versuchten, da sie ihre eigenen wirtschaftlichen Interessen zu wahren hatten, diesen Technologietransfer zu verhindern. In Paris und London arbeiteten daher Industrieagenten für den preußischen Staat. Gottlob Johann Christian Knuth, vormaliger Hauslehrer der Brüder Wilhelm und Alexander von Humboldt, hatte in Berlin die Aufgabe übernommen, den Schriftwechsel mit diesen Agenten zu führen. Die Korrespondenz wurde chiffriert. Sendungen von Maschinenteilen gingen an die Adresse eines Berliner Gelehrten und wurden zum Beispiel für den englischen Zoll als physikalische Instrumente deklariert.[7]

1766 hatte Friedrich II. durch die Cleve-Märkische-Bergordnung den Kohlebergbau an der Ruhr zu reorganisieren gedacht. In dem kleinen Städtchen Wetter an der Ruhr saß seit 1784 der Freiherr von und zum Stein als Direktor des Märkischen Bergamtes. 1804 wurde er Chef des Fabriken-Departements in Berlin und vermochte in dieser Funktion schon vor der Niederlage Preußens durch die Napoleonischen Truppen (1806) Wirtschaftsreformen durchzusetzen und die Abschaffung der Binnenzölle zu betreiben. Seine Mitarbeit an der Reorganisation der Staats- und Finanzangelegenheiten in den neuen Ministerien nach 1806 machte er von der Aufhebung der Kabinettsregierung abhängig. Diesem Wunsche konnte jedoch das Königshaus nicht entsprechen und Stein erhielt seine Entlassung aus dem preußischen Staatsdienst. In der »Nassauer Denkschrift« (1807) legte Stein nun seine Vorstellungen von einer Staatsreform nieder, die die Mitarbeit des Bürgers am Staate und die Erziehung zur Selbstverantwortung als Leitgedanken eines modernen Staates formulierte. Zur Überwindung des Merkantilismus mit seiner verfehlten Subventionspolitik forderte er eine Kombination von Staatslenkung und liberaler Wirtschaftspolitik. Damit ein freies Unternehmertum sich erst einmal entfalten könne, sollten vom Staat Direktiven erlassen werden, die die Zollgesetzgebung, die Ausbildung und die Gewerbeförderung betreffen. Für die Wirtschaft empfahl er: »Fortgesetzte Belehrung über die bewährtesten technischen Hilfsmittel für jedes Gewerbe, welche schon bekannt sind oder von Zeit zu Zeit entdeckt werden; über die leichteste Anwendung derselben; über den Verbrauch an Zeit und Kräften zu gewissen Zwecken; über die Lebensweise der Arbeiter in solchen Ländern, wo dieser oder jener Zweig der Manufaktur-Industrie am meisten blüht.«[8]

Nach der Rückberufung Steins im Sommer 1807 begann in Preußen das Stein-Hardenbergsche Reformwerk, das Voraussetzung für die wirtschaftliche Entwicklung Preußens werden sollte. Aufhebung des Gesindezwangdienstes, Verwandlung der Domänenbauern in freie Eigentümer, Selbstverwaltung der Städte und die Einrichtung einer »Technischen Gewerbe- und Handels-Deputation« waren die Schwerpunkte der ersten Reformjahre. Nach der zweiten, von Napoleon veranlaßten Entlassung Steins (1808) setzte Hardenberg das Reformprogramm mit der Einführung der Gewerbefreiheit und der Aufhebung des Zunftzwanges (1810) fort. Die erlassenen Direktiven eröffneten eine liberale Wirtschaftsform, die ein privates Unternehmertum unter staatlichem Schutze entstehen ließen.

Hinzu kam, daß seit der auf dem Wiener Kongreß 1815 vorgenommenen Neuordnung Europas und der für Preußen daraus resultierenden Interessenverlagerung nach Westen ein bürgerliches Unternehmertum aus den Rheinprovinzen nach und nach stärker in Erscheinung trat, dem bis in die vierziger Jahre ein vom Staat organisiertes und gefördertes Wirtschaftskonzept zu Hilfe kam. Rheinische und westfälische Zentren der technischen Innovation waren unter anderen die Unternehmen von Friedrich Harkort, der 1818 im alten Bergamt zu Wetter an der Ruhr seine Mechanische Werkstatt – zum Teil mit Unterstützung englischer Facharbeiter – gründete, und von Franz Haniel in Duisburg-Ruhrort. Haniel, der den neuen Typ eines vielseitigen Unternehmers vertrat, gründete 1808 die Gutehoffnungshütte in Oberhausen und erwarb im selben Jahr die St. Antony-Hütte. Nach 1832 baute er die ersten Dampfschiffe für die Rheinschiffahrt und beteiligte sich an zahlreichen Unternehmungen im Bergbau, im Eisenbahnwesen und Maschinenbau. 1812 begann Friedrich Krupp mit einer kleinen Gießerei, in der er nach alten Rezeptbüchern das Gußstahlverfahren erprobte. Das Werk vergrößerte sich in der ersten Hälfte des 19. Jahrhunderts nur geringfügig. 1846 beschäftigte der Sohn, Alfred Krupp, erst 122 Mann. Mit der Entwicklung der nahtlosen Radbandagen für Eisenbahnräder in den fünfziger Jahren und dem Ausbau des Kanonengeschäfts wurde Krupp – neben Borsig in Berlin – das größte Industrieunternehmen in Preußen vor der Zeit der Reichsgründung. Während sich das Unternehmertum in den westlichen Provinzen aus den Handelshäusern (Haniel) und dem Handwerk (Harkort, Krupp) entwickelte, standen in Oberschlesien zu Beginn des 19. Jahrhunderts die ersten Industrieanlagen unter der Führung des preußischen Adels. Graf Colonna zu Groß-Strehlitz, Fürst Pleß, Graf von Ballestrem und Graf Henckel zu Donnersmarck waren die ersten Industriemagnaten der schlesischen Privathütten.

Berlin, die Haupt- und Residenzstadt Preußens, eignete sich aus vielen Gründen als Standort für die Maschinenindustrie. Es lag in einem weitverzweigten Netz künstlicher und natürlicher Wasserstraßen, die schon im 18. Jahrhundert ausgebaut worden waren. Außerdem konnte man auf eine städtische Infrastruktur zurückgreifen, in der sich kleine Gewerbe angesiedelt hatten, die einen wachsenden Käuferkreis belieferten. Insbesondere nach 1815 waren hier Institutionen ins Leben gerufen worden, die sich bemühten, ein selbständiges Unternehmertum zu fördern und zur Verbreitung technischen Wissens beizutragen.

Da der Straßenbau unter Friedrich II. nachlässig betrieben worden war – den feindlichen Heeren sollte der Einmarsch nach Preußen erschwert werden – und die Wasserstraßen in den Wintermonaten vereisten, war der Handel zwischen oberschlesischen Hütten und Berliner Abnehmern in der ersten Zeit nach Gründung der oberschlesischen Industrie hauptsächlich auf das Sommerhalbjahr beschränkt. Allein das wachsende Bedürfnis nach Eisenwaren in der Residenzstadt versprach einer ortsansässigen Gießerei Gewinn zu bringen, darüber hinaus konnte sie die im Winter auftretenden Versorgungslücken ausgleichen. Schon 1789 hatte Reden seinen Plan, eine königlich preußische Eisengießerei in Berlin zu errichten, gegenüber dem König begründet durch den »starken Begehr nach kleinen und feinen Gußwaren sowie durch die Erfahrung, daß der Absatz dieser Produkte größtenteils von schneller Beförderung der Bestellung und die Vervollkommnung solcher Gießereien und die Lieferung guter Muster für die entfernteren königlichen und Privat-Gießereien gerade davon abhängig sei, daß sie in den Hauptstädten errichtet würden, wie dies sich in London, Paris und Petersburg bewahrheitet habe«[9].

1804 endlich konnte die Berliner Eisengießerei vor dem Neuen Tor außerhalb der Stadtmauern gegründet werden. Sie wurde an der Stelle einer alten Schmelzhütte errichtet, die aus der Zeit des alten Kurfürsten stammte und noch 1803 als Voigtsche Schleifmühle in Betrieb war. Den Aufbau übernahm der Hüttenbaumeister Wedding von der Königshütte in Oberschlesien zusammen mit dem Baukondukteur Eckhardt und dem Bergrat Eiseler, die Zeichnungen und Kostenvoranschläge erstellten. Die Gießereiaufsicht sollte der Hüttenfaktor Krigar aus Malapane innehaben. Eine erste kleine Hütte konnte 1805 fertiggestellt werden. Eine weitere mit Kupol- und Flammenofen wurde für 1806 vorgesehen. 1805 schrieb Reden in seinem Bericht an Friedrich Wilhelm III.: »Der Begehr des Publikums nach hiesigen Gußwaren zeigt sich schon jetzt, und es verspricht diese Anlage, wenn auch anfänglich keinen großen Ertrag, so dennoch als Muster aller mechanischen Vorrichtungen einen gemeinnützigen Erfolg.«[10]

Die napoleonische Herrschaft unterbrach den Ausbau der Anlage; die Neubauten machte man nur notdürftig winterfest. Nach Beendigung der Freiheitskriege (1814) wurden sogleich zahlreiche Erweiterungsbauten auf dem Gelände der Eisengießerei errichtet. Ein Ausstellungsgebäude, dessen Fenster, Türen und Deckenbalken aus Gußeisen waren, konnte das umfangreiche Fertigungsprogramm vorstellen. Die Berliner Hütte, für »alle Bedürfnisse des Publikums, des Kriegswesens und der inländischen Fabriken«[11] eingerichtet, zeigte eine Auswahl ihrer vielseitigen Produktion zudem auf den jährlich erscheinenden Neujahrsplaketten[12]. Bereits 1819 wurde eine neue, über achteckigem Grundriß mit kreuzförmig angeordneten Seitenflügeln errichtete Kupolhütte in Betrieb genommen [104].

Nach dem Scheitern der großen sozialpolitischen Reformpläne von Stein und Hardenberg lag die Gewerbeförderung weiterhin in den Händen der Staatsbeamten, die nun den technologischen Anschluß an die Nachbarstaaten mit einem dichten Netz von Maßnahmen der Wirtschaftsförderung zu erreichen suchten. Im Technologietransfer sahen sie die wesentliche Aufgabe aller Förderungsmaßnahmen. Als bedeutendster Anreger und Vermittler trat Christian Wilhelm Beuth hervor. Er hatte in Halle an der Saale studiert und dort aus der Wirtschaftslehre von Adam Smith den wirtschaftlichen Liberalismus kennengelernt. Nach seiner Tätigkeit bei der Domänen-, Manufaktur- und Commerzabteilung wurde er in eine Kommission für die Reform des Steuer- und Gewerbewesens berufen und zum Geheimen Oberfinanzrat ernannt. Gegen Ende der Befreiungskriege, die er im Lützowschen Freikorps erlebt hatte, fand er Gelegenheit, die Fabriken der Brüder Cockerill in Lüttich zu besichtigen. 1814 gelang es ihm zusammen mit dem Architekten und Fabriken-Kommissionsrat Frank, die Cockerills für den Aufbau einer Wollspinnerei und Mechanischen Werkstatt in Berlin zu gewinnen. Der Fiskus stellte ihnen in der Friedrichstraße ein altes Kasernengebäude zur Verfügung, das die Cockerills auf eigene Kosten einrichteten. Sie mußten sich verpflichten, zehn Jahre lang in Berlin Textilmaschinen zu produzieren und deren Anwendung ortsansässigen Fabrikanten zu demonstrieren. Erst danach sollte die Fabrik in ihren Besitz übergehen.

1811 hatte Beuth die »Technische Deputation für Gewerbe« übernommen. Ihre Aufgabe, »das Wissenschaftliche der ganzen Gewerbekunde in ihren Fortschritten zu verfolgen« und die »Gewerbekunde des In- und Auslandes zu bearbeiten und praktisch nutzbar zu machen«[13], hatte sie nicht ganz erfüllen können. Nach ihrer Umgestaltung und Umbenennung in »Technische Deputation für Handel und Gewerbe« wurde Beuth 1819 ihr erster Direktor. In diesem Amt veranlaßte er 1821 die Gründung der »Technischen Schule« für das Studium der nützlichen Künste. Die Studenten mußten sich verpflichten, nicht Beamte, sondern freie Unternehmer oder leitende

Angestellte zu werden.[13] Diese erste technische Lehranstalt Preußens wurde 1823 in »Königlich Preußisches Gewerbeinstitut« umbenannt.

Als ein Forum aller an der wirtschaftlichen Entwicklung Preußens Anteil nehmenden Gruppen richtete Beuth 1821 den »Verein zur Beförderung des Gewerbfleisses in Preußen« ein, dem nicht nur Gewerbetreibende, sondern auch Künstler, hohe Beamte und Offiziere beitraten. Seine Aufgabe sah der Verein darin, »die Entwicklung und den Aufschwung der Gewerbe im Preußischen Staate möglichst zu befördern«. Er sollte »Kenntnis nehmen von dem Zustand der Gewerbsamkeit im In- und Ausland. Prüfungen von Entdeckungen und Erfindungen, Unterricht, Aufmunterung durch Belohnung bedeutender Erfindungen, Konkurrenz durch das Aussetzen von Prämien sind die Mittel, deren die Gesellschaft sich bedient, ihren Zweck zu erreichen«[13].

Seit 1821 gab das Gewerbe-Institut das Mappenwerk »Vorbilder für Fabrikanten und Handwerker« heraus, das Anregungen und Beispiele enthielt, wie das Nützliche mit dem Schönen zu verbinden sei, und sich bemühte, »den Gewerbetreibenden ausführlich auseinanderzusetzen, wie nötig und nützlich es ist, ihren Arbeiten, neben der technischen Vollendung, die höchste Form zu geben. Wer die tüchtigste und zugleich schönste Waare fertigt, darf auf sicher bleibenden Absatz rechnen«[14]. Regelmäßig erschienen die »Verhandlungen des Vereins zur Beförderung des Gewerbfleisses in Preußen«, die die technischen Innovationen des Auslandes vorstellten, Maschinen abbildeten und deren Funktionsweise erklärten und die Korrespondenz der im Ausland recherchierenden Agenten veröffentlichten.[15]

Die staatliche Gewerbeförderung sah auch vor, private Unternehmer mit Reisestipendien zu versehen, damit sie auf Reisen durch England, Belgien und Frankreich die neuesten Maschinen, Instrumente und Arbeitsweisen kennenlernen konnten. Ihre Gegenleistung bestand darin, Zeichnungen und Maschinenteile mitzubringen, um die Modellsammlung der Technischen Deputation zu bereichern, oder gar ausländische Facharbeiter und Meister zur Übersiedlung nach Preußen zu überreden. Nach Beendigung der Reise waren die Erfahrungen, die sie gesammelt hatten, in einem Bericht niederzulegen. 1822 ließen sich auf der Gewerbeausstellung in Berlin aber nur zaghafte Anzeichen für das Entstehen eines preußischen Unternehmertums entdecken. Die privaten Unternehmer zeigten anscheinend kaum Interesse, ihre Produkte der Öffentlichkeit zur Begutachtung und zum internationalen Vergleich vorzuführen; Beuth hatte sie mehrmals dazu auffordern müssen. In der Gesamtpräsentation dominierten dann auch die staatlichen Musterbetriebe mit ihren Erzeugnissen aus den Textil-, Gewehr- und Porzellanmanufakturen und den königlichen Hüttenwerken. Noch hatten nur wenige der Berliner Unternehmer vergleichbare Leistungen vorzuweisen, und die auch nur für einzelne Produkte.

Private Maschinenbauunternehmen gab es in Berlin schon vor der Jahrhundertwende. Dabei handelte es sich jedoch ausnahmslos um importiertes Unternehmertum. 1789 begannen die drei aus England eingewanderten Brüder Dutton mit ihrem Kompagnon Whitehouse eine Maschinenbauanstalt zu betreiben, die zunächst vom Staat finanziert wurde. Diese Fabrik beschäftigte bereits 1790 fast 80 Arbeiter, einen Buchhalter und 24 Lehrjungen.[16] William Whitehouse trennte sich 1794 von dem Unternehmen, um eine eigene Stahlfabrik zu eröffnen, setzte sich dann aber 1804 nach England ab und hinterließ erhebliche Schulden. Die Fabrik der Duttons hielt sich zwar noch einige Jahre, konnte jedoch nicht mit den englischen Waren konkurrieren. Um 1800 beschäftigte sie nur noch 30 Arbeiter. Von Berlinern gegründete Unternehmen waren damals die Stahlfabrik des Schwertfegers Voigt in der Französischen Straße (1755), die 1782 bereits 32 Personen beschäftigte, darunter auch englische Facharbeiter, sowie die Amboßfabrik des Hufschmieds Krüger in der Nähe der Invalidenstraße (1777).

Während zum Ende des 18. Jahrhunderts - bedingt durch die Wirtschaftskrise - die privaten Anstalten ihre Arbeit wieder einstellen mußten, verzeichnete das erste Jahrzehnt nach der Jahrhundertwende kleine Erfolge im Bereich des Maschinenbaus, die mit Hilfe staatlicher Mittel von privaten Unternehmen errungen wurden. 1804 gelang es dem Mechaniker C. Hoppe, die erste brauchbare Schrobber-, Streich- und Spinnmaschine für eine Wollmanufaktur zu konstruieren. Im selben Jahr begann der Maschinenbauer Caspar Hummel mit acht Gehilfen seine Arbeit in einer eigenen Werkstatt. 1799 war Hummel vom preußischen König aus Kassel nach Berlin gerufen worden, damit er mit Unterstützung der Fabrikbehörden mechanische Werkstätten gründe. Die Aufmerksamkeit des Königs hatte er durch sein Modell einer Kanonen-Bohrmaschine, das er dem Herzog von Braunschweig überreicht hatte, erregt. Von dort war es dem König von Preußen als technisch und militärisch interessant übermittelt worden. So war denn auch die erste Arbeit des Maschinenbauers Hummel in Berlin eine Gewehrlauf-Bohrmaschine, die er 1806 fertigstellte. Aber noch im selben Jahr wurde sie von den einrückenden Truppen Napoleons beschlagnahmt und nach Paris gesandt.

Mit der Besetzung Preußens durch französische Truppen wurden die bescheidenen Erfolge der preußischen Wirtschaftspolitik zunichte. Die französischen Waren folgten den Armeen Napoleons und eroberten den deutschen Markt. Preußen wurde überschwemmt von französischen Billigwaren, da diese nun zollfrei eindringen konnten. Stark getroffen wurde die Textilindustrie, was schwere Einbußen im Berliner Maschinenbau zur Folge hatte. Aber mit dem Ende der Napoleonischen Besetzung kam für den Berliner Maschinenbau erneut ein hoffnungsvoller Anfang unter günstigeren Bedingungen, da ihm die Stein-Hardenbergschen Reformen zugute kamen.

1815 gründete C. Hummel eine Maschinenbauanstalt zur Herstellung von Kattun-, Buch- und Papiermaschinen. Im selben Jahr eröffnete der erst 1814 nach Berlin gekommene Westfale Georg Christian Freund seine Maschinenbauanstalt, für deren Ausbau er vom Staat Gelder erhielt.[17] 1816 konstruierte Freund die erste brauchbare Dampfmaschine, die aus der Werkstatt eines preußischen Privatunternehmers hervorging. Im Urteil des Empfängers über diese Maschine hieß es – und dies war die höchste Auszeichnung für einen preußischen Unternehmer –, sie sei mit den englischen Dampfmaschinen vergleichbar: »Die Nettigkeit und Genauigkeit mit welcher der … Kolben und alle übrigen Teile der Maschine ausgeführt sind, setzt sie unter die ersten englischen.«[18] Vorangegangene Versuche, in der königlichen Eisengießerei Dampfmaschinen zu bauen, waren durch Mißerfolge gekennzeichnet. Die erste aus dem Jahre 1816, so berichtete Knuth, sei »ganz und gar mißlungen. Sie geht zehn Minuten, dann steht sie still. Es fehlt an Dämpfen und an allem«[19]. Dem Berliner Fabrikanten Tappert, der die Dampfmaschine bestellt hatte, waren durch dieses Experiment erhebliche Kosten entstanden. Zum Ausgleich bekam er vom preußischen Staat eine englische Dampfmaschine geschenkt. Auch die zweite Dampfmaschine versagte. Nach ihrer fehlgeschlagenen Indienststellung im Jahre 1817 soll sie wieder eingeschmolzen worden sein. So ging der Auftrag schließlich an den Privatunternehmer Freund, der die gewünschte Maschine 1818 fertigstellte.

Die »eigentliche Pflanzstätte der gesamten Berliner Maschinenindustrie«[20] wurde in den zwanziger und dreißiger Jahren die Maschinenbauanstalt von Franz Anton Egells. 1819 hielt sich Egells noch in London auf und verschaffte sich mit Bestechungsgeldern, die er vom preußischen Staat bezog, Eintritt in die bedeutendsten englischen Maschinenbaufabriken in Birmingham, Leeds, Sheffield und London. Als er 1821 nach Berlin zurückkehrte, gründete er zunächst in der Müllerstraße eine Werkstatt. 1822 war er wieder in England.[21] 1823 schließlich verlegte er seinen Betrieb vor das Oranienburger Tor in die Nähe der Königlichen Eisengießerei, die für seine Maschinenbauanstalt die Eisenteile goß. In wenigen Jahren baute er seine Werkstatt zur größten privaten Maschinenbauanstalt Berlins aus. Zusammen mit seinem Schwager Woderb gründete er 1826 die erste private Eisengießerei Berlins[22]. Seine Fabrik stellte neben Textil- und Dampfmaschinen gußeiserne Fenster und Treppen, sowie verschiedene landwirtschaftliche Maschinen und Schiffsdampfmaschinen für die Elbschiffahrt her. 1840 baute Egells die erste Lokomotive. Gleichzeitig entwickelte ein Berliner Privatmann, Dr. phil. Ludwig Kufahl, einen Lokomotivtyp, der zwar funktionierte, sich jedoch nicht durchzusetzen vermochte. Auch in der Königlichen Eisengießerei beschäftigte man sich mit dem Lokomotivbau, der Königliche Hüttenfaktor Krigar und der Hütteninspektor Schmahel hatten bei dem ersten Versuch (1815) aber keinen Erfolg.[23] Ein zweiter Versuch (1817) brachte ebenfalls kein vorzeigbares Ergebnis. Zwar arbeitete die Dampfmaschine, aber sie hatte nicht genügend Kraft, den Dampfwagen zu bewegen, dem »sehr oft durch Schieben und Stoßen hat Hilfe geleistet werden müssen«[24].

Zu den Mitarbeitern der Egellsschen Fabrik gehörten unter anderen Borsig, Wöhlert und Pflug, die sich nach ihrer praktischen Ausbildung in den dreißiger Jahren mit eigenen Fabriken in der Chausseestraße ansiedelten. Die Chausseestraße hinter dem Oranienburger Tor wurde in dieser Zeit Zentrum des privaten Berliner Maschinenbaugewerbes. Ende der dreißiger Jahre hatte Berlin viele Gründungen von Maschinenbauanstalten erlebt, eine Folge des 1834 zustande gekommenen Zollvereins. Dieser hatte bewirkt, daß die traditionell in Berlin ansässigen Gewerbe der Textilverarbeitung aus der Stadt abwanderten, um auf dem Lande, in unmittelbarer Nähe der Rohstoffquellen, mit billigen Arbeitskräften zu produzieren. Den Standortwechsel verbanden die Textilunternehmer mit der längst notwendigen Rationalisierung der Produktion. Das bedeutete für den Maschinenbau Konstruktion und Bau neuer Anlagen, und auch die beginnende Industrialisierung in der Landwirtschaft eröffnete den Maschinenbauern neue Kundenkreise.

Der Ausbau des preußischen Eisenbahnnetzes ab 1838 rief in den folgenden Jahren bereits spezialisierte Unternehmen hervor, die sich auf die Herstellung von Bahnmaterialien, Lokomotiv- und Waggonbau beschränkten. Innerhalb von zwei Jahrzehnten entwickelte sich der Maschinenbau zum dominierenden Gewerbe in Berlin. Ende der dreißiger Jahre wurden die Anstalten von F. Mohl (Maschinenfabrik für Tuchfabrikation), C. Spatzier (Dampfmaschinen) und A. Hamann (Werkzeugmaschinen) gegründet. 1836 vergrößerte Freund seine Maschinenbauanstalt, indem er am Salzufer eine eigene Eisengießerei errichtete.[25] Die Maschinenbauanstalt der Königlich Preußischen Seehandlung begann 1836 in Moabit mit einer Reparaturwerkstatt für Dampfschiffe.[26] 1837 eröffnete August Borsig seine Eisengießerei neben der Egellsschen Fabrik in der Chausseestraße. Seit 1838 bestand die Anstalt von F. A. Pflug & Zoller (Waggonbau-Anstalt in der Chausseestraße 7–9)[27] und seit 1840 die Maschinenfabrik von G. Sigl[28] für Schnell- und Handpressen. Die rasch ansteigenden Beschäftigtenzahlen im Maschinenbaugewerbe belegen den Aufschwung in den dreißiger Jahren.[29] Die Gründung von privaten Fabriken setzte sich in den vierziger Jahren bis zum Beginn der Depression im Jahre 1848 fort: Wöhlerts Maschinenbauanstalt (1843) und Eisengießerei (1844) in der Chausseestraße 36–37[30], Carl Hoppes Maschinenbauanstalt, Eisengießerei und Dampfkesselfabrik in der Gartenstraße (1844)[31] und schließlich, schon während der Wirtschaftskrise, A. Borsigs Walzwerk in Moabit (1847–1849), das die Berliner Maschinenbauanstalten mit Walzblechen belieferte und sich neben dem Eisenhandelsgeschäft der J. Ravené Söhne behauptete.

Zehn Jahre nach der Gründung des Zollvereins fand im Berliner Zeughaus 1844 die Gewerbeausstellung des Norddeutschen Zollvereins statt. Der Stadtrat Kochhann schrieb über diese Ausstellung des deutschen Gewerbefleißes: »Nun war es klar geworden, daß Wissenschaft und Handwerk in Preußen ein neues Gebilde, die Industrie, geboren hatten, die, aus den Kinderschuhen heraustretend, in Jugendkraft einherschritt.«[32] Diese Industrieausstellung zu veranlassen, war eine von Beuths letzten Amtshandlungen gewesen, der unerwartete Erfolg die Krönung seines Lebenswerkes. Welche Bedeutung die Veranstaltung für das Bewußtsein des jungen Industriestaates hatte und wie die Fortschritte in der Produktion zugleich auch als Ausdruck neuer politischer Macht verstanden wurden, mag ein Bericht der »Illustrirten Zeitung« bezeugen: »Welche Wandlung! Die Kanonen wichen dem Pflug und die Pulverwagen den Dampfwagen. Preußen will nicht allein siegen mehr durch die Gewalt der Waffen, es erkennt an, welche unwiderstehliche Riesenkraft in den still wirkenden Mächten der Industrie liegt, und verbindet sich inniger mit ihnen ... Wer den Frieden will, darf den Krieg nicht scheuen, und es giebt blutige Kriege im Frieden und heiße Schlachten, welche die Industrie zu schlagen hat.«[33] Einige Besucher wie Varnhagen von Ense fragten aber auch nach dem Nutzen des technischen Fortschritts: »Die Vervollkommnung der Technik ist bewundernswert, gebietet Ehrfurcht, der Aufschwung des Handwerks ist eine Veredlung des Menschlichen, ein weitwirkender Segen. Aber auch andere Betrachtungen drängen sich auf! Die Fortschritte sind groß, die Fülle des Erzeugens, der Wetteifer der Erfindungen und des Fleißes verdienen alle Anerkennung; aber die große Menge, die Masse des Volkes, hat wenig Vorteil davon, geht unberührt nebenher! Selbst diese Dresch- und Sägemaschinen, an unsere Bauern gelangen sie nicht. Der Vortrab unserer Zivilisation, die Reichen und Gebildeten, verzehrt alles, und der nachziehende Haupttrupp, oder gar der Troß, kommt kümmerlich weiter.«[34]

Ende der vierziger Jahre kam es zu einer ernsten Wirtschaftskrise. Verschärft durch Mißernten, Hungersnöte und eine politische Misere in Preußen führte sie zu den revolutionären Ereignissen des Jahres 1848. Der Maschinenbau war von der Krise besonders betroffen, da er wie kein anderer Wirtschaftszweig von der Konjunktur der Manufakturen und der Auftragslage der Eisenbahngesellschaften abhing, die den Boom der vierziger Jahre bedingt hatten. Die Eisenbahngesellschaften beendeten gerade jetzt ihre erste Aufbauphase. Waren im Berliner Maschinenbaugewerbe 1846 über 2800 Personen beschäftigt, so zählte man 1849 nur noch knapp 700.[35] Erst nach 1852 erholte sich die Wirtschaft und konnte die Beschäftigtenzahlen im Maschinenbau verdoppeln. In den fünfziger Jahren trat er in eine neue Expansionsphase ein. Als Neugründungen kann man verzeichnen die Maschinenfabrik C. Flohr (1850), die Eisengießerei und Maschinenbauanstalt von L. Schwartzkopff, Chausseestraße 20–23 (1852)[37], die Fabrik für Landwirtschaftliche Geräte und Wagenfabrik F. Eckert und Völker (1856)[38] und Weddings Maschinenbauanstalt (1857)[38].

Die meisten der sich selbst als Maschinenbauanstalten und Fabriken bezeichnenden Werkstätten waren in der ersten Hälfte des 19. Jahrhunderts überwiegend handwerklich und manufakturmäßig organisiert. Sie begannen oft nur mit zehn oder 50 Beschäftigten und konnten sich bereits mit 100 bis 200 Mann zu den großen Fabriken Berlins zählen. Bei Borsig wie auch bei Egells arbeiteten Anfang der vierziger Jahre 300 bis 500 Mann. Aber die Zahl der Beschäftigten kann nicht allein als Indikator für den Stand der Produktivität angesehen werden, da diesen Fabriken meist eine ausreichende Anzahl von Hilfsmaschinen fehlte und der Anteil der Maschinenarbeit an der Gesamtproduktion gering war. Borsig klagte noch 1842, daß es ihm an Hilfsmaschinen mangele.[39] Fast alle der zwischen 1820 und 1845 gegründeten Maschinenbauanstalten hatten bei dem zuständigen

Minister für Handel und Gewerbe, Beuth, nachgefragt, ob sie nicht die eine oder andere Hilfsmaschine leihweise erhalten könnten, da die Ausstattung der Werkstätten in technischer Hinsicht der unerwarteten Auftragslage nicht genüge.

Den Schritt zu einer maschinenmäßigen Produktion vollzogen die meisten Anstalten erst nach der Jahrhundertmitte. Vorreiter dieser Entwicklung war die Maschinenbauanstalt von A. Borsig, da hier schon Mitte der vierziger Jahre das Problem der Rationalisierung für eine bis dahin in Preußen unbekannte Massenproduktion von Industriegütern aufgeworfen wurde. Nach der Gewerbeausstellung von 1844 standen 60 Lokomotiven auf der Vorbestellungsliste und das machte Vorkehrungen notwendig, die große Veränderungen hinsichtlich des Grundrisses, der räumlichen Gegebenheiten und des Verständnisses einer Fabrik bedingten. Damit begann die Entwicklung der Eisengießerei und Maschinenbauanstalt von A. Borsig zur größten Fabrik nicht nur Berlins, sondern auch Preußens – bis dann in den sechziger und siebziger Jahren der »Kanonenkönig« Krupp in Essen dem »Lokomotivkönig« Borsig den Rang streitig machte.

Geschichte der Firma A. Borsig im 19. Jahrhundert

Aufstieg des Breslauer Handwerkersohnes August Borsig zum Berliner Unternehmer

Der Gründer der Maschinenbauanstalt und Eisengießerei A. Borsig, Johann Carl Friedrich August Borsig [1], wurde am 23. Juni 1804 in Breslau geboren. Sein Vater war der Kürassier und spätere Zimmerpolier Johann Georg Borsig; seine Mutter, Susanna Catharina, eine geborene Werner. Nach der Schulausbildung begann August Borsig 1819 eine Lehre bei dem Zimmermann Georg Ihle in Breslau, die bis in das Jahr 1823 dauerte.[40] Gleichzeitig besuchte er vom 14. April 1819 bis zum 18. September 1823 die Breslauer »Kunst- und Bau-Handwerks-Schule«, wo er eine Ausbildung im Baufach bei dem Königlichen Baurat Professor Bach und dem Königlichen Regierungsarchitekten und Bauinspektor Hirt erhielt. Aus dieser Zeit muß die Zeichnung einer Kuppel von 130 Fuß (40,5 m) im Durchmesser stammen, für die er von der Schule eine »große silberne Preis-Medaille« erhielt, wie die Bemerkung am unteren Rand des undatierten Blattes bezeugt [3]. Die in der Zeichnung halbkreisförmige Kuppel wird von einer Holzkonstruktion getragen. Die Laternenkuppel ruht auf einem offenen Kranz aus sechzehn Säulen; alternativ hatte Borsig auch eine Ausführung mit Pfeilern vorgeschlagen. Es ist anzunehmen, daß Borsig im Unterricht die großen Dachstühle der italienischen Kuppelkirchen kennenlernte und in diesen Jahren architekturgeschichtliche Kenntnisse sammeln konnte. Eine Ähnlichkeit mit der Kuppel von Santa Maria della Consolazione bei Todi, die 1508 von Bramante begonnen wurde, ist feststellbar. Auch hier wird die fast halbkreisförmige Kuppel durch ähnliche Gurtbänder wie im Borsigschen Entwurf in ein Sechzehneck aufgeteilt und die Laterne von sechzehn Säulen gebildet.

Mit einem Stipendium der Stadt Breslau und mit Fähigkeiten in den Fächern Mechanik und Freihandzeichnen, wie ihm seine Breslauer Lehrer auf dem Abgangszeugnis [2] attestieren, kam er 1823 als Zimmermann mit reichen bautechnischen Kenntnissen[41] nach Berlin, um sich an dem 1821 gegründeten königlichen Gewerbeinstitut, das unter der Leitung von Peter Beuth stand, in seinem Fache weiterbilden zu lassen. An diesem Institut, das er dann ohne Zeugnis verließ, blieb er bis zum Jahre 1825. Über das ruhmlose Ausscheiden weiß man aus den Archivunterlagen, die die Familie betreffen[42], wenig zu berichten. Zwar habe er sich die notwendigen Personalpapiere für eine Abschlußprüfung besorgt, habe dann aber auf diese Prüfung verzichtet, um sich der praktischen Arbeit zuzuwenden.[43] An anderer Stelle erfährt man ein Urteil Beuths über seinen Zögling Borsig, allerdings ohne Quellenangabe: Beuth soll sich dahingehend geäußert haben, er wolle die Segnungen der Anstalt nicht an einen Menschen verschwenden, der nach seiner Überzeugung doch nie imstande sein werde, in seinem Fach etwas zu leisten.[44]

[1]
Johann Carl Friedrich August Borsig (1804–1854); Heliogravure (1904?) nach einer älteren Fotografie

Für die Porträts von August Borsig diente immer wieder dieselbe Fotografie als Vorlage, so 1854 für das Schmuckblatt zur 500. Lokomotive [121], 1855 dem Maler Franz Krüger für ein Gemälde, auf dem aus Gründen der Bildkomposition die Blickrichtung geändert wurde und der Künstler dem Dargestellten durch straffere Gesichtszüge und einen klareren, energischeren Blick schmeichelte [134]. Die »Illustrirte Zeitung« hatte den betagten, dickleibigen Bürger 1848 sogar in einen jugendlichen Unternehmer voller Tatendrang verwandelt. Die Heliogravure könnte entstanden sein zur Feier des 100. Geburtstages von August Borsig.

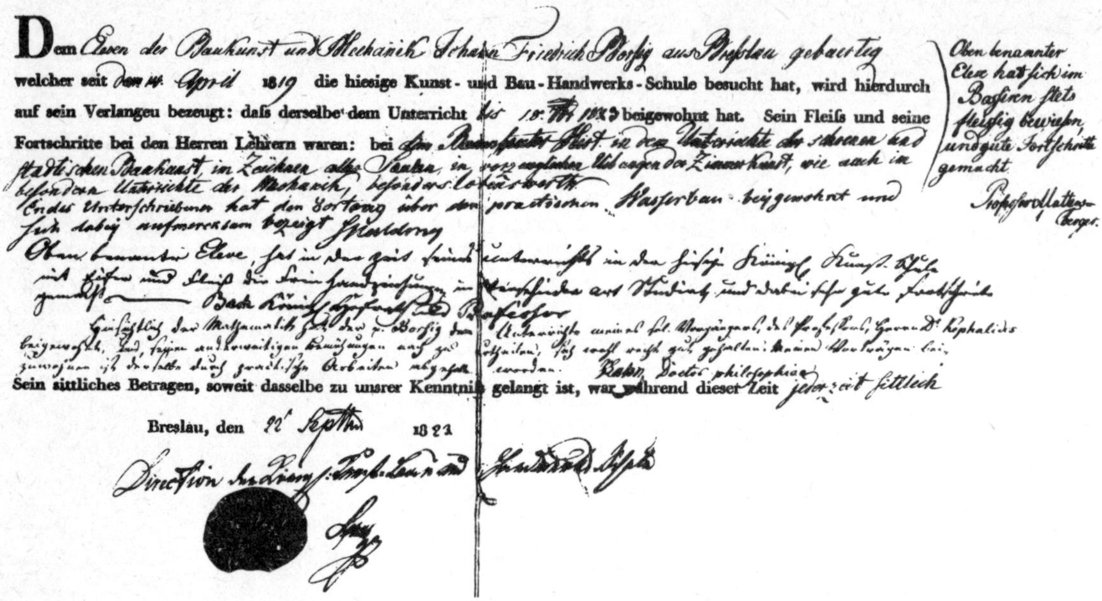
Dem Eleven der Baukunst und Mechanik Johann Friedrich Borsig aus Breslau gebürtig welcher seit dem 14. April 1819 die hiesige Kunst- und Bau-Handwerks-Schule besucht hat, wird hierdurch auf sein Verlangen bezeugt: daß derselbe dem Unterricht bis 18. ... 1823 beigewohnt hat. Sein Fleiß und seine Fortschritte bei den Herren Lehrern waren: bei ...

Oben benannter Eleve hat sich im Bassiren stets fleißig bewiesen, und gute Fortschritte gemacht.

Sein sittliches Betragen, soweit dasselbe zu unsrer Kenntniß gelangt ist, war während dieser Zeit jederzeit sittlich

Breslau, den 22. Septbr. 1823

[2]
Abschlußzeugnis für den »Eleven der Baukunst und Mechanik Johann Friedrich Borsig aus Breslau«, 1823

Die Lehrkräfte bescheinigten Borsig die Unterrichtung in der »schoenen und städtischen Baukunst, im Zeichnen aller Saulen [Säulen; der Verf.], in vorzueglichen Uebungen der Zimmerkunst« und Kenntnisse im »practischen Wasserbau« sowie Fähigkeiten im Freihandzeichnen. Allerdings sei er von den Vorlesungen in Mathematik »durch practische Arbeiten abgehalten worden«. August Borsig arbeitete nämlich nebenbei in der Zimmerei seines Vaters und soll in dieser Zeit einen Gasthof »Weisser Hirsch« und einen Saal, der noch »wegen der Dachconstruction angestaunt« werde, selbständig ausgeführt haben, wie es im Nachruf des »Berliner Volkskalenders« von 1855 heißt.

Eine Zeitlang soll Borsig überlegt haben, nach Breslau zurückzukehren.[45] Im September 1825 entschloß er sich jedoch, eine maschinenbautechnische Praxis in der Maschinenbauanstalt von Franz Anton Egells in der Chausseestraße zu beginnen. Im Juli 1827 – nach Abschluß seiner Lehrzeit[46] – erhielt er dort eine feste Anstellung für acht Jahre und wurde als Faktor (Werkmeister, Abteilungsleiter) in der von Egells und Woderb 1826 gegründeten »Neuen Berliner Eisengießerei« – der ersten privaten Gießerei Berlins – eingesetzt[47]. Der Arbeitsvertrag mit Egells und Woderb bestimmte, Borsig habe von nun an »dem Technischen in der Eisengießerei und den davon anhängigen Werkstätten fleißig und ordentlich vorzustehen«[48]. Der Faktor erhalte 300 Taler Jahresgehalt und eine Tantieme für das gegossene und verkaufte Eisen, die nach Eisengewicht berechnet werden solle.[49] Darüber hinaus wurde ihm in Aussicht gestellt, bei gutem Geschäftsgang eine größere Wohnung im Haus Chausseestraße 3 zu beziehen.[50] Im Frühjahr 1823 hatte August Borsig die Pfarrerstochter Louise Praschl geheiratet, die am 7. März 1829 den Sohn Albert zur Welt brachte. August Borsig goß zu diesem Ereignis eine gußeiserne »Geburtsurkunde« mit der Inschrift: »Vivat der kleine Factor, den 7. Maerz 1829«[51]. Bereits im April bezog die dreiköpfige Familie eine Dreizimmerwohnung in dem an der Chausseestraße gelegenen Wohnhaus der Firma Egells [4].[52]

Nach Ablauf des Vertrages mit der Egellsschen Eisengießerei blieb Borsig noch eineinhalb Jahre bei Egells und schied dann zum 1. Januar 1837 aus dem Arbeitsverhältnis aus, um sich der Errichtung seiner eigenen Gießerei zu widmen. Die Eisengießerei von Egells muß während der Vertragszeit von Borsig große Gewinne verbucht haben, da dieser sich als Faktor in den acht Jahren seiner Anstellung ein Vermögen von über 8000 Talern ersparen konnte.[53] Schon 1836 hatte Borsig sich um die Erlaubnis zum Betreiben einer eigenen Eisengießerei bemüht, was ihm am 7. Oktober 1836 vom preußischen

Erspartes Vermögen

[3]
»Zeichnung einer Kuppel von 130 Fuss im Durchmesser« von August Borsig (1823?)

Für diese Zeichnung von konstruktiver und zeichnerischer Qualität erhielt Borsig – wohl zum Abschluß seiner Ausbildung – von der Breslauer »Kunst- und Bau-Handwerks-Schule« die »große silberne Preis-Medaille« (handschriftlicher Vermerk unten links).

[4]
Wohnhaus von Franz Anton Egells in der Chausseestraße 3, Aufnahme 1870

In dem 1828 für Egells erbauten Haus bezog Borsig im April 1829 eine Dreizimmerwohnung mit Kammer und Küche für eine Jahresmiete von 87 Taler.

Bürger-Brief.

Wir Ober-Bürgermeister, Bürgermeister und Rath dieser Königlichen Preußischen Haupt- und Residenzstadt Berlin, erklären hiermit, daß Wir den Johann Friedrich August Borsig auf sein geziemendes Ansuchen, und nach beigebrachter Qualification, zum Bürger angenommen, ihn auch derer, einem hiesigen Bürger zustehenden, Rechte und Wohlthaten theilhaftig machen wollen.

Da nun derselbe, zur Versicherung seiner Treue und seines Gehorsams, nachstehenden Eid geleistet hat:

Ich Johann Friedrich August Borsig – schwöre zu Gott, dem Allmächtigen und Allwissenden, daß Seiner Königlichen Majestät von Preußen, meinem Allergnädigsten Herrn, ich unterthänig, treu und gehorsam sein, meinen Vorgesetzten willige Folge leisten, meine Pflichten als Bürger gewissenhaft erfüllen und zum Wohl des Staats und der Gemeine, zu der ich gehöre, nach allen meinen Kräften mitwirken will, so wahr mir Gott zur Seligkeit helfe durch seinen Sohn Jesum Christum;

So ist ihm dieser Bürgerbrief ertheilet worden. Urkundlich unter unserem Stadt-Insiegel; So geschehen Berlin, den

[5]
»Bürger-Brief« für den »Eigentümer und Fabrik-Unternehmer Herrn Johann Friedrich August Borsig«, 1836

Staat genehmigt wurde. Die daraufhin eingereichten Baupläne[54] enthielten ein Gießgebäude mit angrenzenden Formereiwerkstätten, eine Kupolofenanlage, eine Bohr- und Drehwerkstatt und ein Dampfmaschinenhaus mit Kesselanlage. Die Bauerlaubnis war wiederum die Voraussetzung, um ein Grundstück in der Thorstraße zur Errichtung der geplanten Produktionsstätten erwerben zu können. Am 20. Dezember 1836 endlich erhielt August Borsig als grundbesitzender Bürger den Bürgerbrief der Stadt Berlin[55] [5].

Schon 1835 war Borsig dem »Verein zur Beförderung des Gartenbaus in den Königlich Preußischen Staaten« beigetreten. Daß er sich mit dieser Mitgliedschaft den Einstieg in die Berliner Gesellschaft und den Kontakt zu möglichen Kundenkreisen verschaffen wollte, für die er Fontänen- und Bewässerungsanlagen, Treibhäuser und Pavillons aus eigener Fabrikation zu liefern beabsichtigte, liegt nahe. Über diesen Verein hat Borsig sicherlich den Gartenbaudirektor Peter Joseph Lenné kennengelernt, vielleicht auch einflußreiche Architekten der Berliner Bauschule, die er dann später zur Gestaltung seiner Fabriken und der Villa mit Parkanlage heranzog. Der 1840 erteilte große Auftrag für das Dampfmaschinenhaus und die Bewässerungs- und Fontänenanlage in Potsdam mag Borsigs persönliches Interesse am Gartenbau befördert haben.

Als sich Borsig nach Beendigung seiner Tätigkeit bei Egells entschloß, eine eigene Gießerei zu betreiben, hatte er über zehn Jahre in der größten Berliner Maschinenbauanstalt und Eisengießerei gearbeitet und diese acht Jahre erfolgreich geleitet. Wie gewinnbringend eine Gießerei sein konnte, ließ sich für ihn an den jährlich steigenden Tantiemen ablesen. Nach Gründung des Zollvereins hatte sich der Absatzmarkt für Maschinen ständig vergrößert, und immer noch zeichneten sich neue Aufträge und neue Aufgaben ab. Der im Vertragsentwurf von 1826 zwischen Borsig und Egells noch bestehende Passus »in keine Eisengießerei in dem Weichbilde Berlins einzutreten oder selbst eine solche anzulegen«, fehlte im endgültigen Vertrag[56], denn diese zunftmäßige Klausel entsprach nicht mehr den neuen Prinzipien der preußischen Gewerbeförderung, die das freie Unternehmertum heranziehen wollte. So sprach für Borsig im Jahre 1836 nichts dagegen, ein Konkurrenzunternehmen neben der Egellsschen Fabrik in der Chausseestraße zu gründen.

Eisengießerei und Maschinenbauanstalt von A. Borsig in der Chausseestraße 1

Grundstückskäufe[57]

Das erste von Borsig erworbene Stück Land war ein schmaler Geländestreifen hinter einem Grundstück in der Thorstraße 53, der im September 1836 vermessen worden war und in einer Anmerkung auf der dazu entstandenen Zeichnung als der »von dem Faktor, Herrn Borsig, erkaufte Theil« bezeichnet wird.[58] Dieses kleine Anwesen, rings von Privatgrundstücken umgeben, besaß keinen direkten Zugang zur Straße und war für die Errichtung der Gießerei völlig ungeeignet, aber Borsig kaufte im November 1836 das östlich und im Dezember 1837 auch das westlich angrenzende Grundstück und war nun Eigentümer eines großen Geländes an der Ecke Chaussee- und Thorstraße [57].

Das östliche Grundstück erwarb Borsig von dem Tierarzt Röttger Arnold Leopold Bitter zum 1. November 1836[59]: ein Gartengelände an der Thorstraße 46–52 in einer Größe von 19000 Quadratmeter zu einem Preis von 10000 Taler, von denen Borsig zunächst 1000 Taler anzahlte. Eine Geländezeichnung vom Januar 1835[60] zeigt das zum Teil von Gärtnereien und der »Neuen Berliner Eisengießerei« von Egells umschlossene Gelände mit einem Wohnhaus in der Thorstraße 52. Hier konnte die Eisengießerei mit den angrenzenden Werkstätten schon errichtet werden. Ein Jahr später, am 6. Dezember 1837, kaufte Borsig dann das Grundstück Chausseestraße 1 mit einem älteren Wohnhaus von dem Stadtsekretär Stooff für 14000 Taler. Auch hier wurden zunächst nur 4000 Taler angezahlt und der restliche Betrag mit 5 Prozent über einen nicht bekannten Zeitraum verzinst.[61] Der vorerst letzte Grundstückskauf, am 26. Februar 1840, betraf das kleine Grundstück mit einem Wohnhaus in der Thorstraße 53, das 1836 noch bei Dückert verblieben und inzwischen an drei Seiten von dem Borsigschen Fabrikgelände umschlossen war. Borsig kaufte es für 4500 Taler, die er bar bezahlte.

Allein der Erwerb dieser Grundstücke erforderte über 30000 Taler.[62] Bei den beachtlichen Kosten spielte die geringe Summe des ersparten Eigenkapitals von 8500 Taler eine wichtige Rolle. Sie stellte die Anzahlungen und sicherte somit die Grundstücke zu einem relativ geringen Preis, da Borsig kaufte, bevor die Spekulation die Preise in der Chausseestraße in die Höhe trieb. Die Grundstücke konnte er dann mit Hypotheken belasten, und sie dienten zudem den Privatleuten, die ihr Kapital in die Fabrik investierten, als Sicherheit. Bereits am 5. November 1836 gewährte ein Rentier Gustine durch Schuldverschreibung August Borsig ein Hypothekendarlehen, das die Finanzierung des Grundstücks von Bitter sicherstellte, in Höhe von 9000 Taler zu 4,5 Prozent.[63] Der bedeutendere Kreditgeber war ein Hofkleidermacher namens Johann Simon Freytag, der ein Darlehen über 40000 Taler am 20. Januar 1837 zur Errichtung der Eisengießerei zur Verfügung stellte und zu einem späteren, nicht mehr feststellbaren Zeitpunkt noch einmal den Privatunternehmer mit 20000 Taler unterstützte.[64] Damit hatten der Erwerb der Grundstücke und die Errichtung der Produktionsstätten bis zum Jahre 1840 nachweislich über 90000 Taler gekostet, von denen 79000 Taler auf dem Schuldenkonto standen[65]. Die Vorfinanzierung vom Herbst 1836 bis zur Aufnahme der Produktion in den fertiggestellten Gebäuden im Herbst 1837 betrug 49000 Taler Fremdmittel.

Aufträge und gesellschaftliche Verbindungen

Der erste größere Auftrag, der dem jungen Unternehmer Borsig zufiel, war die Herstellung von 117000 Schrauben für die Berlin-Potsdamer Eisenbahn.[66] Der Auftragsumfang zwang Borsig, in den noch nicht fertiggestellten Werkstätten die Arbeit aufzunehmen. Zwei handgetriebene Blasebälge fachten das Feuer in den Kupolöfen an. In Bretterschuppen wurde vorübergehend die Bohr- und Drehwerkstatt aufgebaut, die ein von Egells gekauftes Göpelwerk antrieb. Diesen ersten Zustand der Fabrikanlage hat im Jahre 1847 der Maler Carl Eduard Biermann in einem Aquarell [Tafel I] rekonstruiert, das 1848 als Stahlstich im »Berliner Kalender« abgebildet wurde. Es zeigt den Übergang vom Provisorium zur neu errichteten Fabrik, da es links noch den Bretterschuppen für die Mechanische Werkstatt und das Göpelwerk zeigt, rechts aber schon die rauchenden Schornsteine der Dampfmaschinenanlage, die erst ein halbes Jahr später in Betrieb genommen wurde.[67] Der erste Guß aus den noch mit Fuß betriebenen Kupolöfen erfolgte am 22. Juli 1837 und ist durch eine gußeiserne Tafel mit der Inschrift »Vom ersten Guss den 22ten July 1837«[68] belegt. Dieses Datum galt von nun an als das offizielle Gründungsdatum, an dem sich die folgenden Firmenjubiläen orientierten. In den ersten Jahren produzierte die Eisengießerei eiserne Schienenstühle für die Berlin-Potsdamer Eisenbahn, aber auch kunstgewerbliche Gegenstände und die vier Löwen für die Löwenbrücke im Berliner Tiergarten.

Eine Spezialisierung zeichnete sich in den ersten drei Jahren nicht ab. Die unterschiedlichsten Aufträge wurden angenommen. In den Wintermonaten, wenn die Bestellungen des Baugewerbes für eisernes Material stark zurückgingen, beschäftigte Borsig seine Arbeiter mit der Herstellung gußeiserner Bilderrahmen, Federschalen und Kandelaber [6]. Die Einnahmen im ersten Jahr konnten lediglich die Unkosten decken. Im Frühjahr 1838 schrieb Borsig an seinen Vater in Breslau und bat ihn um eine Unterstützung für den jüngeren Bruder, dem er keinen Zuschuß zum Lebensunterhalt mehr geben könne, da der Aufbau seiner Fabrik dies nicht mehr erlaube.[69] 1840 beabsichtigte Borsig sogar einen großen Teil seines Grundstückes in der Thorstraße an die Stettiner Eisenbahngesellschaft zu verkaufen. Da diese aber ein günstigeres, etwas nördlicher gelegenes Gelände erwerben konnte, kam der Verkauf nicht zustande. Das erwies sich wenig später als Segen.

Um 1840 begann sich die Eisengießerei und Maschinenbauanstalt von Borsig in einem Produktionszweig zu spezialisieren, der die Grundlage des wirtschaftlichen Erfolges werden sollte. Schon 1839 war ein Kesselgebäude entstanden, das den Dampfmaschinenbau mit kompletten Kesselanlagen ermöglichte. Hier setzte Borsig den Schwerpunkt seines Produktionsprogramms und hatte das Glück, sogleich mit einem großen Staatsauftrag von nationaler Bedeutung betraut zu werden: mit der Lieferung der technischen Anlage für das Pumpwerk in Sanssouci. Dieses gartenbauliche Großprojekt einer von Springbrunnen und Fontänen belebten Parkanlage mit einem weitverzweigten Bewässerungssystem war während der Regierungszeit Friedrichs II. trotz aller technischen Versuche unausführbar geblieben. Unter seinen Nachfolgern herrschte mangelndes Interesse und es fehlte Geld, so daß dieses Projekt über Jahrzehnte ruhte. Erst mit dem Regierungsantritt Friedrich Wilhelms IV. (1840) erhielt die Gartengestaltung Potsdams neue Impulse. Bereits vier Wochen nach dem Tode Friedrich Wilhelms III., am 5. August 1840, sandte der »Fabriken-Commissions-Rath« Adolf Brix einen Brief an Borsig, in dem er diesem die gewünschte Leistung der zu erbauenden Pumpe für die Fontänen- und Bewässerungsanlage zu Sanssouci mitteilte und ergebenst anheimstellte, »hiernach den vorläufigen Entwurf zu machen. Im Falle Sie jedoch Abweichungen von diesen Angaben nöthig halten sollten, so würde ich bitten, mich davon in Kenntnis zu setzen, so wie ich auch vor Absendung Ihres Entwurfs nach Potsdam Rücksprache darüber mit Ihnen zu nehmen wünsche.«[70]

Mit diesem Schreiben begann die Geschichte der vielen Bauaufträge, die der Firma Borsig von staatlicher Seite zuerkannt wurden. Aus dem geringen Umfang der Akten zu Bauaufträgen, die das Jahrzehnt zwischen 1840 und 1850 betreffen[71], läßt sich ermessen, welch engen Kontakt Borsig zu den bedeutenden Architekten Berlins unterhielt. Das betraf zum Beispiel beim Pumpwerk zu Sanssouci wie auch beim Kuppelprojekt der Nicolaikirche in Potsdam Friedrich Ludwig Persius und nach dessen Tod 1845 Friedrich August Stüler, den Borsig schon 1841 durch die Bauaufgaben am Neuen Museum zu Berlin kennengelernt hatte. Borsig trug vielfach zur Lösung schwieriger konstruktiver Probleme bei, und so wurde der aus der Praxis kommende Maschinenbaumeister für die Architekten ein wichtiger Gesprächspartner. Vorteilhaft waren dem Unternehmer Borsig dabei seine architektonischen Kenntnisse, die er auf der Bauhandwerksschule in Breslau erworben hatte, sowie sein Verständis für die Verwendung des Eisens beim Bauen, was auf seinen doppelten Ausbildungsweg als Zimmermann und als Eisengießer zurückzuführen ist. Die Vollendung bedeutender Bauten des preußischen Staates eröffnete dem Fabrikbesitzer Anfang der vierziger Jahre wirtschaftlichen Aufstieg und zugleich gesellschaftliche Anerkennung, was nach Abschluß der Arbeiten an der Schloßkuppel in Berlin 1851 von höchster Stelle offiziell durch die Verleihung des Titels »Commerzien-Rath« bestätigt wurde.

Auf der Rückseite des schon erwähnten Briefes vom »Fabriken-Commissionsrath Brix«, der den Bau der Pumpanlage in Sanssouci betraf, zeigt ein Aufriß die dekorative Einfassung dieser Anlage: eine zweigeschossige Verkleidung im Innern des Dampfmaschinenhau-

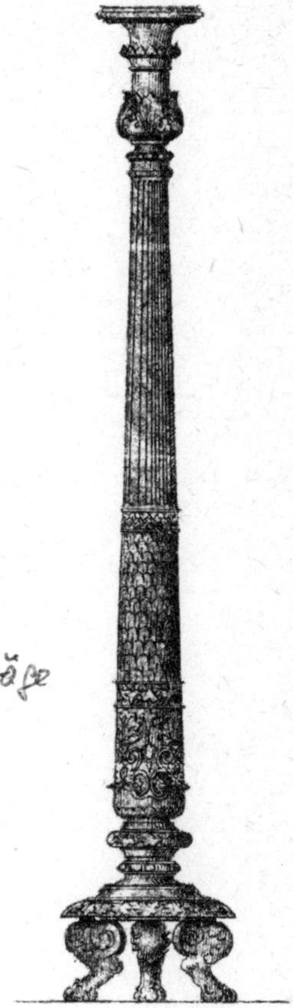

[6]
Entwurf für einen Dreifuß-Kandelaber mit langem Schaft und einem kleinen Vasenaufsatz, beschriftet: »1/12 natürl...«; (1837/38?)

In den ersten Wintern nach Gründung der Fabrik beschäftigte Borsig seine Arbeiter mit Eisenkunstguß. Der zeichnerisch hochwertige Entwurf für einen Eisenguß-Kandelaber könnte von seinem späteren Hausarchitekten Heinrich Strack stammen, der auch schon für die Firma Egells Entwürfe angefertigt hatte.

[7]
Briefentwurf von August Borsig an den Hofbauinspektor Ludwig Persius vom 27. September 1840

Borsig liefert den Grundrißentwurf versehen mit den Mindestmaßen für die technische Anlage des Pumphauses in Sanssouci. Für die Anordnung des Schornsteins bieten sich nach seiner Auffassung zwei Möglichkeiten: aus ästhetischen Erwägungen könne man ihn als Glockenturm in die Nähe der seitlichen Anbauten stellen, dies führt er im Text aus, aus technisch-praktischen Gründen empfehle sich aber die Nähe zur Kesselanlage.

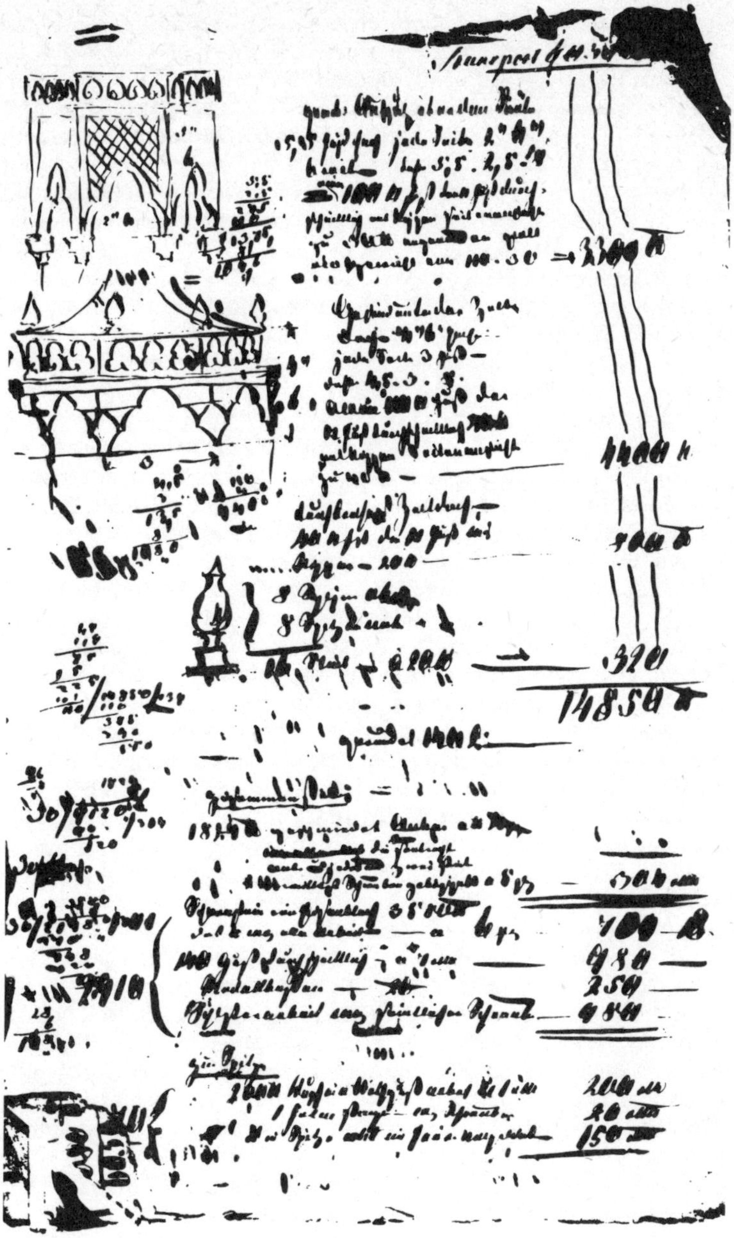

[8]
Entwurf eines Kostenvoranschlages von August Borsig für die Arbeiten am Pumphaus zu Sanssouci vom 7. Februar 1841

Die Federzeichnungen Borsigs beziehen sich auf die baldachinartigen Abschlüsse der Schornsteingeschosse. Das Blatt gehört zu einem achtseitigen Manuskript, das sämtliche Arbeiten für das zu errichtende Pumpwerk aufführt; es zeigt die für Borsig typische Art, Zahlenposten zu addieren.

[9]
Brief Ludwig Persius' an August Borsig vom 23. Mai 1842:

»Lieber Herr Borsig!
Gestern sagte mir Freund Brix bei seinem Hiersein, wie Sie jetzt der Besorgnis Raum geben, daß sich die Vollendung und Aufstellung der Dampfmaschine verzögern dürfte und sonach die Eröffnung der Wasserwerke zu dem kontraktlich bestimmten Termin nicht möglich sein möchte. Diese Nachricht hat mich auf das äußerste überrascht und beunruhigt. Bedenken Sie, daß die Anlage der Wasserwerke zur Zeit das größte Bauunternehmen im Staate ist, daß der König, das Land, ja man kann sagen, die Welt an der von Ihnen zugesagten Vollendung eines Werkes Anteil nimmt, das durch das historische Interesse, was sich daran knüpft, zu einem wahrhaft nationalen Unternehmen gestempelt wird.
Wer sollte nun, zu der Zeit, wo die Eröffnung von allen Seiten mit Bestimmtheit erwartet wird, mit der Entschuldigung herantreten, daß die Sache vor der Hand noch nicht gehen könne, da es Ihrer renommierten Fabrik innerhalb eines Jahres und acht Monaten... nicht möglich gewesen sei, die Dampfmaschine zu errichten. Mein lieber Herr Borsig, dahin dürfen wir es nicht kommen lassen... Berücksichtigen Sie auch, wie unangenehm es dem Herrn Geheimrat Beuth sein würde, wenn wir nicht Wort halten...«

ses, die die technischen Apparaturen sowohl tragen als auch umkleiden sollte. Mit der architektonischen Gestaltung und inneren Ausstattung war Ludwig Persius betraut. Wahrscheinlich haben sich Borsig, der die Maschine bauen sollte, Brix, der Auftraggeber, und Persius im August 1840 zu einem Gespräch zusammengefunden, um über das Verhältnis zwischen Architektur und technischem Gerät bei dieser noch neuartigen Bauaufgabe zu beratschlagen. Die Zeichnung könnte bei dieser Gelegenheit entstanden sein, da sie einen frühen Planungsstand dokumentiert, als noch eine gotische Ausstattung vorgesehen war, während in der Ausführung der maurische Stil angewendet wurde [11]. Auf dem Entwurf für ein Antwortschreiben an Persius am 27. September 1840 zeichnete Borsig einen ersten Grundriß für die technische Anlage, nach dem sich der Gebäudegrundriß in seinen Ausmaßen zu richten hatte. Das Begleitschreiben machte Angaben über technische Notwendigkeiten und teilte die Mindestmaße der Maschinenhalle mit [7]. In diesem Briefentwurf diskutiert Borsig zwei Pläne, die unter anderem alternative Standorte für den Schornstein – nach technischem oder ästhetischem Gesichtspunkt – vorschlugen. In den Entwürfen für die Kostenvoranschläge, die Borsig im November erstellte, werden die entsprechenden Maschinenteile durch eigenhändige Skizzen beschrieben [8].[72] Zum 24. Januar 1841 lag der Vertrag zwischen dem »Entrepreneur« Borsig und dem Architekten Persius der Baubehörde in Potsdam vor und konnte von beiden unterzeichnet werden. Aus ihm geht hervor, daß Borsig nicht nur die Maschinen mit den erforderlichen Kesseln liefern sollte, sondern auch das Pumpwerk, die Fundamente, gußeiserne Treppen mit durchbrochenem Futter und Trittstufen, sowie die gewünschten Galerien.[73] Die gesamte Herstellung der dekorativen Elemente für die Innenausstattung war damit der Firma Borsig anvertraut, was allerdings nicht hieß, daß die künstlerische Ausführung der Anlage an die Borsigsche Fabrik abgetreten worden war. Sie hatte sich in diesem Punkt strengstens an die Vorgaben des Potsdamer Baubüros zu halten: »Die Modelle zu der eisernen Treppe und den durchbrochenen Platten sind nach zu gebenden Detailzeichnungen auszuführen und ist jedesmal vor dem erfolgenden Guß dem dazugehörigen Theile die Approbation derselben von dem unterzeichneten Baubeamten einzuholen.«[74] Drei Wochen später schlossen der »Königliche Wirkliche Geheime Rath und Intendant der Königlichen Gärten« Massow und August Borsig dann den ergänzenden Vertrag über die Herstellung des gesamten Rohrnetzes für den Garten von Sanssouci.[75]

Am 27. Oktober 1841 erinnerte Borsig an die erste Rate, die bei Fertigstellung der Modelle für die Maschinenteile ausgezahlt werden sollte. Die von der Baubehörde anzufertigenden Modelle für die Innendekoration scheinen zu diesem Zeitpunkt noch nicht geliefert worden zu sein, denn aus einem Brief vom 2. November geht hervor, daß der Bildhauer Stützel erst jetzt beauftragt worden sei, Gipsmodelle zu den Kapitellen, Bogen, Basen und Gesimsen anzufertigen, und der Bauleiter Gottgetreu fragte bei Borsig an, »ob bei der Anfertigung der Modelle gleichzeitig auf das Schwundmaß des Gußeisens« Rücksicht genommen werden solle[76]. Die Arbeiten nahmen nicht den gewünschten Fortschritt.

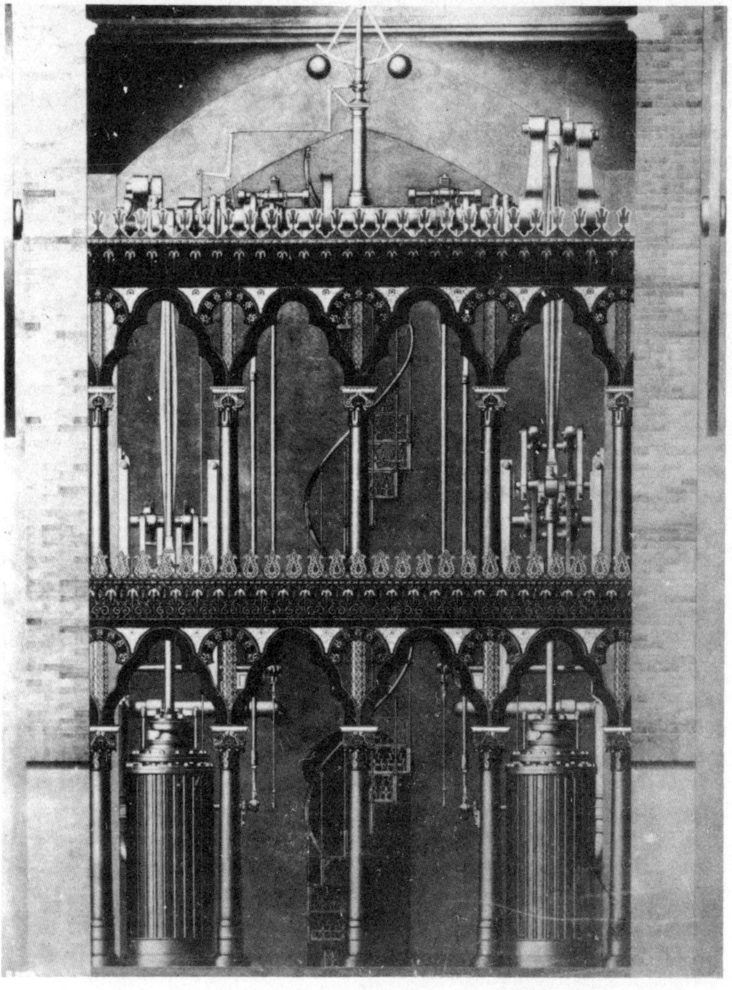

[10]
Innenansicht des Pumphauses zu Sanssouci, nach 1842 (–1845?)

Der Schnitt durch die Vierung des auf kreuzförmigem Grundriß errichteten Dampfmaschinenhauses zeigt hinter der zweigeschossigen Galerie die technische Anlage. Im Zentrum unter der Kuppel befand sich der Fliehkraftregler, hinter dem Geländer der Galerie liegt die horizontal gelagerte Kurbelwelle, die 1842 aus England bezogen wurde. An ihren Enden führen rechts und links die Pleuelstangen senkrecht bis auf die Höhe der ersten Galerie herunter. Von hier aus wirken die Kolbenstangen senkrecht auf die Zylinder, die auf dem Boden standen.

Als im Frühsommer 1842 zu befürchten stand, daß die Pumpwerke zum vertraglich vereinbarten Termin nicht fertig werden würden, schrieb Persius einen Brief an Borsig, in dem er auf die Bedeutung dieses Bauvorhabens, das man international auch als Prüfstein für die Leistungsfähigkeit der preußischen Industrie bewerte, hinwies [9]. Für die Sommermonate erwarte der König auswärtige Gäste, denen er die Fontänenanlage zu zeigen wünsche. Aber erst am 23. Oktober 1842 wurden die Wasserkünste in Sanssouci – um einige Wochen verspätet – eröffnet, und Borsig hatte eine Konventionalstrafe von 350 Taler zu zahlen. Die verspätete Fertigstellung war einerseits auf die zu geringe Kapazität der Maschinenbauanstalt von Borsig, die der gesteigerten Auftragslage zu Beginn der vierziger Jahre nicht gewachsen war, andererseits auf die Größe der Dampfmaschine für Sanssouci zurückzuführen. Sie war mit 80 PS die größte, bisher in Preußen gebaute Maschine und muß somit durchaus als technisches Experiment betrachtet werden. Das Gutachten über die

Wasserspiele

[11]
Dampfmaschinenhaus für die königlichen Gärten zu Potsdam, Aufnahme um 1880

Der kubische Bauteil mit dem Rundbogenportal ist das Kesselhaus, unter der dahinter aufragenden Kuppel lag der Maschinenraum, rechts und links davon die Pumpwerke. Der Standort des als Minarett ausgebildeten Schornsteins zeigt den Kompromiß zwischen ästhetischem Anspruch und technischer Notwendigkeit.

Anlage, von Brix erstellt, fiel jedoch zur Zufriedenheit aller Beteiligten aus. Er schrieb, die Anlage habe sich »bis jetzt in der Construction als gut und tüchtig, in der Ausführung aller einzelnen Theile aber als trefflich bewährt… Was nun schließlich die technische Ausführung betrifft, so dürfte es überflüssig sein, darüber noch etwas Weiteres zu sagen. Die Sans-soucier Maschinenanlage macht der Werkstatt, aus welcher sie hervorgegangen, die größte Ehre; sie hat wahrscheinlich nicht ihres Gleichen. Jedenfalls steht sie als ein mechanisches Werk da, welches ganz geeignet ist, von vaterländischer Intelligenz und Kunstfertigkeit ein rühmliches Zeugniß abzulegen.«[77] Bereits 1844 brachte die »Illustrirte Zeitung« eine hymnische Beschreibung vom technischen Innenraum des Maschinenhauses [10]: »In diesem Raume werden die Dämpfe entwickelt und dem Maschinenraum zugeführt, den man durch das Portal von der Landseite her betritt. Es ist der mittlere der Räume in der vorderen Seite des Gebäudes, wo die Dämpfe das Triebwerk der Maschine mit den Vorrichtungen zum Verdichten und Ausdehnen der Dämpfe in Bewegung setzen. Hier liegen alle die Teile zu tage, die bei anderen Maschinen dem Auge verborgen zu sein pflegen, so dass sich auf einen Blick das ganze Werk übersehen läßt. Das erst im vorigen Jahr vollendete und ausgeschmückte Innere dieses Raumes ist sehenswert. Der Blick erhebt sich bis in die Höhe der im Geschmack des Ganzen mosaikartig verzierten Kuppel und hat dabei doch Mühe, sich von den reizenden Formen aus Eisenguß loszureissen, die diese Massen stützen und zu verbinden bestimmt sind, welche sich bei der dauerhaften Konstruktion die anmutige Leichtigkeit geben, die in der ganzen Auffassung dieses Bauwerkes vorherrschend ist. Besonders anziehend für das Auge ist die leicht gewundene Treppe um den Mittelpfeiler, die den Blick bis unter die Kuppel hinauf leitet. In den Verzierungen dieses Raumes ist die arabische Hufeisenform, die maurische Zierlichkeit und orientalische Mosaikdekoration vorherrschend… Die lautlose Stille und die gleichmäßige Bewegung der imposanten Massen und Kräfte dieser Dampfmaschine erwecken eine Regung des Erstaunens über die riesige Macht des Menschengeistes, der sich selbst die Elemente dienstbar zu machen weiss, um wahre Titanenarbeit ohne Anstrengung verrichten zu lassen. Aber dieser gleichmässige, ruhige Gang des Werks, wobei das Klappern anderer Maschinen dadurch vermieden ist, dass hier die Kamm- und Stirnräder in Holz auf Eisen gehen, zeugt zugleich für die höchste technische Vollendung desselben in allen Teilen… Wir freuen uns mit Recht dieser Fortschritte deutschen Gewerbefleisses als eines Beweises, wie immer mehr Deutschland sich von der bisherigen britischen Industrieherrschaft losreisst.«[78]

Mit der Herstellung dieser »trefflichen« 80-PS-Dampfmaschine und der kunstvollen gußeisernen Verzierungen für die tragende Ständerkonstruktion hatte sich Borsig mit seiner Eisengießerei und Maschinenbauanstalt sowohl in technischer wie auch in künstlerischer Hinsicht allen Anforderungen gewachsen gezeigt und war durch diese Arbeit bei der preußischen Baubehörde namhaft geworden [12].

Zwei Tage nachdem die Akte über die Fontänenanlage abgeschlossen worden war, erhielt Borsig einen Brief aus Potsdam, der ein noch bedeutenderes Bauvorhaben betraf: »Um mit Euer Wohlgeboren über die Lieferung der zum Kuppelbau der hiesigen Nicolaikirche erforderlichen Anker so wie über die Anfertigung einer Maschine zum Aufwinden der Baumaterialien die erforderliche Rücksprache nehmen zu können, bitte ich Sie im Auftrag des Herrn Bau-Rath Persius ergebenst, sich gefälligst recht bald hierher bemühen zu wollen, und werden Euer Wohlgeboren mich während der gewöhnlichen Arbeitsstunden auf der Baustelle finden.« Am Rand dieses Briefes vermerkte Borsig: »Den 28. September war ich in Potsdam, Aktenstück - Nicolaikirche zu Potsdam - ist anzulegen.«[79]

Die Ende der zwanziger Jahre errichtete Nicolaikirche war Zeichen einer unvollendet gebliebenen Bauidee. Als kuppelloser Torso stand sie städtebaulich in keinem Verhältnis zu dem gegenüberliegenden Potsdamer Stadtschloß. Der aus zahlreichen Kompromissen entstandene Bau war auf Betreiben Friedrich Wilhelms III. kleiner und bescheidener ausgeführt worden, als es der Plan Schinkels und des damaligen Kronprinzen vorsah. Die in ihren Ausmaßen gewaltige Kuppel und die vier Ecktürme waren gestrichen worden. Die Verpflichtung zur Sparsamkeit hatte jedoch auch ihre Auswirkungen auf die Statik des Gebäudes. Bauaufnahmen, von Persius Anfang der vierziger Jahre erstellt, zeigten Risse im Mauerwerk. Nach dem Thronwechsel gewann der Plan des Kuppelbaus wieder Aussicht, realisiert zu werden. Die Baugeschichte der Nicolaikirche zu Potsdam ist ausführlich in der Schinkel-Monographie von Hans Kania besprochen worden. Unberücksichtigt blieb jedoch die Akte, die Borsig im September 1843 anlegen ließ.

Als größtes Problem erwies sich bei der Wiederaufnahme des ursprünglichen Entwurfs von Schinkel die geringe statische Belastbarkeit der vorhandenen Bausubstanz. Am 20. Mai 1843 berichtete Persius dem König Friedrich Wilhelm IV., daß er bei der Ausführung der Schinkelschen Entwürfe aus dem Jahre 1829 für die Kuppel eine »solche Konstruktion in Anwendung zu bringen beabsichtige, die - ohne die Solidität des Baues zu beeinträchtigen - das Gewicht der über dem weitgespannten Tonnengewölbe aufzuführenden Massen möglichst verringern« solle[80].

1829 hatte Schinkel die Kuppel noch als Holzkonstruktion planen müssen [14]. Fünfzehn Jahre später konnte sich Persius eine solche Kuppel auch in Gußeisen vorstellen. Sein Bericht an den König über die geplanten Arbeiten an der Nicolaikirche fuhr mit der Bemerkung fort, es »dürfen sich bei der Ausführung der Schutzkuppel in Gußeisen statt in Holz, wie im Schinkelschen Entwurf angenommen worden ist, noch Vorteile hinsichts der Erleichterung dieses Bauteils herausstellen, welche Konstruktion auch dem monumentalen Charakter des Gebäudes mehr entsprechen und womit dasselbe vollkommen feuersicher herzustellen sein würde«[84]. Bei einer solchen Konstruktion, so betonte er, sei die Last um ein Fünftel geringer als bei einer in Holz ausgeführten. Als dann im Frühsommer Friedrich Wilhelm IV. durch Kabinettsorder entschied, die Kirche im Schinkelschen Sinne zu vollenden, war man auf seiten der Architekten, was die Ausführung der Kuppel betraf, noch unsicher. Man dachte dar-

[12]
Die Fontäne zu Sanssouci;
Stahlstich nach einer Zeichnung
von Carl Eduard Biermann,
um 1850

Die beeindruckende technische Leistung des Borsigschen Pumpwerkes veranschaulicht die alles überragende Wassersäule, die eine Attraktion im Königlichen Garten zu Potsdam war.

Nicolaikirche

an, die Kuppel in Kalk »unter Vermauerung von Bandeisen nach der bekannten, in England häufig angewandten Art auszuführen, und die Kuppel in dem Unterteil mit einem eingemauerten, ringförmigen starken Anker mit Splinten in den Verbindungspunkten der Glieder zu versehen und hierdurch die einzelnen Teile der Kuppel zu einem zusammenhängenden Körper zu vereinigen, welcher des Widerlagers nicht bedarf«[80]. Die Unsicherheit der Bauleitung blieb jedoch bestehen, da man schon 1843 bei der »ungewöhnlichen Konstruktion« und den »bedeutenden Abmessungen« mit weiteren Mauerrissen nach endgültiger Fertigstellung rechnete. Das Gelingen des Baus galt in den offiziellen Berichten zwar als sehr wahrscheinlich, man könne es aber »mit voller Sicherheit wohl nicht verbürgen«[80].

Als Borsig im Herbst 1843 nach Potsdam bestellt wurde, war von der Kuppel noch nicht die Rede. Der mit ihm am 27. Januar 1844 geschlossene Vertrag umfaßte nur die Hochdruckdampfmaschine von sechs Pferdestärken zum Schleifen, Polieren, Zersägen und Zerstampfen der Baumaterialien. Ein zweiter Vertrag vom 1. Februar betraf die eisernen Anker. Die Beschreibung der einzelnen Bauphasen – Bestandteil des Vertrags – sah vor, zunächst die vier Ecktürme zu errichten und anschließend dem vorhandenen Bau mit 24 Zugankern die nötige Stabilität zu verschaffen, die für eine noch nicht näher bestimmte Kuppel erforderlich sein könnte. Diese sollte erst 1846/47 gesetzt werden.

Auch im darauffolgenden Jahr bestand weiter Unsicherheit, genaue Angaben über die Ausmaße und das Gewicht der Kuppel festzulegen: »Wahrscheinlich wird das Verhalten der Widerlager die Zulässigkeit der planmäßigen Ausführung des Kuppelbaus außer Zweifel stellen, im anderen Falle würde es nötig werden, auf eine leichtere, wenngleich weniger monumentale Konstruktion des Tambours und der Kuppel überzugehen, welche eventuell für den Tambour in gußeisernem Fachwerk und Ausmauerung respektive Verblendung mit Mauerziegeln, in Betreff der Kuppel aber in einem gußeisernen Gerüst und innerlicher Auskleidung mit Tafel von Zinkguß erfolgen könnte.«[80] Im Januar 1846 war die Kuppel wieder im Gespräch. Der Baukondukteur der Nicolaikirche, Gustav Emil Prüfer, erwähnt in einem Brief an Borsig, daß er jetzt »mit der Anfertigung der Zeichnungen zur Schutzkuppel beschäftigt« sei, und er wolle Borsig diese »im Verlauf von wenigen Tagen zustellen, damit Sie nunmehr diese Arbeit bald beginnen können. Kommen Sie herüber nach Potsdam, so bitte ich hier nicht vorbeizugehen, da ich Sie gern in meiner Kuppel-Angelegenheit sprechen möchte«[81]. Borsig scheint diesem Wunsche entsprochen zu haben, denn in den folgenden Wochen gehen die Pläne zur Überarbeitung an das Borsigsche Konstruktionsbüro in der Chausseestraße. Nach Begutachtung der überarbeiteten Pläne schrieb Prüfer im März an Borsig: »Recht sehr habe ich bedauert, Euer Wohlgeboren heute nicht einheimisch getroffen zu haben. Ihre Zeichnungen von dem Gußeisen-Verband der Schutzkuppel habe ich indes in Augenschein genommen und hat mich die vortreffliche Baukonstruction derselben wahrhaft entzückt. Weniger angemessen erscheint mir bis jetzt die Schmiedeeisen-Construction, und zwar um derwillen, da das Eisen in den Röhren so außerordentlich dünn angenommen ist, so daß zu befürchten steht, der Rost werde dasselbe bald verzehren. Übrigens ist es jedenfalls von Interesse, wenn behufs einer Vergleichung beide Projekte fertig bearbeitet werden. Am Sonntag Vormittag 9–10 Uhr hoffe ich, Sie auf ein halbes Stündchen zu besuchen, und ist es Ihnen vielleicht möglich, bis dahin die Entwürfe nebst Kostenberechnung zu vollenden. Hochachtungsvoll Euer Wohlgeboren ergebenster Prüfer, 18.3.1846«[82]. Bei den von Prüfer erwähnten »beiden Projekten« muß

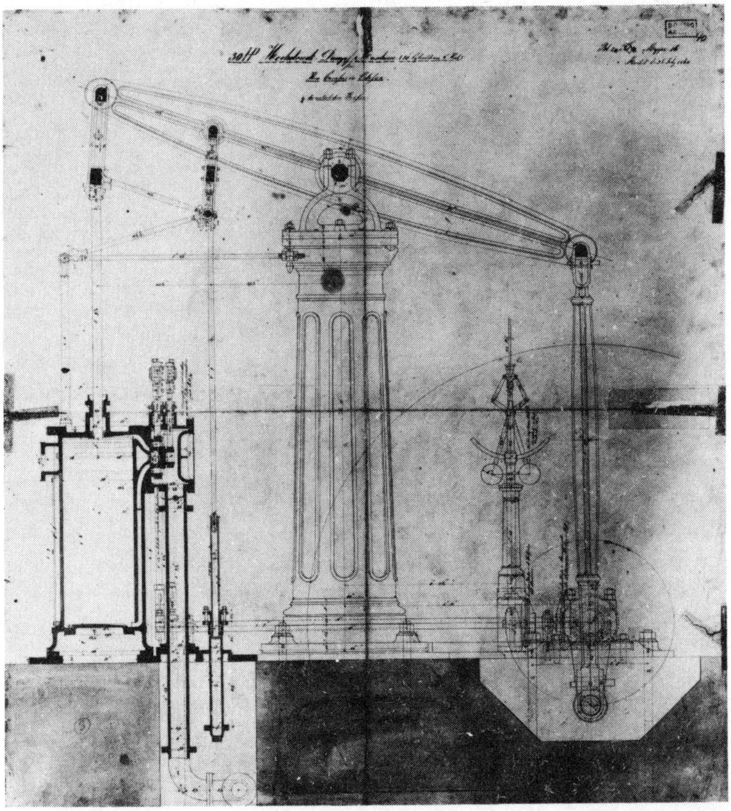

[13]
Technische Zeichnung aus dem Borsigschen Konstruktionsbüro für eine 30-HP-Dampfmaschine

Der Ständer dieser 1860 angefertigten Balancier-Dampfmaschine zeigt die kulturelle Aufwertung der Maschine durch Stilformen, in diesem Falle durch einen kannelierten Säulenschaft.

es sich einmal um die »Kuppel-Angelegenheit« Prüfers, zum anderen um einen eigenständigen Entwurf Borsigs [15] gehandelt haben, den dieser – zum Vergleich – mit einreichen wollte. Im März schickte Borsig zwei Zeichnungen, wie aus einem Briefentwurf vom 21. März hervorgeht, an Prüfer, und am 24. März folgte die Kostenrechnung. Eine rasche Entscheidung über die alternativ vorgelegten Entwürfe war anscheinend nun doch nicht möglich. Am 15. April 1846 schrieb Prüfer an Borsig: »Ich kann nicht unterlassen, Euer Wohlgeboren ganz ergebenst zu benachrichtigen, daß zur Zeit noch kein Entschluß über die Construction der Schutzkuppel gefaßt worden ist. Herr Ober-Bau-Rath Stüler beabsichtigt vielmehr, sowohl Ihren als auch sonstige Entwürfe der Königlichen Oberbaudeputation vorzulegen und die Entscheidung dieser Behörde einzuholen.«[83] Im September hat diese Behörde sich dann entschieden, und erst am 17. Dezember erhielt Borsig aus Potsdam einen Vertragsentwurf über die Lieferung der Eisenteile für die Schutzkuppel nach seinen Entwürfen. Prüfer fügte dem Kontrakt eine Zeichnung bei »über eine schmiedeeiserne Verbindung des Kuppelaufsatzes, welche ich jedoch keineswegs für die Ausführung zu Grunde gelegt wissen will, sondern bin ich vielmehr überzeugt, daß Sie etwas viel Besseres und Zweckmäßigeres projectiren werden«[84]. Die Kompetenz Borsigs auch in statischen Fragen der Architektur war von den Architekten, die mit dem Kuppelprojekt beauftragt waren, damit anerkannt worden.

Am 26. Januar 1847 wurde der Vertrag in Potsdam von den Beteiligten unterzeichnet und der Preis für den Bau der Kuppel mit 13062 Taler festgesetzt. Diese Summe war ein Kompromiß zwischen dem höherliegenden Kostenvoranschlag Borsigs und dem in der Kasse der Bauverwaltung für den Bau der Nicolaikirche noch vorhandenen Gelde. Im Verlauf der Arbeiten trat der Baukondukteur Prüfer hinter den Konstrukteur Borsig zurück. Die weiteren Bestellungen von Einzelteilen verband Prüfer häufig mit dem Hinweis, Borsig werde sicher eine brauchbarere Lösung finden. Zwischen August und Oktober 1847 wurde die Kuppel geschlossen und im Frühjahr 1848 die Laterne aus Kupfer und Zink aufgesetzt.

Mit der Nicolaikirche erhielt Potsdam nun ein Baudenkmal, das, kühn von Schinkel geplant, nur klein und bescheiden ausgeführt worden war und zwanzig Jahre nach dem ersten Entwurf letztlich dank der neuen technischen Möglichkeiten, die das Bauen mit schmiede- und gußeisernen Konstruktionen erlaubte, verwirklicht werden konnte. Noch Anfang der dreißiger Jahre war die Verwendung von Guß- und Schmiedeeisen, das zum Teil aus England hätte geliefert werden müssen, Schinkel bei der Errichtung der Bauakademie zu kostspielig. Doch obwohl die Akademie als traditioneller Mauerwerkbau errichtet worden war, wurden ihre Grundriß- und Fassadenstruktur für die moderne Architektur vorbildlich. Die über das technische Können der preußischen Industrie hinausgehenden Entwürfe Schinkels fanden ihre bautechnische Modernität erst nach seinem Tode. Der Beitrag, den dabei die Eisengießerei von A. Borsig, vor allem bei der Anwendung des neuen Baumaterials Eisen, geleistet hat, dürfte beachtlich gewesen sein. Nicht nur für den Kuppelbau, sondern auch für die neuen Bahnhofshallen und Eisenbahnbrücken konnte die Firma Borsig in den vierziger Jahren Entwürfe liefern und deren Ausführung erfolgreich betreiben.[85]

Kuppel Stadtschloß Berlin

Schon im April 1847, der Vertrag über die Kuppel der Nicolaikirche war gerade drei Monate alt, wurde die nächste Kuppel bei Borsig in Auftrag gegeben, diesmal für das Stadtschloß in Berlin.[86] Ende April, so geht aus einem Briefentwurf zum Kostenvoranschlag hervor, übersandte Borsig drei Zeichnungen an Brix, die dem verantwortlichen Architekten Stüler und dem Hofbaurat Schadow vorgelegt wurden. Brix schrieb daraufhin am 12. Mai 1847 an Borsig: »Stüler und Schadow haben noch einige Wünsche aufzunehmen, die hoffentlich Ihrerseits keine Bedenken finden werden.«[87] Diese Bemerkung zeigt, welche Stellung Borsig bei Fragen eiserner Baukonstruk-

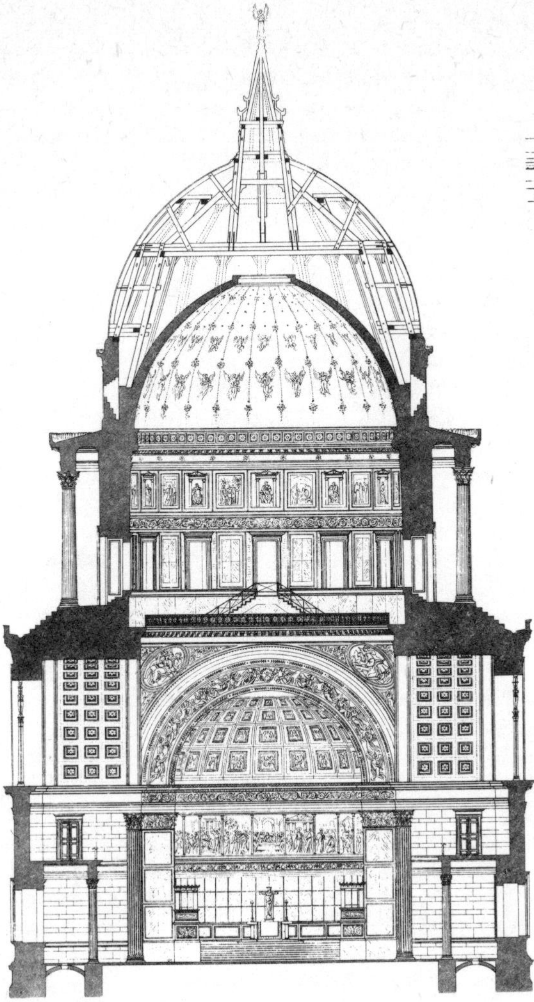

[14]
Nikolaikirche in Potsdam, Querschnitt des Schinkelschen Entwurfs von 1829

[15]
»Construction der Schutzkuppel von der Nicolaikirche in Potsdam«

Die Kühnheit der Borsigschen Konstruktion von 1847 wird im Vergleich mit der Schinkelschen Holzkonstruktion von 1829 deutlich. Dünne eiserne Rippen bilden ein Gerüst für die Kuppelschale aus Zinkblech. Um die temperaturbedingten Spannungen zwischen Mauerwerk und Eisenkonstruktion aufzufangen, ist das Kuppelgerüst über Walzen auf dem Tambour errichtet.

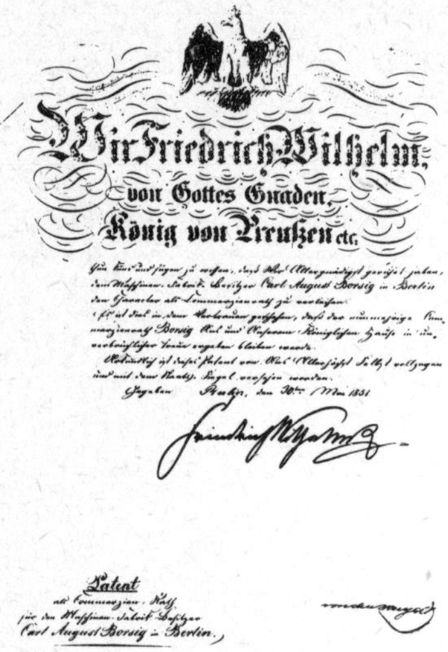

[16]
Ernennungsurkunde zum Patent des »Commerzien-Rath« für den »Maschinen-Fabrik-Besitzer« Carl August Borsig, 1851

tionen inzwischen eingeräumt wurde. Der Kostenvoranschlag belief sich diesmal auf 16661 Taler. 1851 konnte das Bauprojekt nach fruchtbarer Zusammenarbeit zwischen Architekten und Eisengießerei zur »höchsten Zufriedenheit Seiner Majestät des Königs« abgeschlossen werden[88]. Auch die von Borsig ausgeführte Dampfheizung für die Kapelle unter der Kuppel hatte sich in den kalten Wintermonaten bewährt. Am 30. Mai 1851 wurde dem »Maschinenfabrik-Besitzer« Carl August Borsig das Patent eines »Commerzien-Raths« verliehen [16].

Der Personenkreis, der Borsig durch diese Aufträge eröffnet wurde, entstammte der Beamtenschaft oberster preußischer Bau- und Gewerbebehörden, die zunehmend die Zusammenarbeit mit ihm suchten. Daß er häufig die Aufträge auch annahm, wenn die vereinbarte Bezahlung unter seinen Kostenvoranschlägen lag, zeigt sein geschäftspolitisches Interesse, diese wichtigen Staatsaufträge auszuführen. Sie boten ihm Gelegenheit, staatliche Anerkennung und öffentliche Besprechung zu erlangen und die Firma Borsig über Berlin hinaus bekannt zu machen. Mit dem Pumpwerk von Sanssouci hatte sich die Firma, gemessen an ihrer Produktionskapazität, übernommen. Während der Bauzeit mußte Borsig einen Beschäftigten seiner Fabrik nach England senden, um dort weitere Maschinen für die Erfüllung dieses Bauauftrags einzukaufen. Eine Kurbelwelle kam ebenfalls, damit er Zeit sparte, aus England. Die daraus entstehenden Verluste konnten jedoch durch das Anwachsen des Auftragsvolumens privater Kunden aufgefangen werden. Das Hauptbuch der Borsigschen Maschinenbauanstalt und Eisengießerei aus den Jahren 1840 bis 1845 verzeichnet zu allen großen Berliner Fabriken geschäftliche Beziehungen.[89] Mit der vorschriftsmäßigen buchhalterischen Akribie werden hierin alle Lieferungen aufgeführt, von kleinen Eisenwinkeln bis zu Dampfmaschinenanlagen [17]. In weniger als zehn Jahren, vom Regierungsantritt Friedrich Wilhelms IV. bis zur Revolution 1848, entwickelte sich das Borsigsche Unternehmen zur größten Maschinenbauanstalt in Berlin mit einem Produktionsprogramm, das von Dampfmaschinen über Landwirtschaftsmaschinen, Hilfsmaschinen, Hebekräne, Dach-, Kuppel- und Hallenkonstruktionen bis zur mobilen Dampfmaschine – der Lokomotive – reichte.

Lokomotivbau

Unter die in der Borsigschen Fabrik ausgeführten Arbeiten fielen auch Reparaturen an den ersten Lokomotiven der Berlin-Potsdamer Eisenbahn, deren Konstruktionsschwächen Borsig auf diese Weise kennenlernte. 1841 baute er einen verbesserten Typ, der sich an einem Modell der Norris-Lokomotiven aus Philadelphia in den USA orientierte, nach. Diese Lokomotive wurde an die Berlin-Anhaltische Eisenbahngesellschaft verkauft und verließ als Nummer 1 mit dem Namen »Borsig« die Fabrik[90] [18].

In Anerkennung seiner Leistung, als erster eine brauchbare Lokomotive in einer preußischen Werkstatt hergestellt zu haben, wurde ihm vom preußischen Hof der Rote Adlerorden IV. Klasse verlie-

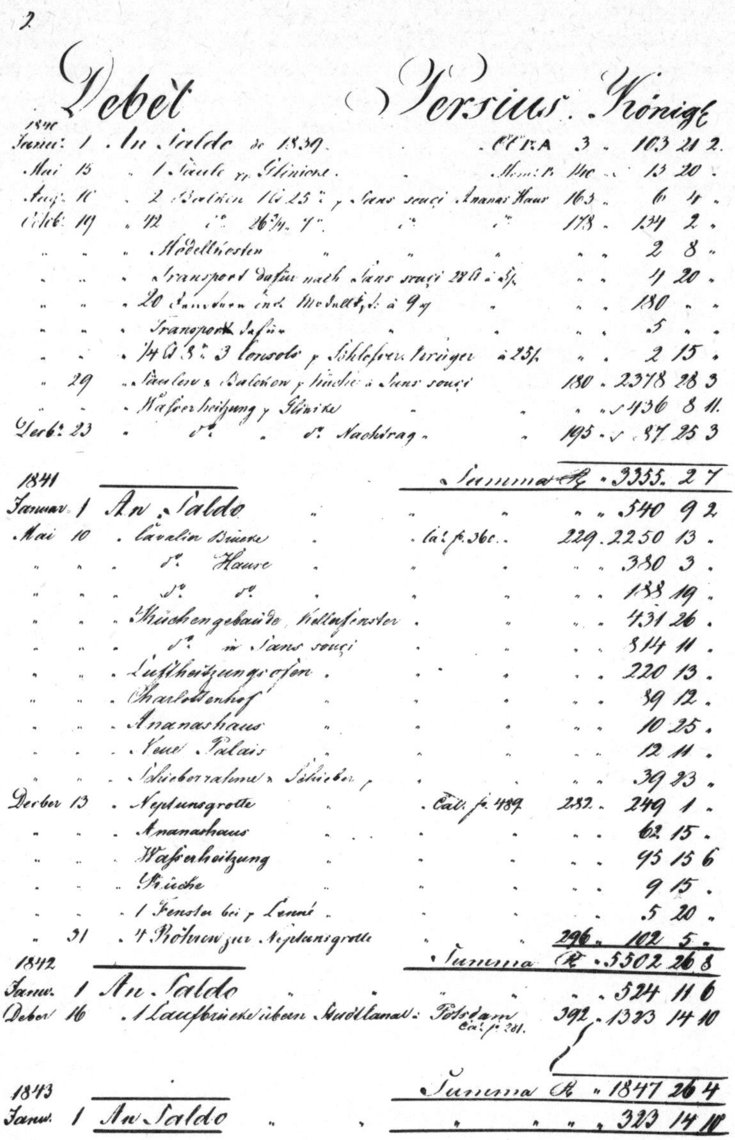

2

Debet Persius. Königl.

1840							
Janu.	1	An Saldo de 1839	Cto A	3	103	21	2
Mai	15	1 Säule f. Glinicke	Mem. P.	140	15	20	
Aug.	10	2 Balken … f. Sans souci Ananas Haus		163	6	4	
Octob.	19	92 …		173	134	2	
		Modellkosten			2	8	
		Transport dafür nach Sans souci …			4	20	
		20 … incl. Modell … à 9 …			180		
		Transport dafür			5		
		… 3 Consols f. Schlafzimmer träger à 25 …			2	15	
	29	Säulen & Balkon f. Küche in Sans souci		180	2378	28	3
		Wasserheizung f. Glinicke			436	8	11
Decb.	23	do. do. Nachtrag		195	87	25	3
		Summa Rt			3355	2	7
1841							
Januar	1	An Saldo			540	9	2
Mai	10	Cavalier Brücke	Cal. f. 360	229	2250	13	
		do. Haus			380	3	
		do. do.			188	19	
		Küchengebäude Kellerfenster			431	26	
		do. in Sans souci			814	11	
		Luftheizungsofen			220	13	
		Charlottenhof			89	12	
		Ananashaus			10	25	
		Neues Palais			12	11	
		Schieberrahmen & Schieber			39	23	
Decbr	13	Neptunsgrotte	Cal. f. 489	232	249	1	
		Ananashaus			62	15	
		Wasserheizung			95	15	6
		Brücke			9	15	
		1 Fenster bei f. Lenné			5	20	
	31	4 Röhren zur Neptunsgrotte		296	102	5	
1842		Summa Rt			5502	26	8
Janu.	1	An Saldo			524	11	6
Decbr	16	1 Laufbrücke über den Stadtkanal:	Potsdam Cal. f. 281	392	1323	14	10
1843		Summa Rt			1847	26	4
Janu.	1	An Saldo			323	14	10

[17]
Geschäftsbuch der Firma Borsig für die Jahre 1840 bis 1845

Das Buch führt unter anderem die Arbeiten im Auftrage des Königlichen Hofbaurats Ludwig Persius auf, für dessen Bauvorhaben Borsig sämtliche Eisenteile lieferte, vom Kellerfenster über eine Säule für »Glinicke«, bis zu den gußeisernen Balkonen des »Ananas Hauses« und der eisernen »Cavalir Brücke« zu Sanssouci.

hen.[91] Die von ihm im Steuerungs- und Achssystem verbesserten Lokomotivtypen[92] setzten sich in den Jahren 1842 und 1843 – gemessen an den späteren Erfolgen – nur langsam durch. Als aber 1843 bei der »Choriner Wettfahrt« eine Lokomotive aus der Borsigschen Werkstatt nach Anfahrtschwierigkeiten, die man ausländischer Sabotage zuschrieb[93], die favorisierte englische Konkurrentin besiegte, war der Mythos englischer Überlegenheit im Lokomotivbau zerstört.

Mit dem Jahre 1844 begann der Triumphzug der Borsig-Lokomotiven, der sich bis ins 20. Jahrhundert fortsetzen sollte. Während der Aufbauphase deutscher Eisenbahngesellschaften gewannen die

Siehe: Geliebte Dampflok S. 31

[18]
Die »Borsig« aus dem Jahre 1841

Die Zeichnung ist eine Rekonstruktion. Originalentwürfe aus den ersten Jahren der Borsigschen Fabrik liegen nicht vor, denn damals war es üblich, die Konstruktionsteile »in den Werkstätten unmittelbar auf die Bleche, die Schmiedeblöcke und Modellhölzer« aufzuzeichnen.

Aufträge

Beuth-Lokomotive Nr. 24

100. Lok

10 000 Taler

Borsigschen Lokomotiven nationale Bedeutung. Nach der Gewerbeausstellung im Sommer 1844 gingen bei der Borsigschen Maschinenbauanstalt 60 Vorbestellungen ein, die zu den schon vorhandenen Aufträgen hinzukamen. Im amtlichen Bericht zur »Allgemeinen Ausstellung deutscher Gewerbeerzeugnisse« von 1844 hieß es über die Firma Borsig: »Aus seinen Werkstätten sind binnen weniger Jahre eine Folge von Lokomotiven hervorgegangen, deren jede die nächstvorhergehende durch neu angebrachte Verbesserungen übertraf und somit ein unausgesetztes Streben kundgab, den Lokomotivbau bis zu demjenigen Grade der Vollkommenheit zu erheben, den die von ihm zur Ausstellung gegebene Maschine auf eine so erfreuliche Weise wahrnehmen ließ. Bis zum Ende des Jahres 1846 wird die Zahl der von der Eisengießerei und Maschinenbauanstalt des Herrn Borsig gelieferten Lokomotiven auf 120 steigen und für die nächsten drei Jahre sind, wie wir vernehmen, bereits 96 neue Maschinen in Bestellung gegeben, ein Resultat, welches für die Güte der Borsig'schen Lokomotiven das beste Zeugnis ablegt.«[94]

Von der Jury der Ausstellung wurde die Borsig-Lokomotive mit dem Namen »Beuth« durch eine Goldene Preismedaille ausgezeichnet[95]. Die »Beuth« war Borsigs 24. Lokomotive, hergestellt zu Beginn des Jahres 1844 [19]. Nur zwei Jahre später, am 20. September 1846, hatte die Firma Anlaß, ein Fest zu feiern: die Fertigstellung der 100. Lokomotive. Mit viel Poesie beschrieb man die kulturellen Leistungen der Industrie; den Liedtext zum gemeinschaftlichen Festgesang versah man mit einer Darstellung der geschmückten Lokomotive »Dioskuren« [119].[96]

Für die Borsigsche Fabrik war der Lokomotivbau der gewinnbringendste Produktionszweig. Eine Lokomotive kostete in den vierziger Jahren zwischen 10000 und 12000 Taler. Damit lag der Anschaffungspreis einer Borsig-Lokomotive für die Eisenbahngesellschaften geringfügig unter dem der englischen Konkurrenz. Borsig konnte diesen Verkaufspreis halten, weil er für den Lokomotivbau die Fabrik in der Chausseestraße auf Massenproduktion umstellte. Während die Ausführung des langwierigen und mühevollen Kuppelprojekts in Potsdam, das die Firma von 1846–1848 beschäftigte, 13000 Taler einbrachte, die dann noch in Raten bezahlt wurden, erzielte er

[19]
Zeichnerische Rekonstruktion der »Beuth«

Diese Lokomotive verließ 1844 als Nummer 24 die Borsigsche Fabrik und wurde auf der Gewerbeausstellung in Berlin mit einer goldenen Preismedaille ausgezeichnet.

jetzt eine vergleichbare Einnahme durch den Verkauf einer einzigen Lokomotive. Darüber hinaus hatten sich die Kostenvoranschläge für königliche Bauvorhaben an dem in der königlichen Kasse vorhandenen Geld zu orientieren, was die Gewinnspanne sehr gering hielt, oft so gering, daß diese Aufträge nur wegen der damit verbundenen Ehre übernommen wurden. Die Eisenbahngesellschaften dagegen zahlten mit Geld, und zwar bar bei Übernahme der Maschine.

Die zunehmende Nachfrage deutscher Eisenbahngesellschaften nach Borsigschen Lokomotiven forderte schon Mitte der vierziger Jahre die Massenproduktion, für die es im preußischen Maschinenbau keine Vorbilder gab. Der Borsigsche Lokomotivtyp war zwar schon standardisiert, es gab jedoch Unterschiede in der technischen Ausrüstung, die sich an den individuellen Wünschen der Eisenbahngesellschaften nach Spurbreite und Zugkraft orientierten. In den Jahren 1844 bis 1846 stieg die jährliche Produktion von 20 auf 50 Maschinen; allein im Jahre 1847, kurz vor der Wirtschaftskrise von 1848–1852, stellte die Lokomotivabteilung bei Borsig 67 Lokomotiven her[97].

Die Wirtschaftskrise machte sich bei allen Maschinenbauanstalten bemerkbar, insbesondere bei jenen Fabriken, die sich auf die Herstellung von textilverarbeitenden Maschinen spezialisiert hatten. Auch im Dampfmaschinen- und Lokomotivbau ging der Absatz merklich zurück. Hatte man bei Borsig noch im Oktober 1847 die 200. Lokomotive fertigstellen können, war das nächste Hundert – trotz zahlreicher Vorbestellungen – erst im Dezember 1850 erreicht. Zwei Jahre später, im November 1852, wurde die 400. Borsig-Lokomotive verkauft. Im Jahre 1853 stieg die industrielle Produktion wieder an und das Lokomotivwerk von Borsig konnte seine Monopolstellung so weit ausbauen, daß es bereits 1854 den gesamten preußischen Markt mit Lokomotiven belieferte. Von den 68 Dampfwagen, die in diesem Jahr von preußischen Eisenbahngesellschaften erworben wurden, stammten 67 von Borsig.

Im selben Jahr, am 25. März, feierte die Firma das Fest der 500. Lokomotive, das mit der Rede des preußischen Handelsministers August von der Heydt begann, der dem Kommerzienrat Borsig das Patent eines Geheimen Kommerzienrates verlieh[98]. Mit dem Glanz dieser Ehrung versuchten die Arbeiter des Lokomotivwerks zu konkurrieren. Die von der Köln-Mindener-Eisenbahngesellschaft bestellte Maschine wurde »…ausnahmsweise durchweg poliert… womit allein 37 Menschen sieben Wochen hindurch beschäftigt waren. Die Kosten der Ausschmückung der Lokomotive tragen die in der Fabrik des Herrn Borsig beschäftigten 1.100 Arbeiter«[99]. Zur Feier wurde »… die mit Blumenguirlanden geschmückte Maschine nebst Tender aus der Werkstatt hervorgezogen, die noch fehlenden Theile aufgesetzt und unter dem Hurrahruf der gesammten Menge von dem Etablissement nach dem Berlin-Hamburger Bahnhof transportirt«[100]. Um sieben Uhr abends versammelte man sich im Krollschen Etablissement, einem Vergnügungslokal im Tiergarten. Insgesamt waren hierzu 2200 Festteilnehmer geladen, die s ch auf Kosten des »Königs der Industrie«[101] an dem Sieg des preußischen Gewerbefleißes erfreuten. Wie schon beim Fest der 100. Lokomotive, wurden Gedichte vorgetragen. Eines besang die Erfolge der Borsigschen Lokomotiven und deren Absatzmärkte in poetischen Reimen, ein zweites schmetterte nach der Melodie »Heil Dir im Siegerkranz« ein »Heil dem Maschinenbau« und setzte den »innigen Verband« aller Gewerbe in der Borsigschen Fabrik in nicht weniger poetische Verse [120].[102]

Mit dem Fest zur 500. Lokomotive erreichte August Borsig den Höhepunkt seiner Unternehmerkarriere. Offizielle Ehrung und öffentliche Anerkennung weit über Berlin hinaus verbanden sich für ihn mit der Feier dieses Jubiläums. Den Staat, die preußische Privatindustrie und die deutschen Eisenbahngesellschaften zählte er zu den Kunden seiner Eisengießerei und Maschinenbauanstalt, und die Vertreter der obersten preußischen Behörden für Handel und Gewerbe, die Prominenz der Berliner Privatindustrie und die Direktoren der deutschen Eisenbahngesellschaften gehörten neben Architekten und Künstlern zu seinem engsten Bekanntenkreis. Sie hatten seinen Aufstieg in der Berliner Gesellschaft begleitet oder sogar bewirkt. Borsigs ehemaliger Lehrer, Peter Beuth, hatte schon Anfang der vierziger Jahre mehrmals mit Schülern des Gewerbeinstitutes die Maschinenbauanstalt in der Chausseestraße besucht[103] und sie als vorbildlich für das preußische Fabriksystem bezeichnet. An die Stelle seiner ehemals geringen Einschätzung von Borsigs Fähigkeiten war Anerkennung getreten. Der preußische Handelsminister von der Heydt, der das preußische Eisenbahnwesen maßgeblich vorantrieb, war nicht nur Gast bei Firmenfesten. Seitdem das Projekt der Fontänenanlage erfolgreich beendet und der Lokomotivbau mit gleichen Erfolgen begonnen worden war, konnte sich Borsig der Sympathie aller »Beförderer des preußischen Gewerbelebens« sicher sein. So wie schon der »Verein zur Beförderung des Gewerbfleisses in Preußen« nicht nur Unternehmer zu seinen Mitgliedern zählte, sondern auch Architekten, Maler, Bildhauer und Wissenschaftler in seine Reihen aufnahm, so verstand es auch August Borsig, seine Kontakte zu allen Teilen der Berliner Gesellschaft auszubauen. Mit Beginn des wirtschaftlichen Aufschwungs 1853/54 – der eigentlichen Gründerzeit der preußischen Industrie – stand das Borsigsche Unternehmen als größtes in Preußen im Mittelpunkt dieser Entwicklung.

Unternehmungen in Moabit bei Berlin

Kauf der Königlichen Maschinenbauanstalt in der Kirchstraße

Trotz mehrerer Erweiterungen und Umbauten war die Borsigsche Maschinenbauanstalt und Eisengießerei der Auftragslage Anfang der vierziger Jahre, wie bereits erwähnt, nicht gewachsen. Weder für den Auftrag des Pumpwerkes und des Bewässerungssystems zu Sanssouci, noch für den Aufbau der Lokomotivproduktion reichten die Kapazitäten. Daher bemühte sich Borsig 1842, die 1836 gegründete Maschinenbauanstalt der königlichen Seehandlung, die sich der Konkurrenz privater Maschinenbauunternehmen nicht mehr gewachsen zeigte und zum Verkauf anstand, vom preußischen Staat zu erwerben. Für ein halbes Dutzend Lokomotiven hatte er 1841 Vorbestellungen angenommen und die Fontänenanlage mußte unter Zeitdruck fertiggestellt werden. Aus einem Schreiben an die »Königlich hochlöbliche General-direction der Seehandlungs-Societät« vom 11. Mai 1842 geht hervor, daß Borsig bereits im März des Jahres die Reparaturwerkstatt der Seehandlung an der Spree in Alt-Moabit erwerben wollte. Die Verhandlungen scheinen zunächst erfolgreich gewesen zu sein, da Borsig in seinem Schreiben versuchte, den Verkaufspreis von 110000 Taler auf 90000 Taler herabzusetzen. Den Wert der Anlage, insbesondere den der Maschinen, schätzte er anders ein als die Direktion der Seehandlung. Diese nahm daraufhin von dem Verkauf Abstand. In einer neuen Offerte vom 20. Mai 1842 veränderte Borsig zwar nicht seine Preisvorstellung, wies aber mit Nachdruck auf seine Auftragslage, die eine Erweiterung seines Betriebes dringend erforderlich mache: »Nachdem ich in der vergangenen Woche mit dem Chef der Moabiter Maschinenbau-Anstalt, Herrn Gehe.Ob.finanz Rath Kayser, über den Verkauf der gedachten Anstalt nochmals gesprochen hatte, schien es mir, als wäre die Zeit noch nicht gekommen, wo dieselbe verkauft werden soll. Da ich aber genöthigt war, der vielen angenommenen Arbeit wegen daran zu denken, mir ein Grundstück und gleichzeitig Hülfsmaschinen zu verschaffen, so that ich sofort die nöthigen Schritte und sandte einen meiner Leute nach England, um Maschinen anzukaufen.

Demohnerachtet und da ich den Kauf eines Grundstücks [das spätere Gelände für die Villa, d. Verf.] noch nicht definitiv abgeschlossen habe, bin ich bereit, die Moabiter Anstalt unter der Bedingung, daß mir solche sofort übergeben werde, käuflich zu erwerben...«[104]

Die Seehandlung hielt den Preis immer noch für zu gering, und sie entschied endgültig, daß die Anstalt in nächster Zeit nicht verkauft werde. Die Dringlichkeit, mit der Borsig sein Angebot gestellt hatte, und die Bereitschaft, alle Maschinen zu übernehmen, läßt erkennen, wie unzureichend die Anlagen in der Chausseestraße inzwischen waren. Die Hoffnung, durch Erwerb einer funktionstüchtigen Maschinenbauanstalt nicht nur die zeitraubende Bauzeit, die Beschaffung von Maschinen und Personal umgehen zu können, sondern auch die laufende Produktion in der Chausseestraße nicht durch Bauarbeiten zu behindern, hatte sich jedoch zerschlagen.

In den Jahren bis zur Revolution 1848 versuchte die Seehandlungssozietät, ihre Maschinenbauanstalt durch personelle Veränderungen wirtschaftlicher arbeiten zu lassen, doch nach der Revolution wurden dann sämtliche Staatsbetriebe der Seehandlung zur Sanierung des Staatshaushaltes veräußert. Sie hatten ihre Aufgabe, als staatliche Musterbetriebe den Aufbau eines privaten preußischen Unternehmertums zu fördern, hinlänglich erfüllt. Als in Moabit die staatliche Maschinenbauanstalt in der Kirchstraße 6 erneut zum Verkauf angeboten wurde, erwarb August Borsig die Anstalt für 130000 Taler [21]. Die Belegschaft, etwa 300 Mann, wurde von ihm übernommen.

Wohnhaus und Parkanlage in Moabit

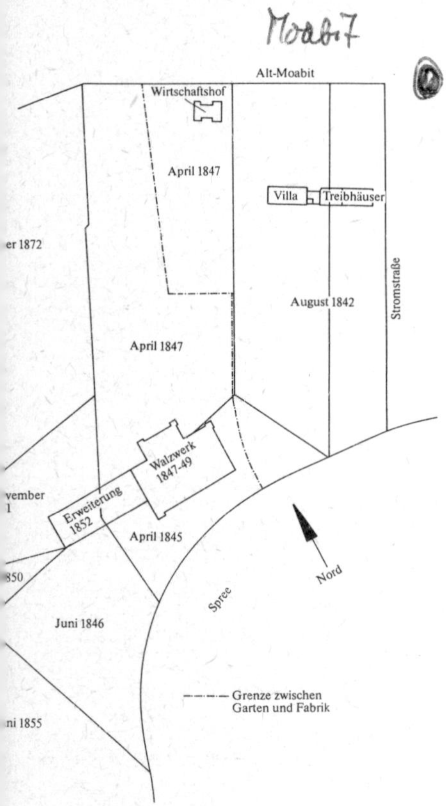

[20]
Parzellenplan des von August Borsig in den Jahren 1842 bis 1851 erworbenen Geländes an der Spree zu Moabit bei Berlin (die Daten Juni 1855 und Oktober 1872 verweisen auf Ankäufe zur Zeit Albert Borsigs)

Nachdem 1842 der Kauf der Seehandlungs-Reparaturwerkstatt fehlgeschlagen war, begann August Borsig, weitläufige Grundstücke entlang der Spree in Moabit zu erwerben. Bereits im Frühsommer 1842, zur selben Zeit, als ihn die Absage der Seehandlung erreichte, gab es Kontakte zu einem Gasthofbesitzer Schmidt aus Moabit, von dem Borsig dann am 11. August 1842 ein über 13 Morgen großes Gelände erwarb. In einem handschriftlich angelegten Dokument aus dem Jahre 1931[105] werden Kaufpreis und Erwerbsdatum der Grundstücke verzeichnet. Danach hatte der Grundstücksbesitzer Schmidt für sein Gelände an der Straße Alt-Moabit 20200 Taler erhalten. Borsig dachte zunächst, diese Kaufsumme mit einem Darlehen der Seehandlungssozietät zu decken, denn nachdem die Verhandlungen mit der Seehandlung gescheitert waren, stellte er bei deren Kreditabteilung einen Antrag auf 20000 Taler, der aber abgelehnt wurde[106]. Es ist anzunehmen, daß sich Borsig das Geld auch diesmal von dem Hofkleidermacher Freytag lieh, da eine Summe über 20000 Taler auf dessen Namen als Schuld im Hauptbuch der Firma Borsig eingetragen ist, allerdings ohne Vermerk eines Datums. Am 1. Oktober 1842 wurde die Kaufsumme von 20200 Taler unter der Rubrik »Moabiter Gut« im Hauptbuch verzeichnet.[107]

Das neuerworbene Grundstück war jedoch nicht allein für die Errichtung einer zweiten Fabrik gedacht, sondern – nach Angaben des Dokumentes aus dem Jahre 1931 – für den Bau eines Wohngebäudes. Es heißt dort, von dem 13 Morgen großen Gelände »bestimmte Herr August Borsig zum Bau seines Wohnhauses 10 Morgen 155 Quadratruthen, so daß für Fabrikgewerke, und zwar von der Wiese an der Spree, 2 Morgen 27 Quadratruthen verblieben«[108]. Der Grundstückskauf von 1842 läßt den bisher für 1848/49 angenommenen Baubeginn für das Wohngebäude als zu spät erscheinen.[109] Nach Angabe des Hauptbuches wurden bereits 1843 große Mengen Baumaterial auf das Moabiter Gelände gebracht, geliefert vom Frühjahr bis zum Dezember von verschiedenen Firmen; Maurer, Glaser und Steinmetze wurden bezahlt, so daß Borsig im ersten Jahr über 30000 Taler für das Gut ausgab. 1844 bezahlte er für Arbeiten auf dem Moabiter Grundstück und für Material noch einmal 26000 Taler. 1845 verringerten sich dann die Kosten. Der Jahresabschluß betrug 13000 Taler. Am 23. Dezember 1845 – eine der letzten Eintragungen des

[21]
Briefkopf der »Maschinen-Bau-Anstalt und Eisengießerei von A. Borsig zu Moabit bei Berlin« in der Kirchstraße 6, 1851

Der von Werkstätten umschlossene Hof öffnete sich an der Spreeseite zu einer kleinen Anlegestelle hin. Das Gebäude mit den hohen rundbogigen Tor- und Fensteröffnungen enthielt die Gießerei, rechts daneben befand sich die Formerei, das gegenüberliegende Gebäude mit der Stirnseite zur Spree war die Mechanische Werkstatt, an die ein Kesselhaus angrenzte.
Die Königlich Preußische Seehandlung gründete ihre Maschinenbauanstalt 1836, konnte aber bereits in den vierziger Jahren nicht mehr mit den privaten Anstalten konkurrieren und wurde 1850 unter anderem zur Sanierung der Staatsfinanzen an Borsig verkauft.

leider nur fünf Jahre, von 1840 bis 1845, umfassenden Hauptbuches – wird der Posten »Dachteeren« erwähnt. Die Gesamtkosten schließen für das »Moabiter Gut« mit 47272 Taler für die Jahre 1844 und 1845 ab. Während desselben Zeitraumes wurde die Gestaltung des Gartens vorangetrieben. Bereits eine Woche nachdem Borsig das Gelände erworben hatte erwähnt das Hauptbuch: »2 Pferde 3 Tage gepflügt – 2 Thl.«. In den folgenden Monaten wurden die verschiedensten Sträucher und Bäume gekauft und eingepflanzt.

Der erste Geländegrundriß, in den die Gartenanlage und das Wohngebäude mit Treibhaus eingezeichnet sind, datiert aus dem Jahr 1845 [23]. Er zeigt das Borsigsche »Moabiter Gut« zwischen der Spree und der »Straße von Berlin nach Moabit«, begrenzt von der Stromstraße und den Spreewiesen. Am 1. April 1845 kaufte Borsig von einem Musiklehrer Wendt einen an sein Grundstück grenzenden Wiesenstreifen längs der Spree, den er zusammen mit einer dahinterliegenden Parzelle, die später noch erworben wurde, für den Bau des Walzwerkes bestimmte. Bei der Gartengestaltung von 1845 war diese Erweiterung für das geplante Walzwerk bereits berücksichtigt. Der Bleistiftentwurf für den parkartigen Garten stammt von Peter Joseph Lenné, der ihn in einen Lageplan einzeichnete, so daß man annehmen darf, die eingetragenen Gebäude waren bereits vorhanden, soweit sie nicht direkt mit der Gartengestaltung in Zusammenhang standen. Von dem kreisförmig nach Vorbildern englischer Gewächshäuser angelegten Treibhaus an der Spreeseite ist bekannt, daß es erst 1851 auf der gegenüberliegenden Seite des Gartenteiches in kleinerem Maßstab ausgeführt wurde.[110] Für das Wohngebäude mit der zur Straße gewandten Freitreppe und für das in Verlängerung zur Stromstraße errichtete Treibhaus kann man jedoch annehmen, daß sie gleichzeitig geplant und ausgeführt wurden. Die Anordnung der beiden Gebäude beidseitig einer Durchfahrt zu der hinter dem Wohnhaus sich fortsetzenden Parkanlage wie auch die erheblichen Kosten, die das Hauptbuch für die Glaserarbeiten ausweist, bestätigen, daß sowohl das Wohnhaus wie das erste Treibhaus schon im Jahre 1845, als Lenné sich der künstlerischen Parkgestaltung widmete, errichtet waren. Der rechtwinklige Anbau hinter dem Wohngebäu-

[22]
»Landhaus in Moabit bei Berlin« nach einem Entwurf von J. H. Strack, 1851

Das »Landhaus« ist hier das Wirtschaftsgebäude der Borsigschen Wohn- und Parkanlage zu Moabit. Es entstand nach dem Kauf eines größeren Geländes für den Bau des Walzwerkes im April 1847 [20] und wurde in den Plan als »Wirtschaftshof« eingezeichnet [26]. Man blickt von der »Chaussee von Berlin nach Charlottenburg« (später: Straße Alt-Moabit) auf die Straßenfront des Gebäudes, das ähnlich dem Wohnhaus aus Mitteltrakt und Seitentrakten gebildet wurde und das im Dachgeschoß eine Fachwerkarchitektur zeigt, die den ländlichen Charakter der Anlage betont. Im Hintergrund sieht man eine Remise, über der sich aus Baumkronen der Schornstein des Walzwerkes mit seinem »Kandelaber« erhebt.

de war für Wirtschaftsräume vorgesehen und enthielt unter anderem Remisen und eine Kegelbahn. Bei den ersten Umbauarbeiten an der Wohnhausanlage müssen diese Anbauten wieder entfernt worden sein, da sie in dem Geländeplan von 1852 fehlen [26]. Der neue Wirtschaftshof entstand auf einem Teil des im April 1847 erworbenen Geländes an der Straße nach Moabit. Der architektonische Entwurf stammte von Johann Heinrich Strack, der diese Anlage im »Architektonischen Skizzenbuch« 1851 veröffentlichte [22]. Es ist unwahrscheinlich, daß Strack erst 1847/48 für den Umbau des Wohnhauses von Borsig gewonnen werden konnte. Gesichert ist die Arbeit Stracks für das Unternehmen schon durch Bauvorhaben des Jahres 1845, als Strack für die Eisengießerei und Maschinenbauanstalt in der Chausseestraße zwei Wassertürme entwarf [85]. Vielleicht hat er sogar schon 1844 den Wasserturm für die Kesselschmiede entworfen.

Die Bekanntschaft zwischen Borsig und Strack reicht zurück bis in das Jahr 1834, als Borsig noch bei Egells beschäftigt war. Zusammen mit Strack arbeitete er an der Herstellung gußeiserner Kamine, die Erwähnung in den »Berliner Nachrichten von Staats- und gelehrten Sachen« fanden: »Außer der großen Dünne und Schärfe des Gusses, muß besonders die kunstreiche Zusammenstellung des Ganzen, welches den zweckmäßigen Anordnungen des Hrn. Borsig, Factor der gedachten Gießerei, zu danken ist ... Rosetten und Arabesken sind nach Zeichnungen des hiesigen Architekten Strack ausgeführt.«[111] Vermutlich hat Borsig den schon bestehenden Kontakt zu Architekten der Berliner Bauschule während seiner Tätigkeit für die Fontänenanlage in Sanssouci 1840–1842 vertieft und diesen zuweilen seine eigenen architektonischen Plänen gezeigt. Spätestens in diesen Jahren hat Borsig auch Persius und Stüler kennengelernt.

Persius wie Stüler waren die bevorzugten Architekten des Königshauses. Die Vielzahl der ihnen anvertrauten staatlichen Bauprojekte ließ ihnen kaum Zeit, für private Auftraggeber zu arbeiten. Strack hingegen, von Friedrich Wilhelm IV. deutlich unter den Architekten der direkten Schinkelnachfolge zurückgesetzt, wurde nur selten mit

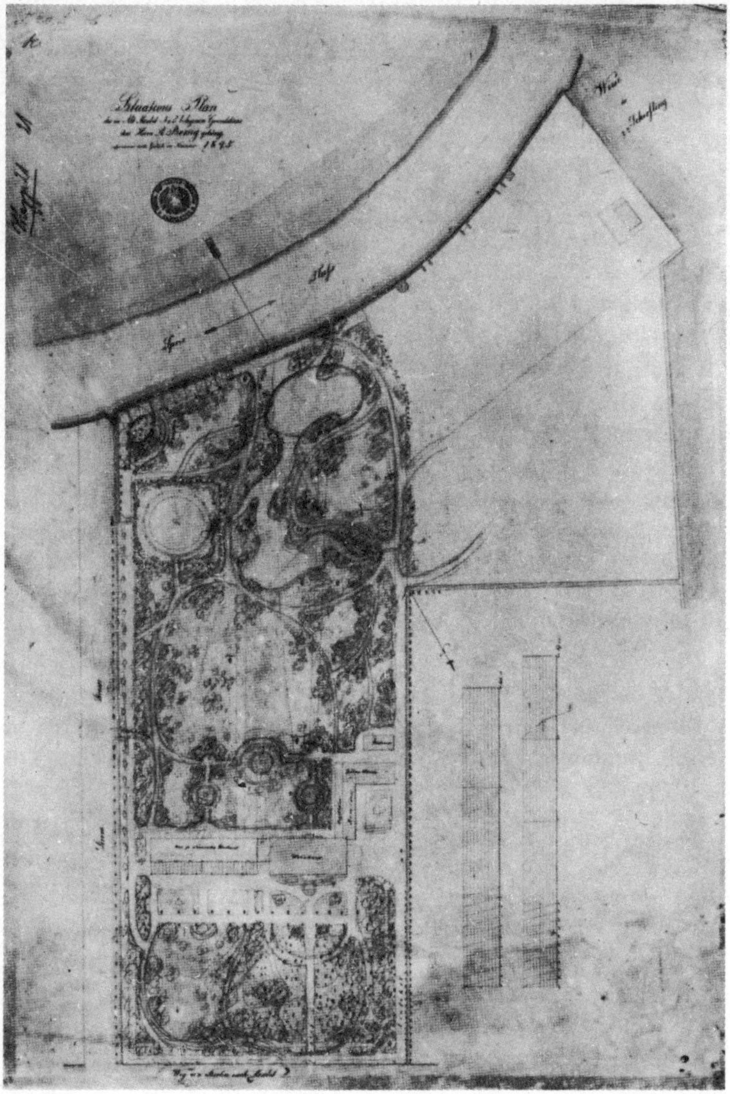

[23]
»Situations Plan des in Alt Moabit No. 8 gelegenen Grundstücks des Herrn A. Borsig gehörig, aufgenommen durch Goslich im November 1845«

In einen Situationsplan aus dem Jahre 1845 zeichnete Lenné den Entwurf für den Borsigschen Garten. Dies muß vor dem Sommer 1846 geschehen sein, da das im Juni 1846 an der Spree erworbene Gelände noch nicht als Borsigsche Besitzung eingetragen ist.

[24]
Skizzen zu dem »Wohnhaus in Moabit«, undatiert

Die Detailzeichnung eines Rahmenwinkels mit der Bemerkung »Natürliche Größe« stammt von August Borsigs Hand. Daneben steht, ebenfalls von seiner Hand, die Anweisung: »die Länden müßen erst angefertigt und ins Modell eingelassen werden vor dem Guß«.

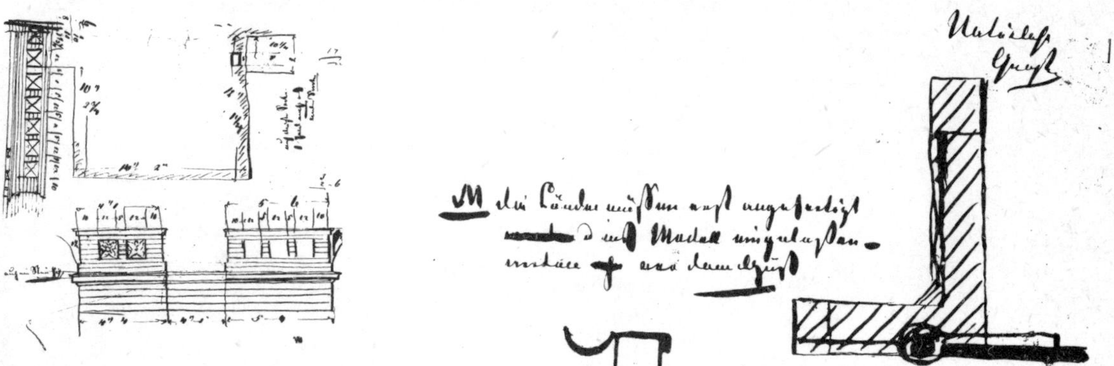

staatlichen Bauaufgaben betraut und arbeitete in den vierziger Jahren hauptsächlich für private Bauherren, denen er Villen und Landhäuser entwarf[112]. Bei dem architektonischen Umfang, den der Aufbau von Borsigs »Moabiter Gut«, das mit allen Konventionen Berliner Fabrikantenhäuser brechen wollte, einnehmen sollte, wird sich Borsig von den drei bekanntesten Schinkelschülern Persius, Stüler und Strack nur den letzteren auserwählt haben können.

Ein repräsentatives Wohnhaus, wie es Borsig vorschwebte, neuartig und dennoch seiner gesellschaftlichen Anerkennung Ausdruck gebend, konnte nur von einem namhaften Berliner Architekten entworfen werden. Wahrscheinlich haben sich Borsig und Strack schon Ende 1842 zusammengefunden, um das Wohnhaus mit Anbauten und das Treibhaus zu entwerfen, wobei Strack die baukünstlerische und Borsig die technische Seite übernahm. Borsigs Interesse an der Ausführung des Wohnhauses ist durch drei kleine Federskizzen belegt [24]. Eine handschriftliche Bemerkung aus späterer Zeit weist diese Skizzen als zur »Villa Borsig in Moabit« gehörend aus. Sie zeigen nicht nur, daß sich Borsig selbst mit so detaillierten Fragen wie der Fensterverriegelung beschäftigte, sondern bezeugen auch seine Einflußnahme auf Details der Dekoration. Für die Kapitelle der Gartenloggia zeichnete er flüchtige Variationen im maurischen Stil, die möglicherweise an sein erfolgreiches Projekt, das Maschinenhaus zu Sanssouci, erinnern sollten. Die technischen Einrichtungen des Gebäudes – wie eine Warmluftheizung nach eigener Konstruktion – waren für höchste Ansprüche geplant. Die Heizung wurde in seiner Fabrik hergestellt und verlieh in den Wintermonaten Bequemlichkeit und zivilisatorischen Fortschritt – ermöglicht durch den Fortschritt der Technik.

Welchen Umfang die Umbauten der Jahre 1848/49 hatten, läßt sich nicht genau bestimmen. Sicher ist, daß die Anbauten abgerissen wurden und ein neuer Wirtschaftshof an der Straße Alt-Moabit entstand. Für diese Anlage ist die Autorschaft von Strack durch die Abbildung im »Architektonischen Skizzenbuch« von 1851 belegt [22]. Auch die innere Ausstattung des Wohngebäudes wurde 1848 vervollständigt. In der Holzdecke des Bibliothekszimmers fand sich ein Hinweis auf das Revolutionsjahr[113]. Die repräsentativen Festsäle für gesellschaftliche Empfänge entstanden aber in diesen Jahren noch nicht, da im Lageplan von 1852 weder der angebaute kleine Festsaal mit der Gartenterrasse zur Spree, noch das vorgezogene Treppenhaus für die beiden Säle an der Schmalseite des Wohnhauses, noch der vorspringende Erker des großen Festsaales eingezeichnet sind [26]. Da Ansichten der Villa Borsig erst aus dem Jahre 1862 vorliegen [32], lassen sich Fragen nach der ersten Fassadengestaltung und deren möglicher Veränderung nicht beantworten.

Zwischen 1852 und 1854 muß das zweite Treibhaus entlang der Stromstraße entstanden sein, da in einer Publikation des Jahres 1854 das gußeiserne Galeriegeländer des Pflanzenhauses, von dessen Dach aus man einen Blick auf die Fontänenanlage des Borsigschen Gartens hatte, als Strackscher Entwurf abgebildet wurde [27, 28]. Die Parkanlage mit den Gewächshäusern, die nach dem Lennéschen Plan von 1845 im Jahre 1851 durch ein kreisförmiges Pflanzenhaus für die Regina regis ergänzt worden war, wurde zu einer Sehenswür-

[25]
»Veranda an der Wasserseite der Villa Borsig bei Berlin« und »Gartenmauer der Villa Borsig« nach Entwürfen von J. H. Strack, 1851

Diese Gartenveranda an der Spree war schon im Lennéschen Plan von 1845 eingezeichnet [23]. Sie ist dort mit vier Jochen entlang der Stromstraße und mit zehn Jochen an der Spree vorgesehen. Auf dem Plan von 1852 fehlt sie noch [26], auf Mödingers Aquarell (1854) erscheint sie rechts im Bild [Tafel III].

digkeit für Berliner und Berlinbesucher. Gegen Eintrittsgeld durfte man zu bestimmten Zeiten den Park und die Gewächshäuser betreten. Der Besucherandrang muß derart stark gewesen sein, daß Borsig ihn schon 1851 zu beschränken suchte[114]. Die Einnahmen flossen der inzwischen eingerichteten Unterstützungskasse für die Borsigarbeiter zu.[115] Selbst Friedrich Wilhelm IV. erfuhr von dem »Tusculum« des preußischen Lokomotivkönigs 1852 durch einen Brief an seine Gemahlin. Alexander von Humboldt, von seinem langjährigen Südamerikaaufenthalt zurückgekehrt, schrieb darin: in »der

[26]
»A. Borsig's Eisenwerk zu Moabit bei Berlin. Nach der Keberschen Karte de 1852 reducirt und gez. von A. Burchard, Kgl. Feldmesser«, kolorierter Parzellenplan der Borsigschen Fabrik- und Wohnsitzanlage mit eingezeichneten Umrissen der Gebäude

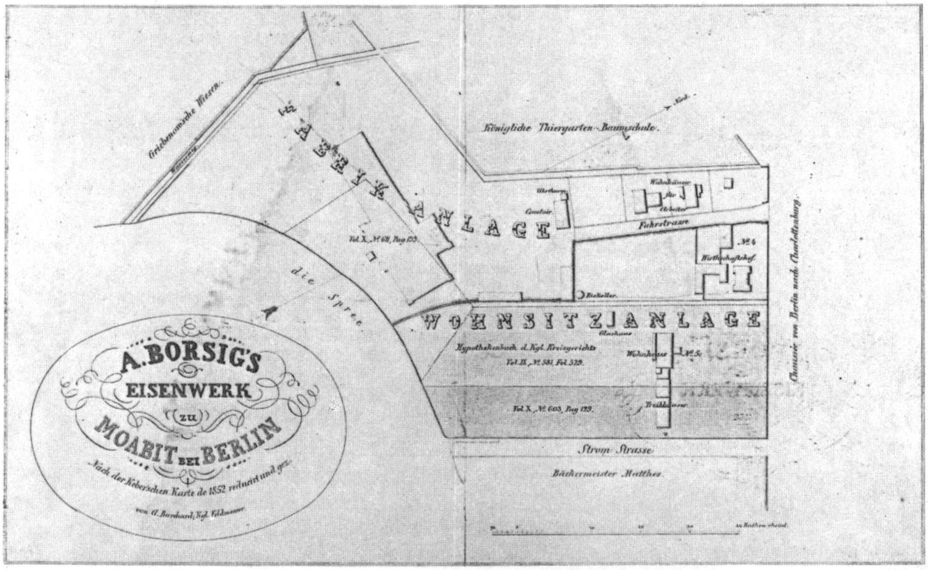

[27]
Treibhaus im Borsigschen Park zu Moabit, Aufnahme von 1911

Abgebildet ist die Gartenseite des an der Stromstraße zwischen 1852 und 1854 nach Entwürfen von Strack erbauten Treibhauses [28]. Die Dachgalerie mit dem Geländer aus Eisenguß war wohl für die vielen Besucher der Borsigschen Parkanlage gebaut worden. Über eine Wendeltreppe, die zwischen den beiden rechtwinklig zueinandergestellten Treibhäusern lag [32], konnten die Besucher aus dem Vordergarten auf das Treibhaus an der Stromstraße gelangen und so einen Blick in den intimeren, zur Spree gelegenen Gartenbereich werfen.

[28]
Galeriegeländer für ein Treibhaus der Villa Borsig

Bei dem von Strack veröffentlichten Geländer handelt es sich um eine Dekoration für die Dachgalerie [27]. Die Form des Galeriegeländers zitiert das Geländer im offenen Treppenhaus des Alten Museums zu Berlin (vgl. Karl Friedrich Schinkel, Sammlung architektonischer Entwürfe, Berlin 1831, Tafel 42).

[29]
Gußeiserne Treppe im Treibhaus der Villa Borsig zu Moabit, Aufnahme von 1911

Die Eisengußarbeiten für seine Villa in Moabit hat Borsig wohl in der eigenen Fabrik ausführen lassen. So auch diese Treppe aus dem zwischen 1852 und 1854 entstandenen Treibhaus an der Stromstraße.

[30]
Gußeiserne Treppe in der Villa (?) Borsig zu Moabit, Aufnahme 1911

Das Treppengeländer, das reichlich figürlichen und ornamentalen Schmuck zeigt, stammt wohl aus dem Treppenhaus im östlichen Seitentrakt des Wohngebäudes.

Schüchternheit meiner Waldnatur vom Orinoko habe ich gestern im Schlosse und in der Oper mich Ew. Majestät nicht zu nähern gewagt und trage deshalb jetzt, schriftlich, die alleruntertänigste Bitte vor: ob ihre Majestät, unsere herrliche Königin, nicht mit der Kaiserin von Charlottenburg aus in einer Spazierfahrt das so zierliche Treibhaus und die Anlagen von Borsig in Moabit ... besuchen wollten? Der vortreffliche Besitzer verdiente wohl dieses Glück...«[116] Nicht nur die Königin, sondern auch der König kam. Bei seinem Besuch soll er geäußert haben: »So wie Sie möchte ich auch wohnen, lieber Borsig!«[117]

Aufbau des Eisenwalzwerkes an der Spree

Schon bei dem ersten, 1842 erworbenen Grundstück für das Wohnhaus in Moabit war ein Geländeteil an der Spree für »Fabrikgewerke« vorgesehen. Hier muß es sich jedoch zunächst nur um Verladeplätze gehandelt haben, von denen aus ein Teil der Produktion aus der Chausseestraße über den Schiffsweg versandt werden konnte. Vermutlich wurden hier auch Roheisen und fertige Walzbleche aus England, Oberschlesien und Schweden, sofern sie über den Wasserweg kamen, entladen und zur Weiterverarbeitung in die Chausseestraße transportiert. Von 1842 bis 1845 beschäftige Borsig dort zunächst zehn, später zwanzig Leute[118].

Mit der Verdoppelung und Verdreifachung der Kapazitäten im Lokomotivbau und dem ebenfalls ansteigenden Auftragsbestand im Kessel- und Dampfmaschinenbau entstand innerhalb weniger Jahre ein überdurchschnittlich hoher Bedarf an Walzblechen und Schmiedeeisen. Da diese Halbfabrikate mit erheblichem Kostenaufwand herangeschafft werden mußten, schien es August Borsig aus wirtschaftlicher Überlegung ratsam, ein eigenes Walzwerk in der Nähe Berlins zu errichten. Am 1. April 1845 erwarb er von dem bereits erwähnten Musiklehrer Wendt das erste Gelände für die geplante Werksanlage, das sich an der Spree neben seiner Gartenanlage befand und 3 Morgen, 42 Quadratruten umfaßte[119]. Im Juni 1846 und im April 1847 wurden noch einmal zwei größere Grundstücke von insgesamt 12 Morgen an den vorhandenen Besitz angeschlossen. Ein 3,5 Morgen großer Teil wurde für die Anlage des Wirtschaftshofes und eines Küchengartens dem Parkgelände angefügt [20,22]. Mit diesen Grundstückskäufen hatte Borsig ein genügend großes Gelände für den Bau eines Walzwerkes, das in den Jahren 1847 bis 1849 entstand, erworben. Während der Bauzeit regulierte man den Uferbereich an der Spree, um auch größeren Schiffen das Anlegen zu ermöglichen.

Das Walzwerk wurde als rechteckiges Gebäude entlang der Spree errichtet. Zur Straßenseite trat ein Mittelrisalit aus der Fassadenflucht weit hervor, an den Ecken erhielt das Walzwerk, das durch produktionsbedingte Erschütterungen stark belastet war, zur optischen wie auch zur statischen Verklammerung turmartige Eckbauten. Eine frühe Ansicht des Gebäudes stammt aus dem Jahre 1854 [132] und zeigt die Fabrikanlage nach der bereits 1852 erfolgten Erweiterung durch eine Kesselschmiede. Das Walzwerk erscheint hier als Back-

[31]
Schornstein und Fassade für die Kesselanlage des Walzwerkes in Moabit, um 1880

steinrohbau, zum Teil – wie aus einer Beschreibung späterer Jahre hervorgeht[120] – mit farbig glasierten Klinkersteinen verblendet. Bei den Ecktürmen bestanden die eingestellten Säulen der palladioartigen Fenstergruppen aus Eisen[120].

Da das Gebäude weit von der Straße zurückgesetzt war, wird man als Fassade die der Spree zugewandte Seite betrachten müssen. Hier wurde die Front von einem flachen Mittelrisalit unterbrochen [31]. Über einem breiten Segmentbogenfenster lag eine rundbogige Öffnung, deren Maßwerk von einem dekorativen Backsteinbogen eingefaßt war. Das hochrechteckige Fassadenfeld erhielt hierdurch den Charakter einer sakralen Triumpharchitektur. Hinter diesem Mittelrisalit arbeitete die zentrale Dampfmaschine, auf deren technische Bedeutung durch die baukünstlerische Hervorhebung hingewiesen wurde. Zwischen Walzwerk und Spreeufer stand – den Blick auf das mittlere Fassadenfeld freigebend – der Schornstein der Kesselanlage. Über drei Geschosse aufgetürmte Säulentrommeln bildeten den Schornsteinschaft. Auf der oberen Plattform des Schornsteins, der auch als Aussichtsturm diente, saß ein gußeiserner Kandelaber als Schornsteinkopf. Der als Bauskulptur aufzufassende »Turm« erhob sich neben dem meistbefahrenen Verkehrsweg nach Berlin, ein weithin sichtbares Zeichen der Moabiter Industrieanlage. Diese an einem Spreebogen erbaute Fabrik war nicht parallel zum Flußufer ausgerichtet, sondern leicht schräg versetzt, und damit bezog sich die Fassade auf die Blickrichtung, die sich den Besatzungen und Passagieren der nach Berlin einfahrenden Schiffe bot.

Noch zwei Jahrzehnte nach Fertigstellung des Walzwerkes hatte seine Architektur nichts von ihrer Wirkung verloren. 1867 hieß es in einem Berlinführer: »Wer von einem hochgelegenen Punkt in oder bei Berlin einen Blick auf die Stadt wirft, der bemerkt unter dem Wald von Schornsteinen, welcher sich im Nordwesten über dem Häusermeer der Stadt erhebt, ein Exemplar von außergewöhnlicher Gestalt. Einem riesigen Candelaber gleich, unterbricht er das gleichförmige Bild der übrigen Essen, von denen ihn manche vielleicht an Höhe überragen. Unwillkürlich fragte der Fremde nach der Bedeutung dieses eigentümlichen Schornsteins, und ganz sicher antwortete der heimische Führer mit einigem Selbstbewußtsein: ›Das ist der Schornstein der Borsigschen Fabrik‹. Auf dem vier Meilen entfernten Pfingstberg zu Potsdam wird auf diese Merkwürdigkeit mit derselben Genugtuung hingedeutet, wie auf irgend einem Höhepunkte, einem Kirchturm etc. in Berlin selbst.«[121] Was hier im Jahre 1867 – als Moabit gänzlich mit Industrieanlagen und Mietskasernen bebaut war – noch als Eigentümlichkeit und Merkwürdigkeit des Borsigschen Walzwerkes beschrieben wird, muß zur Mitte des Jahrhunderts noch eindrucksvoller gewesen sein: Als größter Fabrikbau unter den ersten Industrieansiedlungen in Moabit regte das Walzwerk mit der dazugehörenden Villa in einem parkartigen Garten die Phantasie der Zeitgenossen an. Schon 1855 schrieb der »Berliner Volkskalender«: Im Norden Berlins »wird der Wald von Schornsteinen immer dichter und dazwischen reihen sich palastartige Wohnhäuser, überwölbt von den schwarzen Wolken der Industrie ...«[122], und das »Osthavelländische Kreis-Blatt« von 1855 entdeckte die Poesie der Industrielandschaft: es sei »die dämonische Dampfkraft,

[32]
»Das Borsig'sche Etablissement zu Moabit«; kolorierter Stahlstich von J. M. Kolb nach einer Fotografie von J. Rabe, 1862

Der Betrachter blickt aus der Vogelperspektive über die Borsigsche Parkanlage und Villa hinweg auf das Eisenwalzwerk an der Spree. Zwischen den hohen Bäumen des Parkes erhebt sich die Wohnhausanlage mit ihren Treibhäusern. Das Wohngebäude, ein breiter Mitteltrakt mit zwei schmalen, ungleich breiten, von flachen Dreiecksgiebeln bekrönten Seitentrakten zeigt einen loggiaähnlichen Vorbau, von dem eine Freitreppe in den Garten führt. Das Motiv dieser Freitreppe erscheint auch auf dem Gemälde von Biermann aus dem Jahre 1847 [Tafel II]. Daß der breitere hintere Seitentrakt zur ersten Bauphase gehörte (1843–45), ist zu bezweifeln, da die beiden Risalite der Seitenflügel in dem Plan von Lenné aus dem Jahre 1845 die gleiche Breite haben [23]. Vermutlich gehörte der dreijochige Seitentrakt zum Bauabschnitt nach 1852, bei dem die Villa durch zwei repräsentative Festsäle erweitert wurde. Auf dem Plan von 1852 [26] sind die Anbauten für den kleinen Festsaal, für das neue Treppenhaus sowie für den Erker des großen Festsaales noch nicht eingezeichnet, anders der Turm der Villa, der sicherlich von Anfang an zum Charakter dieses Landhauses gehörte und sich in die Tradition der Fasanerien und Gärtnerhäuser des königlichen Parks zu Potsdam stellte. Das in Verlängerung des Wohnhauses liegende Treibhaus ist im Lennéschen Plan mit seinen unterschiedlich langen Glasdachflächen recht genau eingezeichnet und wird zusammen mit der ersten Fassung des Wohnhauses entstanden sein. Das zweite Treibhaus entlang der Stromstraße muß allerdings erst nach 1852, aber bis 1854 errichtet worden sein, da es auf dem Situationsplan von 1852 noch fehlt [26], aber ein Detail des Galeriegeländers auf dem Dach zur Gartenseite von dem Architekten Strack 1854 veröffentlicht wurde (J. H. Strack, Der innere Ausbau von Wohnhäusern, Berlin 1854, Heft 1, Bl. 2). Links im Bilde, über einer Baumkrone, erkennt man das 1851 fertiggestellte runde Glashaus für subtropische Seerosen.

Das Walzwerk zeigt sich unverändert, wie es auch schon 1854 von Mödinger gezeichnet wurde [Tafel III]. Zwischen dem Schornstein an der Spree und dem Uhrturm hinter der Villa erkennt man in der Mitte des Bildes die Gasanstalt. Das achteckige Gebäude mit flachem Kegeldach war für den Gasbehälter erbaut, daneben liegt das Gaswerk. Der Uhrturm hinter der Villa gehörte zum Verwaltungsgebäude des Walzwerkes.

der Feuergeist in riesigen Eisenkörpern, der diesen Teil der Stadt zu seiner Werkstätte, zum Schauplatz seiner rastlosen lärmenden Thätigkeit erwählt hat ... Wohin man das Auge richtet, erblickt man thurmhohe, zugespitzte Schornsteine; ein weites Gebiet, bedeckt mit Obelisken, die der Pharao der Industrie erbaut hat. Der berliner Volkswitz nennt daher diese Gegend das ›Feuerland‹, denn jene Essen sprühen Funken und athmen schwarzen Rauch aus, wie die Feuerstätten des Vulcans.«[123] Ein bisher nicht bekanntes Aquarell aus dem Jahre 1854 mit einer Ansicht des Walzwerkes zeigt ein Stück »Feuerland« [Tafel III]. Im Vordergrund dehnen sich die damals noch bestehenden Sumpfgebiete an der Spree aus, am gegenüberliegenden Ufer ziehen sich die Fabrikanlagen hin. In die Idylle der Spreelandschaft, die zu der Zeit noch von Reihern und Fischern aufgesucht wurde, schiebt sich, wie ein gestrandetes Schiff, die Borsigsche Fabrik. Die Gegenüberstellung von Fischern, die ihr Tagwerk in der Natur vollbringen, und den Gebäuden, die für das neue Arbeitsleben in der Industrie stehen, wird zu einem harmonischen Nebeneinander der sich gegenüberliegenden Ufer in dieser romantisch aufgefaßten Industrielandschaft gestaltet[124].

Das Walzwerk bestand aus einer zweischiffigen Halle. Die ungleich breiten Arbeitsflächen – 15 m und 21 m – wurden von eisernen Bogen überwölbt. Die Gesamtlänge der Halle betrug zunächst 70 m, nach der Erweiterung von 1852 waren Walzwerk und Kesselschmiede insgesamt 150 m lang. Den ersten Eindruck von der Halle schildert 1867 in poetischen Bildern »Die Gartenlaube«: »... von fern her dröhnten dumpfe Hammerschläge an das Ohr. Vor uns erhebt sich ein langausgestrecktes, mit einem Tonnendach versehenes Gebäude, aus welchem der Lärm arbeitender Maschinen immer stärker zu uns herandringt, je näher wir dem Eingange uns zu bewegen. Wir treten ein, doch überrascht von dem wunderbaren Treiben, das sich vor unseren Blicken in der 650 Fuß langen [220 m, nach einer Erweiterung in den sechziger Jahren; d. Verf.] und über 100 Fuß breiten Halle zeigt, bleiben wir stehen. Diese letztere ist meist durch Oberlichter erleuchtet und gewährt an sich durch die Dachkonstruktion mit ihren mächtigen Bändern und Trägern von Eisen einen gewaltigen Anblick... Wenn sich der überraschte Blick einigermaßen zu orientieren beginnt, bemerken wir vor uns eine lange Walzstraße, dieser gegenüber eine rießige Dampfmaschine und rechts und links, mehr oder minder davon entfernt, eine Anzahl von Eisenhämmer, und zwar sieben von zwanzig, fünf von sechzig, einen von hundert und einen von zweihundert Centnern, ferner 15 Dampfmaschinen im Ganzen von 600 (darunter eine von allein 100) Pferdekraft. Der furchtbare Lärm, welchen alle diese Maschinen hervorbringen, wird zu weilen noch übertönt, wenn, unter massenhaftem Funkenregen, die Kreissäge ihre Arbeit beginnt. Man glaubt dann für einen Augenblick, daß alle Lärmgeister der Hölle losgelassen seien.«[125]

Arbeiter und Unternehmer

Rekrutierung der Arbeiter, Anzahl der Beschäftigten, Verdienst, innerbetriebliche Aufstiegsmöglichkeiten

Die Rationalisierung der Produktion und der Übergang zur Massenproduktion hatten nicht nur Konsequenzen für die räumliche Organisation der Fabrikanlage, sondern wirkten sich auch auf die Organisation der Arbeit aus. Aus dem überschaubaren Rahmen der Kleinproduktion – Borsig hatte 1837 mit 50 Arbeitern begonnen – entwikkelte sich bis zum Ende der vierziger Jahre ein industrieller Großbetrieb mit über 1200 Arbeitskräften. Eine Spezialisierung war notwendig, wollte man mit der englischen Industrie konkurrieren. Mit Borsigs Unternehmen zu vergleichende Maschinenbauanstalten von ähnlicher Kapazität, die ein Beispiel hätten geben können, gab es in Preußen nicht. Die strukturellen Veränderungen der Arbeit erforderten zahlreiche neue Reglementierungen durch die Firmenleitung, welche insbesondere die Einteilung der Arbeitszeit betrafen. Der Rhythmus der maschinellen Produktion mit seinem Gebot der Pünktlichkeit und Regelmäßigkeit stellte bisher nicht gekannte Anforderungen an die Arbeiter und veränderte ihren gewohnten Lebensrhythmus. Die erste Generation der Maschinenbauer entstammte ja meist noch einem handwerklichen Arbeitszusammenhang oder kam gerade erst aus ländlichen Arbeitsstrukturen nach Berlin[126].

Zwei rückblickend verfaßte Lebensläufe aus dem Jahre 1865 von den Schlossern Wilhelm Blaue und Friedrich Hartmann bezeugen die Ausbildung im traditionellen Handwerk, die mit anschließender Wanderschaft durch die Provinzen verbunden war. Blaue lernte bis 1842 in Angermünde das Schlosserhandwerk, »ging in die Fremde, arbeitete in ... [unleserlich, d. Verf.] Frankfurt a. O., Magdeburg usw., mußte 1844 Soldat werden, wobei ein Jahr und sechs Monate beim Büchsenmachen arbeitete; ... ging 1850 nach Berlin, arbeitete bei mehreren Meistern, nachher in der Wagenfabrik von Jungbluth, fing am 14. August 1851 in der Maschinenbau-Anstalt von A. Borsig an, wo bis jetzt beschäftigt«[127]. Der Schlosser Hartmann kam aus Sachsen und lernte dort bei seinem Vater das Schlosserhandwerk. In seinem Lebenslauf fährt er fort: »Am 15. Mai 1836 trat ich meine Wanderschaft an und arbeitete in verschiedenen Städten z.B. Leipzig, Halle usw. bis ich dann am 17. August 1837 nach Berlin kam, hier arbeitete ich erst bei verschiedenen Schlossermeistern u.a. bei Arnheim, Fabian und anderen mehr... Von 1841 bis 1845 arbeitete ich in der Kühlschen Wagenfabrik, wo auch viel Eisenbahn-Wagen-Federn gemacht wurden, und ich damit vertraut wurde, bis ich am 31. März 1845 in die Maschinenbau-Anstalt der Herren Commerzien-Rath Borsig gerufen wurde, um hier Federn zu richten, welches ich dann auch ununterbrochen gethan habe...«[128] Das Gewerbe der Maschinenbauer, das aus vielen verschiedenen Zünften Arbeitskräfte in sich aufgenommen hatte, war selbst nicht mehr zunftmäßig organisiert. Die Eisengießereien und Maschinenbauanstalten hatten ihre Arbeitskräfte aus der Tischler-, Schlosser- und Zimmer-

»Die nachstehende schon früher gegebene Bestimmung bringe ich hierdurch in Erinnerung und gleichzeitig zur allgemeinen Kenntniß.
Jeder Arbeiter der ein Stück Arbeit verfuscht, ist verpflichtet dies sofort seinem Werkführer anzuzeigen, und darf dies unter keinen Umständen verheimlichen. Ebenso muß Jeder der von einem Andern ein Stück Arbeit erhält woran dieser schon Vorarbeiten gemacht hat darauf sehen, daß nicht Theile daran fehlerhaft gearbeitet sind. Ist dies der Fall so hat er ebenfalls dem Werkführer Anzeige zu machen und darf das betreffende Stück durchaus nicht verwenden noch weiter bearbeiten. Jeder der gegen diese Bestimmung handelt wird wenn die verfuschte Arbeit zum Vorschein kommt sofort entlassen.
Nur dadurch daß ich mit größter Strenge in den gedachten Fällen verfahre ist es möglich zu verhüten, daß verdorbene Arbeiten aus der Fabrik gehen.
Berlin, den 13ten November 1849
A. Borsig«

[33]
Entwurf für eine Bekanntmachung in der Borsigschen Fabrik, nach der verpfuschte Werkstücke den Werkführern angezeigt werden müssen, damit keine verdorbene Arbeit aus der Fabrik geht.

»Zur Beachtung
Da das Zuspätkommen zur Arbeit noch zu häufig stattfindet, so soll zur Erleichterung der desfallsigen Kontrolle jetzt mit der Einführung der Marken vorgeschritten und sollen dieselben sofort vertheilt werden. Ich nehme daher auf die mit den Deputirten genommene Besprechung Bezug und führe den Inhalt derselben nachstehend an.

1. Jeder Arbeiter muß die übergebene Marke im Fall des Zuspätkommens dem Portier übergeben, welcher sie im Comptoir abliefert. Beim nächsten Ausgange holt jeder Betroffene seine Marke aus dem Comptoir und muß sich daher die No. merken um sie danach abfordern zu können.

2. Wer seine Marke vergessen hat und kommt zu spät, kann nicht eingelassen werden, sondern muß umkehren um dieselbe zu holen.

3. Wer seine Marke verliert muß dieselbe mit 5 Sgr. ersetzen. Diese will ich aber nicht beanspruchen, da ich die Marken unentgeltlich liefere, sondern sie sollen in die Unterstützungskasse fliessen.

4. Von den im Laufe einer Woche Zuspätgekommenen soll des Sonnabends eine Zusammenstellung gemacht und die Namen von 10 Mann derjenigen welche am meisten zu spät gekommen sind den Deputirten in der Conferenz angezeigt werden, damit dieselben darauf einwirken können, daß das Verspäten in der Folge möglichst vermieden werde.
Berlin, den 4. Juli 1848
i.A. Borsig«

[34]
Reglementierung der Arbeitszeit durch »Marken«

mannszunft rekrutiert und bauten ihre Werkstätten fabrikmäßig und frei von Zunftzwängen auf.

Die steigende Nachfrage nach Maschinen aller Art bewirkte im ersten Jahrzehnt des Bestehens der Borsigschen Maschinenbauanstalt mehr ein Ansteigen des Arbeitspersonals als eine Modernisierung der Arbeitsmaschinen. Doch mit dem rapiden Anwachsen des Personals (von 50 auf 1200 in den Jahren 1837 bis 1847, vermehrt um 600 durch die beiden neuen Fabrikationsstätten in Moabit 1849 und 1851) versuchte Borsig die handwerklichen Traditionen aus dem Arbeitsalltag der Fabriken zu verdrängen. Ein von ihm unterzeichnetes handschriftliches Dokument aus dem Jahre 1850 bezeichnet an einem Detail diesen Prozeß: »Hierdurch mache ich darauf aufmerksam, daß das beim Eintritt neuer Arbeiter in die Werkstatt gebräuchliche sogenannte ›Einstandgeben‹ aus der Folge durchaus nicht mehr stattfinden darf, weil dadurch die bestehende Ordnung gefährdet wird. Es hat demnach derjenige, welcher dieses Verbot ungeachtet, dennoch einem Neueintretenden auffordert: Bier, Brandwein oder was sonst in der Werkstatt zum Besten zu geben, seine Entlassung sofort zu gewärtigen. Berlin d. 18. Februar 1850 (gez.) A.B.«[129] Ein Verzeichnis aus dem Jahre 1866, das 46 »Beamte, Meister und Arbeiter«[130] aufführt, die 25 Jahre und mehr bei Borsig gearbeitet hatten, weist bei der Mehrheit der Berufsbezeichnungen eine handwerkliche Qualifikation nach. Von den Aufgeführten entstammten zwei Drittel Berufen wie: Dreher, Formermeister, Schmied, Drechsler, Metallgießer, Kernmeister und Zeugschmied. Nur acht Männer wurden als Arbeiter, Arbeitsmann oder Fabrikarbeiter bezeichnet. Diese Zahlen sagen jedoch nichts über das tatsächliche Verhältnis von qualifizierten Handwerkern zu unqualifizierten Arbeitskräften in den Werkstätten aus. Man wird annehmen müssen, daß der Anteil der unqualifizierten Arbeitskräfte viel höher lag, da bei dem technischen Stand der Maschinerie noch ein großer Teil der Arbeitskräfte für den Transport der Werkstücke und für einfache Hilfsarbeiten benötigt wurde. Daß so wenige Arbeiter auf der Jubilarliste stehen, liegt wohl daran, daß dieser Teil der Belegschaft als erster bei sich abschwächender Konjunktur entlassen wurde und er das Jubiläumsziel, fünfundzwanzigjährige Arbeit bei Borsig, nicht erreichte. In dem Verzeichnis sind dagegen acht Jubilare, die der Führungsschicht der Borsigschen Werke angehörten, aufgeführt: Ober-Werkführer, Werkführer, Disponent, Ingenieur und Comptoirdiener, allein vier von ihnen trugen den Titel »Werkführer«.

Der Verwaltungsbereich mit technischem und kaufmännischem Büro bildete zusammen mit dem Produktionsbereich und seinen unterschiedlichen Werkstätten ein differenziertes Leistungssystem mit gegenseitiger Abhängigkeit und Anhänglichkeit in dem patriarchalisch aufgebauten Unternehmen. In der Hierarchie standen unter August Borsig die Oberingenieure und Oberwerkführer, von denen aus die Aufträge über die einzelnen Werkführer verteilt wurden. Die Werkführer befehligten kleinere Werkstatteinheiten, mit denen sie in Akkordarbeit die Aufträge ausführten. Sie suchten sich ihre Arbeitsgruppe aus qualifizierten und unqualifizierten Arbeitern zusammen und setzten den Stücklohn fest. Ihre Kompetenz ging so weit, einzelne Arbeiter zu entlassen beziehungsweise neue einzustellen. Bei Streitigkeiten über den vom Werkführer festgesetzten

Stücklohn konnten sich die streitenden Parteien nur an den Oberwerkführer wenden, der direkte Weg zum Firmenchef war ausgeschlossen. Sonnabends erhielten die Arbeiter in den Werkstätten ihren Lohn, der vom Werkmeister nach der Wochenleistung bemessen wurde. Da man nicht nur durch Akkordarbeit, sondern auch durch Überstunden und Sonderleistungen den Wochenlohn verbessern konnte, gab es kaum einheitliche Lohnklassen. Die individuelle Entlohnung wurde nach dem Grad der Qualifikation, persönlich bedingter Leistungsfähigkeit und der allgemeinen Auftragslage der Fabrik vorgenommen. Für das Jahr 1846 gab der »Berliner Kalender« in seinem Bericht über die Eisengießerei und Maschinenbauanstalt von Borsig eine Lohnspanne zwischen drei und 18 Taler wöchentlich an[131]. Gießer und Schmiede konnten im Vollbesitz ihrer Arbeitskraft den oberen Lohnbereich erreichen. Für die Werkführer wird Borsig, neben dem festgesetzten Jahreseinkommen, ein ähnliches Prinzip der Gewinnbeteiligung festgesetzt haben, wie er selber es in der Egellsschen Fabrik kennengelernt hatte. So waren alle Beschäftigten der gegenseitigen Kontrolle unterstellt, damit die Wirtschaftlichkeit und Produktivität des gemeinsamen Werkstattbereiches maximiert werden konnte.

Neben dem kollektiven Interesse einzelner Werkstattabteilungen stand das individuelle Interesse, durch eigene Leistung, durch Erhöhung der Stückzahl und durch Zuteilung von Überstunden der Konkurrenz innerhalb der Werkstatt gewachsen zu sein. Die latent vorhandene Selbstkontrolle machte zusätzliche Aufseher, deren Kontrolle über die Aufsicht der Werkmeister hinausging, kaum notwendig. Überschaubarkeit und Kontrolle wurden ohnehin durch die Anlage der Werkstätten gewährleistet: »Die Arbeitsräume sind unter sich zusammenhänged, so daß man aus einem in den anderen treten kann, was außerordentlich zweckmäßig für den Betrieb der verschiedenen Fabrikationszweige ist, und die Beaufsichtigung eines so großartigen Institutes wesentlich erleichtert.«[132]

Aufgrund des Ausbaus der Maschinerie für die Massenproduktion Mitte der vierziger Jahre war ein gleichmäßiges Produzieren aller Beschäftigten unerläßlich. Als die Redakteure der »Illustrirten Zeitung« 1848 die Borsigsche Fabrik besuchten, fanden sie gerade für dieses störungsfreie Zusammenspiel von Mensch und Maschine poetische Worte: »Jedes Rad, jede Welle, jeder Arbeiter erfüllt nur seinen Zweck, scheint nur für sich thätig, und doch empfängt Alles nur aus der Allbewegungskraft seine besondere; jedes Einzelne dient nur dem Ganzen, indem es für sich vollkommen ist; doch ist Jeder abhängig, wie frei er auch für sich dastehen möge und wie wenig wir im Allgemeinen den das Ganze leitenden Plan, den beaufsichtigenden Geist zu erkennen im Stande sind... So oft wir die Borsigsche Anstalt, und immer wieder mit neuer Bewunderung, in Augenschein genommen haben, stets war uns dieser scheinbare Mangel jeglicher Ueberwachung auffallend und daß gleichsam so Alles von selbst sich zu machen schien.«[133]

Während sich die Mechanismen der Maschinerie innerhalb der Arbeitszeit erfolgreich durchzusetzen vermochten, bereitete der allmorgendliche Arbeitsbeginn zur festgesetzten Zeit mit seinem

[35]
Personalmarke für die Beschäftigten in den Borsigschen Fabriken, um 1850.

Die Vorderseite der »Marke« (Gußeisen?) zeigt eine Lokomotive, die auf dem Radschutz des großen Schwungrades die Aufschrift »A. Borsig« trägt. Es handelt sich um eine dreiachsige 1-A-1-Langrohrkesselmaschine mit überhängendem Stehkessel, die neben der »Beuth«-Reihe zwischen 1845 und 1848 gebaut wurde. Wegen des ungünstigen Schwerpunktes, der bei schneller Fahrt zu Schlingerbewegungen führte, wurde der Bau dieses Typs 1848 eingestellt und 1851, nach Entgleisung einer dieser Lokomotiven mit einem preußischen Hofwagen, wurde die Serie sogar aus dem Verkehr gezogen.

[36]
Ordnung für den Speisesaal der Eisengießerei und Maschinenbauanstalt von A. Borsig in der Chausseestraße

»Das für meine Arbeiter in der Fabrik eingerichtete Restaurations Local soll am Montag, den 4. Juni eröffnet werden und habe ich mich veranlaßt gefunden über die Benutzung desselben Folgendes zu bestimmen.

I.

Das Restaurations Local ist nur an folgenden Stunden des Tages geöffnet:

a. 1/4 Stunde vor bis zum Beginn der Arbeitszeit.
b. 1/4 Stunde vor und während der ganzen Frühstückszeit.
c. 1/4 Stunde vor und während der ganzen Mittagszeit.
d. 1/4 Stunde vor und während der ganzen Vesperzeit.
e. Vom Feierabend ab noch eine Stunde.

Die viertel Stunde vor der Frühstücks-, Mittags- und Vesperzeit ist hauptsächlich dazu bestimmt, daß sich die Frauen und Kinder welche Speisen oder Getränke bringen, im Saale aufhalten und ihre Angehörigen dort erwarten können.

II.

Außer der oben festgesetzten Zeit wird im Locale durchaus nichts verabreicht und nur Bier wird in der Zwischenzeit, aber außerhalb des Locales verkauft werden.

III.

Es steht wie bisher auch ferner Jedem frei, für sich Bier oder sonstige Getränke, so wie Speisen aller Art, mitzubringen und im Saale zu verzehren, jedoch darf sich das mitzubringende Quantum nur auf den Selbstbedarf beschränken und damit kein Handel betrieben werden.

IV.

Vom Tage der Eröffnung des Restaurations Local's an, ist fremden Bier- und Branntweinhändlern überhaupt Victualienhändlern der Eintritt in die Fabrik nicht mehr gestattet.

V.

Die Frauen, Kinder oder sonstige Angehörige der Arbeiter, welche Lebensmittel für dieselben bringen, dürfen künftig die Werkstätten nicht mehr betreten, sondern ist zur Empfangnahme der Lebensmittel der Saal bestimmt.

Berlin 26. Mai 1849
i.A. Borsig«

Gebot der Pünktlichkeit ein sich über Jahre hinziehendes Problem. Zur Regelung der Arbeitszeit wurden dann schließlich im Juli 1848 »Marken« eingeführt, die jeder Arbeiter mit Betreten des Fabrikgeländes beim Pförtner abzugeben hatte [35]. Ein »Zur Beachtung« überschriebenes Dokument verkündete die Handhabung der Marken und setzte die entstehenden Kosten bei Verlust der Plakette, die mit der Nummer des Arbeiters versehen sein sollte, fest. Von einer Bestrafung der Zuspätkommenden war dabei noch nicht die Rede. Es sollten lediglich die ersten zehn Namen einer nach Häufigkeit der Verspätungen angelegten Liste den »Deputierten« bekannt gemacht werden, »damit dieselben darauf einwirken können, dass das Verspäten in der Folge möglichst vermieden werde« [34]. Dies war notwendig geworden, da der Ausbau der Maschinerie und die fortschreitende Arbeitsteilung ein gleichzeitiges Beginnen an allen Arbeitsplätzen erforderte. Die Umstellung vom handwerklichen Arbeitsrhythmus, bei dem sich die Arbeitszeit nach Tages- und Jahreszeiten richtete und auch das Pausenverhalten individuell geregelt wurde, zu einer fabrikmäßigen Massenproduktion mit festgelegten Arbeits- und Pausenzeiten für über 1000 Beschäftigte mußte zu erheblichen Problemen führen. Aus zahlreichen Dokumenten der Akte »Fabricksangelegenheiten« geht hervor, daß die Unpünktlichkeit bei Arbeitsbeginn auch nach Einführung der »Marken« weiterbestand. Noch im Dezember 1849 – eineinhalb Jahre nach Verteilung der »Marken« – brachte Borsig deren Funktion in Erinnerung und bestimmte, daß bei dreimaligem Zuspätkommen die Kündigung ausgesprochen werde[134]. Anlaß zu dieser Bekanntmachung gab der wiederholt festgestellte Umstand, daß an manchen Tagen über 100 Marken beim Pförtner fehlten, das heißt, von den etwa 900 bis 1000 Mann der Belegschaft hatten sich 100 verspätet.

Die Verteilung der »Marken« war aber nicht der erste Versuch, das Erscheinen der Arbeiter zum Arbeitsbeginn zu kontrollieren; es war nur der Anfang einer systematischen und namentlichen Erfassung von wiederholt Verspäteten. Seit der Aufnahme des Lokomotivbaus und der sich daraus ergebenden Zunahme des Produktionsumfangs müssen bei der Planung der architektonischen Gesamtanlage Überlegungen hinsichtlich der Kontrollierbarkeit des rechtzeitigen Erscheinens mitgewirkt haben. Feststellbar ist eine Abriegelung des Fabrikgeländes, die mit den Jahren 1841/42 begann. In rascher Folge wurde dann das Gelände entlang der Grundstücksgrenzen mit Lagerschuppen bebaut [62-64]. Ein längerer Transportweg zwischen Lager und Verarbeitungsstätte wurde dabei in Kauf genommen. Die Umschließung des Geländes begann entlang der Nord- und Ostgrenze zur benachbarten Eisengießerei von Egells und zu dem noch unbebauten, freien Gartengelände und fand 1849 an der Thorstraße im Süden ihren vorläufigen Abschluß. Damit war das Fabrikgelände nur noch durch zwei Öffnungen betretbar: von der Chausseestraße vorbei am Kontor und von der Thorstraße, wo sich zwischen Wasserturm und Modellraum ein Zugang befand [68].

Über Ordnungsmaßnahmen bezüglich des Verhaltens der Arbeiter während der Pausen sagt die Akte »Fabricksangelegenheiten« nichts aus, obwohl indirekte Äußerungen auf eine tendenzielle Veränderung hindeuten. Mit Fertigstellung des Speisesaals für die Bor-

»Bekanntmachung
Es haben sich in neuerer Zeit in den Werkstätten wieder verschiedene Mißbräuche eingeschlichen, die ich nachdem sie mir bekannt geworden nicht länger dulden kann und will, da die Ordnung im Ganzen darunter leidet. Dahin gehören:

1. daß in den Werkstätten, selbst während der Arbeitszeit, Listen herumgehen, in welchen zu Unterschriften behufs der Teilnahme an Vergnügungen, Vereinen, Ausspielungen usw. aufgefordert, oder öffentliche Blätter gelesen werden und darüber statt zu arbeiten disputirt wird. Alle dergleichen Angelegenheiten gehören nicht in die Werkstatt und können bei der Kürze der Arbeitszeit, da den Arbeitern für dergleichen noch so sehr viel Zeit übrig bleibt, außerhalb vorgenommen werden.

2. Werden an verschiedenen Orten der Fabrik Mittheilungen der verschiedensten Art durch schriftliche Anschläge bekannt gemacht. Auch dies kann ohne Erlaubniß nicht gestattet werden und es muß daher Jeder, der dergleichen Mittheilungen durch geschriebene oder gedruckte Bekanntmachungen beabsichtigt, mir dieselben erst vorlegen und die besondere Erlaubniß dazu einholen.

3. Sind Arbeiter während der Arbeitszeit von der Arbeit aus der Fabrik gegangen, ohne sich vorher oder bei ihrer Rückkunft bei dem betreffenden Werkführer gemeldet zu haben. Dieselben haben also nicht allein gegen die Ordnung gefehlt, sondern sich auch noch ungerechter Weise für die versäumte Arbeitszeit den Lohn zahlen lassen. Alle diese Uebelstände sollen und müssen beseitigt werden und ich erkläre hierdurch auf das Entschiedenste, daß Jeder, der sich von jetzt ab Vergehen der gedachten Art zu Schulden kommen läßt, ohne Nachsicht sofort entlassen wird, da anzunehmen ist, daß derselbe sich meiner Ordnung nicht fügen will. Zugleich habe ich die Werkführer für

sigarbeiter [126] und der dafür entworfenen Benutzungsordnung [36] war den Pausen ein überprüfbarer Rahmen gegeben, an den sich anscheinend nicht alle Betroffenen gleich gewöhnen konnten. Ein halbes Jahr nach Eröffnung des Speiselokals wies Borsig noch einmal, wie er es bereits in der Lokalordnung getan hatte, darauf hin, »daß künftig die Frauen der Arbeiter und sonstige Personen, welche Lebensmittel bringen, nicht in die Werkstätten gehen, sondern die Speisen etc. ihren Angehörigen im Saal überliefern sollten. Diese Bestimmung ist in letzter Zeit von mehreren nicht beachtet worden ... Ich bringe das Verbot daher mit dem Bemerken in Erinnerung, daß Jeder, der dagegen handelt, sich die Folgen selbst zuzuschreiben hat«[135]. Die Veränderung des sozialen Verhaltens und das Aufbrechen von Verhaltensnormen durch die Industrialisierung deutet sich hier in einem Detail an: die räumliche Trennung der Arbeitszeit von der »Brotzeit«, die Entfernung der Familien vom Arbeitsplatz des Mannes und die zeitliche Reglementierung der Essenszubereitung im Haushalt und der Essensaufnahme auf dem Fabrikgelände in dafür vorgeschriebenen Räumen. Für die Reglementierung der Pausen wurden bereits 1845 bei dem Bau einer Toilette im Wasserturm [85] innenarchitektonische Vorkehrungen getroffen (ein Bericht über die Türme der Borsigschen Fabrik handelt hauptsächlich von der Toilette – weniger von den Strackschen Turmentwürfen): »Der untere Theil des Thurms enthält einen Abtritt für die Arbeiter, dessen einfache aber zweckmäßige Einrichtung aus Fig. 3 u. 4 ersichtlich ist. Zwei gußeiserne, oben mit einer Bretteinfassung versehene Trichter schütten den Koth in untergesetzte Fässer, welche dreimal wöchentlich ausgewechselt werden. Den oberen Rand der Trichter bildet eine stumpfe Eisenkante, so daß keine Gelegenheit zum bequemen Sitzen geboten wird, welches erfahrungsgemäß nur beträchtlichen Zeitverlust herbeiführen würde. Ueber den Sitzen angebrachte Quer-Riegel verhindern dabei das Aufsteigen oder sonstigen Unfug.«[136]

Zu den sozialen Einrichtungen der Maschinenbauanstalt und Eisengießerei gehörten neben der Kranken- und Unterstützungskasse das Speiselokal und eine Ausbildungswerkstatt für Lehrlinge, die nach der Revolution im Jahre 1849 erbaut wurden; dagegen müssen die Kranken-, Sterbe- und Unterstützungskasse schon vor der Revolution existiert haben, da der »Berliner Kalender für 1848« erwähnt, 1846 seien 3385 Taler Krankengeld an die Borsigarbeiter gezahlt worden, und die »Illustrirte Zeitung« von 1848 weist darauf hin, daß bei Borsig insgesamt 3839 Taler Krankengeld im Jahr 1847 aus der firmeneigenen Kasse entnommen worden seien[137]. Finanziert wurden die Kassen mit einem Teil des Lohnes und mit Geldeinnahmen aus Verstößen gegen die Fabrikordnung. Der Unternehmer steuerte die Eintrittsgelder, die die Besucher seines Gartens in Moabit entrichteten, bei. Die Statuten und Leistungen der einzelnen Kassen sind weitgehend unbekannt. Ein Bittbrief, den der »Arbeitermann T. Schmidt« im Jahre 1848 an »den Herrn Deputirten Schaefer und sämtliche Herren Deputirte der Borsigschen Fabrik« sandte, bezeugt die geringe Höhe des Krankengeldes: »... Seit 8 Wochen bin

die Befolgung dieser Vorschriften verantwortlich gemacht und werde bei ihnen dieselbe Strenge eintreten lassen, wenn sie dergleichen Unfug in ihren Werkstätten dulden.
Berlin, den 1. August 1849
A. Borsig«

[37]
Bekanntmachung über Mißbräuche bei der Arbeit

ich krank, indem ich mir in der Kupferschmiedewerkstatt einen Fuß verbrannte. Seit der Zeit habe ich nicht gearbeitet und verdienen können, und nur 2 Thaler wöchentlich Krankengeld bekommen, dabei eine Familie von 4 Kindern zu ernähren, von denen das jüngste noch ungetauft, und erst 8 Wochen alt ist. Mein Kummer ist groß, und nirgends weiß ich Rath und Hilfe zu suchen. Deswegen wende ich mich an Ihr Mitleid mit der dringenden, inständigsten Bitte: Mir doch die Güte und Wohlthat zu erzeigen, eine Collekte für mich zu sammeln…« [38].

Äußerstes Existenzminimum für eine einzelne Person in Berlin waren etwa zwei Taler wöchentlich. Die Not des Arbeitermannes, der eine sechsköpfige Familie zu ernähren hatte, war drückend. Bereits nach acht Wochen mußte er sich an die im Jahre 1848 gewählten Vertrauensmänner mit der Bitte wenden, für ihn Geld sammeln zu lassen, da er als Arbeiter keine finanziellen Rücklagen besaß. Bevor er sich den Fuß verbrannte, wird er kaum mehr als drei bis vier Taler in der Woche verdient haben.

Aus einem zweiten Bittbrief, den der Schlosser Gruneberg im Jahre 1857 an Albert Borsig schrieb [40], geht hervor, daß das Krankengeld maximal ein Jahr lang gezahlt wurde: »Euer Hochwohlgeboren wird es noch erinnerlich sein, daß ich im vergangenen Jahre die Beschäftigung auf Ihrer Fabrik am Oranienburger Thore wegen Erkrankung aufgeben mußte. Bis heute bin ich noch nicht wieder hergestellt. Die Unterstützung, welche ich bisher aus der Krankenkasse bezog, ist, da solche nur 1 Jahr lang gezahlt werden darf, seit dem 15. November des Jahres für mich fortgefallen und so befinde

---

[38]
Bittbrief des Arbeiters T. Schmidt, 1848

»An den Herrn Deputirten Schaefer und sämtliche Herren Deputirte der Borsigschen Fabrik. Wohlgeboren, hier.

Sehr geehrte Herren!
Ihr menschliches Mitleiden bin ich genöthigt, in meiner drückenden, tiefen Noth anzurufen. Seit 8 Wochen bin ich krank, indem ich mir in der Kupferschmiedewerkstatt einen Fuß verbrannt. Seit der Zeit habe ich nicht arbeiten und verdienen können, und nur 2 Thaler wöchentliches Krankengeld bekommen, dabei eine Familie von 4 Kindern zu ernähren, von denen das jüngste noch ungetauft, und erst 8 Wochen alt ist. Mein Kummer ist groß, und nirgends weiß ich Rath und Hilfe zu suchen. Deswegen wende ich mich an Ihr Mitleiden mit der dringenden, inständigsten Bitte:
mir doch die Güte und Wohlthat zu erzeigen, eine Collecte für mich zu sammeln.
Dankbarlichst werde ich diese mir dadurch zu Theil werdende Wohlthat verehren, und wie ich glaube, derselben mich stets würdig gezeigt zu haben, so auch ferner beweisen, daß dieses Werk der christlichen Menschenliebe auch wohlgethan sei.
Deswegen getraue ich auf gütiger Erfüllung dieser Bitte, indem ich verharre in Achtung ganz ergebenst der Arbeitermann
T. Schmidt
Berlin, den 7. November 1848

[39]
Bittbrief des Tischlers
T. Hartmann, 1848

*»Wohlgeborener Herr, hochgeehrtester Herr Borsig!
Durch das Zusammentreffen mehrerer, mir nicht erklärbarer Umstände muß ich mir erlauben, Euch Wohlgeboren mit diesen Zeilen zu behelligen und habe das Vertrauen, daß Sie es mir, der ich nun schon sieben Jahre in Ihrer Fabrik treu und fleißig gearbeitet, nicht übel deuten werden. Es ist nur zu gewiß, daß ich während meiner langwierigen Krankheit bei Euch Wohlgeboren verleumdet und da ich diese Verleumder nicht kenne, so ist es mir auch nicht möglich, mich zu vertheidigen, um diese Bosheit zu entlarven, ich bin daher gezwungen, zur Rettung meines guten Namens Euer Wohlgeboren so dringend wie ganz gehorsamst zu bitten, mir offen die gegen mich angebrachten Beschuldigungen mitzutheilen, damit ich das Lügengewebe zerreißen kann. So lange ich in Ihrer Fabrick beschäftigt, habe ich vier Meister gehabt und meines Wissens hat nie einer über mich geklagt, im Gegentheile, bei allen preßirten, angestrengten oder Nachtarbeiten wurde ich zugezogen und jederzeit war ich willig und gehorsam, weshalb es wohl auch gekommen sein mag, daß Euer Wohlgeboren Kenntniß von mir nahmen und mich von Berlin nach Moabit zur Leitung der dortigen Arbeiten beorderten, weshalb ich auch meine Wohnung von Berlin nach Moabit verlegte.
Daß irgend etwas gegen mich vorliegen muß, schließe ich daraus, weil mir am Sonnabend angekündigt wurde, daß wir Tischler auf Ihren Befehl feiern sollen, und daß wenn ich kürzere Arbeitszeit angeordnet, wir noch länger Arbeit gehabt; da ich dies nun ohne ausdrücklichen Befehl doch unmöglich durfte und mir dies nun zum Vorwurf gemacht wird, so ist es doch wohl klar genug, daß ein Grund gesucht worden, um mich von der Fabrik zu entfernen, weil man glaubt, ich verdiene mehr als mir zukommt; daß dies nicht der Fall, geht schon daraus hervor, daß ich in diesem Jahre 232 Thaler und 24 Silbergroschen verdient, mithin auf die Woche ein Lohn von noch nicht 4 1/2 Thaler komme, da auf diesen Lohn noch das Krankengeld in Abzug gebracht werden muß.
Euer Wohlgeboren wollen gütigst bedenken, daß ich volle 13 Wochen bedeutend bettlägerig krank gewesen, daß ich sechs kleine Kinder und eine fortwährend kränkelnde Frau habe, und daß ich Kummer und Sorgen genug habe, wenn mein Verdienst ausreichen soll, wie aber nun, wo ich mit Krankheit zu kämpfen und dadurch in Schulden gerathen und nun, wo ich mit Aufbietung aller meiner Kräfte mich herausarbeiten will, muß ich auf Befehl feiern, ohne, daß mir gesagt wird, wie lange, oder ob ich je wieder Arbeit erhalte.
Euer Wohlgeboren, ich sehe es zu deutlich ein, ich stehe Einigen in Moabit im Wege und werde wohl den Platz räumen müssen, wenn die Sache nicht gründlich untersucht wird, so daß ich den Verleumdern offen entgegen treten kann. Ich bin noch derselbe, der ich vor sieben Jahren war und scheue keine Arbeit in Ihrer Fabrik, um aber alle Reibereien zu vermeiden will ich Sie hiermit ganz gehorsamst bitten: geneigtest mich wieder auf Ihre Fabrik-Anstalt zu Berlin zu versetzen. Indem ich mich gänzlich Ihren Anordnungen und Befehlen füge, hoffe ich recht bald wieder Arbeit zu erhalten, verharre ich mit der größten Hochachtung und Ergebenheit, Euer Wohlgeboren ganz ergebenster
T. Hartmann, Tischler
Neu Moabit, den 5. Decbr. 1848,
Strom Straße im Matheschen-Hause«*

[40]
Bittbrief des Schlossers Gruneberg, 1857

»Hochwohlgeborener, hochgeehrtester Herr!
Euer Hochwohlgeboren werden es mir gewiß verzeihen, wenn ich in meiner großen Noth es wage, Sie mit einer Bitte zu belästigen.
Euer Hochwohlgeboren wird es noch erinnerlich sein, daß ich im vergangenen Jahre die Beschäftigung auf Ihrer Fabrik am Oranienburger Thore wegen Erkrankung aufgeben mußte. Bis heute bin ich noch nicht wieder hergestellt. Die Unterstützung, welche ich bisher aus der Krankenkasse bezog, ist, da solche nur 1 Jahr lang gezahlt werden darf, seit dem 15. November d.J. für mich fortgefallen und so befinde ich mich denn gegenwärtig in der traurigsten Lage, um so mehr als zu der schweren Prüfung, von welcher ich heimgesucht werde, nun noch die Sorge um meine fernere Existenz hinzutritt. Um den Kelch des Leidens voll zu machen, ist nun auch meine, schon in den Jahren vorgerückte Frau vor lauter Sorge und Gram an einem Herzenfieber schwer erkrankt, an welchem sie nun schon mehrere Wochen darniederliegt.
Euer Hochwohlgeboren Güte und Menschenfreundlichkeit, mit welcher Sie überall, wo es wirklich noth thut, helfend eingreifen, ist in weiten Kreisen rühmlich bekannt und deshalb wage auch ich, der ich sowohl Ihrem seeligen Herrn Vater, wie auch Ihnen eine Reihe von Jahren ein fleißiger und treuer Arbeiter gewesen zu sein glaube, mich in meinem Kummer an Sie zu wenden in der zuversichtlichen Hoffnung, Euer Hochwohlgeboren edles Herz werde einen rechtschaffenen Mann nicht rathlos umkommen lassen. Gott im Himmel wird es Ihnen tausendfältig segnen, was Sie an mir armen kranken Mann thun.
Daß ich aber auch kein Unwürdiger bin, davon giebt gewiss ein zuverlässiges Zeugniß, daß die Meister und Arbeiter der obengenannten Fabrik mir bereits früher ihre Teilnahme dadurch zu erkennen gegeben haben, daß sie für mich eine Sammlung veranstalteten. Aber der Ertrag derselben ist in dieser theuren Zeit längst ausgegeben, obgleich ich sowohl wie meine Frau uns der größten Sparsamkeit befleißigten. In der freudigen Zuversicht, Euer Hochwohlgeboren werde die dringende Bitte eines vom Schicksal schwer gebeugten Mannes gern gewähren, habe ich die Ehre, mit der vorzüglichsten Hochachtung und Verehrung zu sein
Euer Hochwohlgeboren ganz Ergebenster:
Gruneberg, Schlosser,
Invalidenstr. Nr. 77
Berlin, den 9. December
1857«

»10 THALER BELOHNUNG
Es ist in der letzten Zeit mehreremale Metall etc. aus den Werkstätten entwendet worden, ohne daß der Thäter hat ermittelt werden können. Obgleich die Ehre und Redlichkeit einem jeden Arbeiter gebietet, genügende Verdachtsgründe mir sofort anzuzeigen, so sichere ich dennoch, zur Erhöhung der Wachsamkeit, demjenigen eine Belohnung von zehn Thalern, bei Verschweigung seines Namens zu, der mir den Thäter dergestalt nachweist, daß er zur Untersuchung gezogen werden kann.
Berlin 24. Januar 1848«

[41]
Bekanntmachung über Metalldiebstähle

ich mich denn gegenwärtig in der traurigsten Lage um so mehr, als zu der schweren Prüfung von welcher ich heimgesucht werde, nun noch die Sorge um meine fernere Existenz hinzutritt.« Daß der Schlosser Gruneberg erst nach einem Jahr an den Firmenchef herantreten mußte, um ebenfalls eine »Collekte« zu erbitten, mag auf Ersparnisse zurückzuführen sein, vielleicht hatten sich aber auch die Zahlungen der Krankenkasse inzwischen erhöht.

Die Krankenkasse bot den Borsigarbeitern zwar nur eine geringe Absicherung, aber auch das war für die Berliner Privatindustrie vor der Revolution eine nicht übliche Unternehmermaßnahme. Borsig war sich seiner Vorreiterrolle als fürsorglich und sozial eingestellter Unternehmerpatriarch durchaus bewußt. Als von den Maschinenbauern nach der Märzrevolution 1848 Forderungen hinsichtlich der sozialen Leistungen den Fabrikbesitzern gegenüber laut wurden, konnte Borsig öffentlich verkünden: »Die Arbeiter meiner Fabrik werden längst die Ueberzeugung gewonnen haben, daß ich mich fortwährend damit beschäftige, Uebelstände und Unordnungen zu beseitigen und dagegen jede mögliche Verbesserung einzuführen, welche nicht allein das Wohl der Arbeiter befördert, sondern auch das Fortbestehen der Anstalt sichert« [Anhang II]. Die Borsigarbeiter galten, gemessen an den anderen Industriearbeitern Berlins, als privilegiert. Als Facharbeiter konnten sie während der Aufbauphase der Firma 400 bis 700 Taler jährlich verdienen. Das war mehr, als ein preußischer Dorfschullehrer in den vierziger Jahren des 19. Jahrhunderts erhielt. Aus dem Handwerkerstand kommend, gehörten die Schlosser, Dreher, Gießer und Schmiede zu dem Teil des Handwerks, der zunächst nicht von der Proletarisierung betroffen wurde, sondern durch die Arbeit in der Industrie auf der sozialen Stufenleiter sogar noch höher stieg. Auch als die offensichtlichen Nachteile, fortschreitende Arbeitsteilung, Leistungsdruck, körperliche Belastung durch die Maschinerie und zahlreiche Reglementierungen, die den Arbeitsalltag bestimmten, deutlicher wurden, identifizierten sich die meisten »Borsigianer« weiter mit der Firma. Auf den zahlreichen Jubiläen feierten sie ihre Fabrik mit eigenen Gedichten und trugen zur Gestaltung der Festlichkeiten bei.

Bezogen auf die Borsigarbeiter beschrieb 1855 das »Osthavelländische Kreis-Blatt« in schöner Naivität diese widersprüchliche Erscheinung: »Die Maschinenbauer bilden natürlich, obgleich sie verschiedenen Gewerken zugehören, eine eigene charakteristische Abteilung des Arbeiterstandes. Ihr Zusammenleben hat sie auf gemeinnützige Bestrebungen, auf Errichtung von Spar-, Kranken- und Unterstützungskassen geleitet. Obgleich bei ihrer Beschäftigung das geisttödtende System der getheilten Arbeit herrscht, so gestattet doch die Einrichtung der Anstalt einen Ueberblick über die verschiedenen Zweige der Thätigkeit. Aus den Bureau's der Techniker dringt zuweilen ein belebender Gedanke unter die mechanisch beschäftigten Proletarier; sie haben das Bewußtsein, den neuesten Erfindungen des Menschengeistes dienstbar zu sein, und auch unter ihnen kann sich der Fähige auszeichnen und seine Lage verbessern. Der Fabrikherr stellte sich ihnen nicht schroff gegenüber und veranstaltete bei besonderen Gelegenheiten gemeinsame Festlichkeiten, wie zuletzt bei der Vollendung der fünfhundertsten Locomotive.

Ihre Arbeit macht sie markig, stark und kühn, wenngleich auch sie nicht von einzelnen Krankheiten, darunter Rheumatismus und Herzleiden, verschont bleiben. Dazu gehören sie zu den am besten bezahlten Arbeitern, denn sie erwerben wöchentlich vier bis zehn und mehr Taler; so sind sie selten der Noth ausgesetzt und haben zum Theil erträglich eingerichtete Haushaltungen. Durch diesen Umstand vertreten sie unter der Arbeiterklasse eine Art von Wohlhabenheit, die stets mit Besonnenheit und Liebe zum Besitz, wenn auch zum kleinsten, gepaart ist.«[138]

»Zu der Conferenz am 29. April 1848 ist beschlossen:
Die Arbeitsleute sollen dieselben Ansprüche an die Sterbekasse haben, wie die übrigen Arbeiter und die Lehrlinge die unter 2 1/2 Thlr. Lohn erhalten, zahlen den halben Krankenbeitrag und haben daher auch nur auf wöchentlich 1 Thlr. Krankengeld und im Sterbefall deren Hinterbliebene auf 15 Thlr. Sterbegeld Anspruch, während die übrigen Arbeiter auf 30 Thlr. Sterbegeld Anspruch zu machen haben.
2. Mai 48
i.A. Borsig«

[42]
Neuregelung bei der Unterstützungs- und Sterbekasse

Borsig und Borsigarbeiter während der Revolution 1848

Die Märzrevolution im Jahre 1848 ging an den Maschinenbauern Berlins nicht spurlos vorüber. Auch sie gehörten zu den Barrikadenkämpfern der Nacht vom 18. zum 19. März, die in den zeitgenössischen Berichten Erwähnung fanden: »Einige Studenten, welche sich zu Pferde geschwungen hatten, galoppierten zum Oranienburger Tor hinaus, hielten vor allen Maschinenbau-Werkstätten still und feuerten die Arbeiter an, in die Stadt zu kommen und an einem Kampf sich zu beteiligen, der in der Freiheit aller auch das Los der Arbeiter zu einem Günstigeren wenden werde. Die Arbeiter der Borsigschen Fabrik gingen namentlich in großer Anzahl auf diese Aufforderung ein, und bis gegen 6 Uhr abends waren wohl an 900 von ihnen in die Stadt gezogen. Ihrer heldenmäßigen Tapferkeit und Ausdauer hinter den Barrikaden war es vornehmlich zuzuschreiben, daß in der Nacht des 18. März ein Kampf gekämpft wurde, der die Volkssache in ihrer nicht mehr zurückzustellenden Bedeutung erscheinen liess.«[139] Die Produktion bei August Borsig wurde in dieser Nacht vom Dampfmaschinen- und Lokomotivbau auf »Revolutionsgüter« umgestellt: »Ein gewaltiger Barrikadenbau bedeckte

»In Bezug auf das Reglement vom 14. April wird hiermit noch festgesetzt:
daß jede Ueberstunde bei 4 Thlr. Wochenlohn mit 2 1/2 Sgr. und bei höherem Lohn nach demselben Verhältniß auch wenn Nachtarbeiten nöthig wie Ueberstunden bezahlt werden. Wenn in dringenden Fällen des Sonntags gearbeitet wird, so gilt dieselbe Arbeitszeit, welche im Reglement für die Heiligabende festgesetzt ist, nehmlich von 6 Uhr früh bis 3 Nachmittags incl. 1/2 Stunde Frühstücks- u. 1 Stunde Mittagszeit.
Ferner ist in der Conferrenz vom 22. April folgendes bestimmt worden. An jedem Tag der Woche soll die Arbeitszeit um dieselbe Stunde anfangen, also daß am Sonnabend ebenfalls von 6 Uhr früh und da die Vesperzeit ausfällt bis 5 1/2 Uhr gearbeitet wird. Vom ersten Mai d.J. soll um 5 Uhr früh angefangen und später bestimmt werden, ob 1 oder 2 Stunden zur Mittagszeit verwendet werden sollen.
Cigarren sollen bei der Arbeit nicht geraucht werden.
Von den für die Hinterbliebenen und Verwundeten eingegangenen 52 Thlr. 4 Sgr. 4 Pfg. ist bereits 1/5 oder 10 Thlr. 12 Sgr. 6 Pfg. an die Witwe Rudolph, 2/5 oder 20 Thlr. 25 Sgr. an die Witwe Fass gezahlt worden.
Berlin d. 24 April 48«

[43]
Ergänzungen zum Reglement vom 14. April 1848

auch die Rosenthaler Vorstadt und das sogenannte Voigtland ... In den hier befindlichen zahlreichen Schlosser- und Schmiedewerkstätten wurden die ganze Nacht hindurch Lanzen geschmiedet. Eine bekannte Maschinenbau-Anstalt lieferte allein sechs Centner Eisengerätschaften dazu.«[139] Vier Arbeiter der Borsigschen Fabrik fielen während der Kämpfe, denn im März 1849 – so geht aus den Rechnungsunterlagen hervor – stiftete August Borsig für die Märzgefallenen seiner Fabrik vier Grabmäler.[140] Durch die Revolution war die Unterstützungskasse der Borsigarbeiter stark belastet worden; zur Deckung der Zahlungen an die Witwen der Gefallenen und an die arbeitsunfähig geschlagenen Opfer mußten zusätzlich Sammlungen durchgeführt werden[141].

Borsig war erst Anfang Februar von seiner Englandreise nach Berlin zurückgekehrt, die er zusammen mit dem Kaufmann Ulmann, dem Baumeister Benda, dem Maschinenbaumeister Schwartzkopff und dem Bahnbaumeister Victor v. Unruh unternommen hatte. Da Borsig das Eisen-, Walz- und Hammerwerk in Moabit seit 1847 aufbauen ließ, wird er die großen englischen Eisenwerke besichtigt haben, um sich über den neuesten Stand der Technik zu informieren. Am Vorabend der Revolution spricht diese Reise »für eine gewisse Sorglosigkeit und deutet darauf hin, daß ihn die ökonomische Krise völlig überraschte«[142]. Nach der Revolutionsnacht am 18. März trat auch Borsig ans Licht der von den revolutionären Ereignissen veränderten Öffentlichkeit. Bereits am 25. März 1848 berichtete die »Allgemeine Preußische Zeitung« über eine »Gemeinnützige Baugesellschaft«, deren Vorstand unter anderen der Geheime Oberbaurat Stüler und der Maschinenbaumeister Borsig angehörten. Diese Baugesellschaft dränge die Behörden, größere, teils nicht geplante, teils niedergelegte Bauvorhaben als Arbeitsbeschaffungsprogramm zu bewilligen. Die Durchsetzung eines solchen Programms wurde immer notwendiger, da viele der Maschinenbauanstalten ihren Personalbestand verringern mußten und auch bei Borsig 400 Mann entlassen wurden. Planierungs- und Abräumarbeiten, die Anlage eines schiffbaren Kanals von Moabit nach Spandau und die Errichtung von Vorstadtkirchen gehörten zu den angeregten Maßnahmen, die das Interesse des Vorstandes deutlich kennzeichnen[143]. Gleich nach der Revolution hatte Borsig – als einziger Unternehmer namentlich erwähnt – am 21. März den Trauerfeierlichkeiten für die Märzgefallenen im Friedrichshain beigewohnt. Drei Tage später fand man ihn im Trauerzug für die gefallenen Soldaten des preußischen Militärs. Für die meisten Berliner war die Teilnahme an der einen oder anderen Trauergesellschaft – eine Woche nach der Revolution – eine Gewissensfrage. Borsigs Doppeltrauer zeigt seine sichere Einschätzung der politischen Entwicklung nach den Märzereignissen.

Anfang April wurde Borsig aktives Mitglied der Berliner Bürgerwehr. Nachdem man ihn zunächst als Kommandanten vorgeschlagen hatte, er aber die entscheidende Wahl nicht gewann, wurde er Major des 17. Bürgerwehrbataillons, in dem ihm vier Kompanien Maschinenbauer unterstanden. Der später gewählte Kommandant der Berliner Bürgerwehr, Otto Rimpler, urteilte über Borsigs Verdienste in der Bürgerwehr im nachhinein: »In kurzer Zeit machte er aus den lohnabhängigen Maschinenbauern, die einige Tage zuvor immer wieder im Zusammenhang mit den Barrikadenkämpfen erwähnt worden waren, eine der diszipliniertesten Truppen der Bürgerwehr.«[144] Das patriarchalische Ordnungssystem, aus dem Fabrikalltag bekannt, bewährte sich auch zur Revolutionszeit [44].

Aber im Austausch für diese Diszipliniertheit forderten die Maschinenbauer von den Fabrikbesitzern verbesserte Arbeitsverhältnisse. Nachdem sich die Besitzer der größten Maschinenbauanstalten Berlins Mitte April im Hause von Franz Anton Egells beraten hatten, verfaßten sie neue Richtlinien für das künftige Verhältnis

Bekanntmachung.

Die Maschinenbauer der Egel'schen, Borsig'schen, Thomas'schen und Hummel'schen Fabrik haben den dorthin abgeordneten Deputirten der Stadtverordneten-Versammlung erklärt: daß sie von dem Anschlage, der in ihrem Namen veröffentlicht worden, in ihrem Vereine nichts gewußt hätten.

Sie haben daher folgenden Protest in unsere Hände niedergelegt:

„Die unterschriebenen Eisenarbeiter der Hummel'schen Maschinenbau-Anstalt erklären hierdurch: daß sie mit dem Inhalte des, in ihrem Namen unter dem 17. d. M. erlassenen Aufrufes, sich nicht einverstanden erklären, daß sie den Verein nur beauftragt haben, um ihre Erklärung abzugeben, wie sie bereit seien, den Dienst mit der Bürgerwehr gemeinschaftlich zu verrichten, und mit allen Kräften Ruhe und Ordnung zu erhalten; daß sie den erwähnten Aufruf niemals unterzeichnet haben würden, wenn ihnen dessen Inhalt zu diesem Behufe vorher mitgetheilt worden wäre. Berlin, den 19. April 1848."

Es erfolgen hier die Unterschriften der Hummel'schen und Freund'schen Arbeiter und die Erklärung der Herren Freund & Comp., daß alle übrigen Maschinen-Arbeiter sich diesem Proteste anschließen.

Mit dem öffentlichen Danke für die von uns ermittelte wackere Haltung und bürgerliche Gesinnung der Maschinen-Arbeiter, bringen wir zur Rechtfertigung der Ehre derselben dies zur öffentlichen Kenntniß.

Berlin, den 19. April 1848.

Der Magistrat und die Stadtverordneten-Versammlung.

[44]
Berliner Flugblatt aus den Tagen der Revolution 1848

Die Reaktion benutzte die »Maschinen-Arbeiter« für die Wiederherstellung von Ruhe und Ordnung.

zwischen Fabrikbesitzer und Arbeiter, die zum Teil auf die Forderungen der Arbeiter eingingen [42, 43, Anhang I]. Borsig als Vorreiter sozialer Einrichtungen im Fabrikwesen hatte zu allen Punkten Stellung genommen und seinen Kompromißvorschlag in der »Königlich privilegirten Berlinischen Zeitung« veröffentlicht, schon bevor sich die Fabrikbesitzer zusammengefunden hatten [Anhang II]. Für die Arbeiter im Maschinenbaugewerbe brachte das Jahr 1848 die Aushandlung höherer Löhne, eine Leistungsverbesserung der Kranken- und Unterstützungskasse, die Reduzierung der täglichen Arbeitszeit um eine Stunde – statt von 6 Uhr bis 19 Uhr mußten sie nun von 6 Uhr bis 18 Uhr arbeiten – und die Einrichtung gewählter Deputierter, ohne deren Zustimmung keiner der Arbeiter mehr entlassen werden sollte. Die Deputierten wählten sie aus ihren eigenen Reihen, doch schon wenig später scheinen diese ein Instrument der Fabrikleitung gewesen zu sein: In einer Bekanntmachung vom

Sommer 1848 verlangt Borsig von den Arbeitern Gehorsam gegenüber den Deputierten[145].

Die ersten Erfolge der Berliner Maschinenbauer ließen aber auch schnell die revolutionäre Stimmung abklingen: »Dieser schnelle Erfolg der zur damaligen Zeit wohl am besten bezahlten Arbeiterschicht, ihre noch während der Wirtschaftskrise vor sich gehende Wiedereingliederung in den Produktionsprozeß unter partiell verbesserten Bedingungen führte gleichzeitig zur allgemeinen ›Beruhigung‹ der Arbeiterschaft im Maschinenbau sowie zu ihrer Absorbierung vom revolutionärpolitischen Geschehen.«[146] Die Aufnahme in die Bürgerwehr bezeugt das Vertrauen, das die neue staatstragende Schicht den Maschinenbauern schon wenige Tage nach der Revolution entgegenbrachte. Als bewaffnete Arbeiter - bald eine Ausnahme nach dem 18. März - schritten sie, angeführt von August Borsig, gegen verbotene Demonstrationen ein und sorgten für Ruhe und Ordnung. Noch 1855 hob das »Osthavelländische Kreis-Blatt« ihr sittlich gehobenes Verhalten während des Revolutionsjahres 1848 hervor: »Daher [wegen ihres geringen, aber immerhin vorhandenen Wohlstandes, d. Verf.] hielten sie sich in der Zeit der Volksbewegung von unüberlegten Handlungen und Ausschweifungen zurück, auch in dem Bewußtsein ihrer Überlegenheit an Masse und physischer Kraft. Dies thaten sie indessen, ohne sich vornehm von dem Stand der Arbeiter zu sondern; sie übernahmen sogar zuweilen die Rolle heldenmüthiger Vermittler, drängten sich waffenlos in gefährliche Conflikte, wobei Einzelne um ihr Leben kamen. In jener Zeit waren sie, wie alle unsere Männer aus dem Volke, zuweilen vorwitzig und anmaßend, aber auch geistig strebsamer und sittlich mehr gehoben als ehemals. Ihre Zahl und körperliche Stärke machte sie gefürchtet und man suchte zur Zeit der Restauration sich mit ihnen zu befreunden. Während die Bürgerwehr nicht selten wie eine Parodie des Militärs erschien, imponirten diese gedrungenen Gestalten mit den bärtigen, gebräunten Gesichtern, wenn sie bewaffnet hinter der dreifarbigen Fahne einherschritten, und man hätte an die Germanen denken können wie sie Tacitus beschreibt, währe das Bärenfell nicht der blauen Blouse und der Speer dem Kuhfuß [Bezeichnung für die Gewehre der Bürgerwehr, an die meist veraltete Waffen ausgegeben waren, d. Verf.] gewichen.«[147]

Obwohl die Borsigschen Maschinenbauer sich schnell beruhigten, nachdem erst einmal ein Teil ihrer Forderungen erfüllt worden war, kam es bei der Einschätzung der Bedeutung des 18. März doch noch zu einem Konflikt zwischen Arbeiter und Unternehmer - allerdings erst zwei Jahre nach der Revolution. Im März 1850 beabsichtigten die Arbeiter der Borsigschen Fabrik, den 18. März in Erinnerung an die Märzgefallenen zum arbeitsfreien Tag zu erklären. August Borsig verwies in einer Bekanntmachung[148] auf die bestehende Fabrikordnung, nach der Urlaub nur von den Werkmeistern einzuholen sei. Diese hatten aber in einer Sitzung am 15. März den Befehl erhalten, keinen Urlaub zu geben. Trotzdem erschienen am 18. März 170 Arbeiter nicht zur Arbeit. Sie alle wurden fristlos entlassen. Am 20. März rechtfertigte Borsig sein Verhalten in einem offenen Brief an die »Vossische Zeitung« und stellte darin in Aussicht, daß eine »ziemliche Anzahl« wieder in die Fabrik eintreten könne[149].

Aber Borsig verbrachte die Revolutionszeit nicht allein damit, als Bürgerwehrmajor für Ruhe und Ordnung zu sorgen, sondern er wußte auch seine wirtschaftspolitische Macht auszubauen. Er hatte sich »durch die Übernahme einer quasi-politischen Funktion im Rahmen der Bürgerwehr eine Position geschaffen, die es ihm ermöglichte, Teile seiner Arbeiterschaft als ›Bürgergardisten‹ zu beschäftigen, sie damit unter Kontrolle zu halten und so gleichzeitig zur Stabilisierung der neuentstandenen politischen Verhältnisse beizutragen. Auf der anderen Seite gelang es Borsig, gestützt auf seine der neuen Regierung dienende Funktion sowie auf die Mitgliedschaft in der Korporation der Kaufmannschaft, bei der in dieser politisch-ökonomischen Krisenzeit wichtigen Vergabe von sogenannten ›öffentlichen Arbeiten‹, sowie bei Krediten ein gewichtiges Wort mitzureden.«[150] Borsig scheint diese Auftragsvergabe und Kreditbeschaffung vor allen Dingen in eigener Sache durchgeführt zu haben. Im August 1848 beklagte sich ein kleinerer Maschinenfabrikbesitzer, daß bei der Beschäftigung mit öffentlichen Arbeiten die großen Fabrikanten, vor allem Borsig und Wöhlert, bevorzugt worden seien, ebenso hätten sie als erste finanzielle Vorschüsse erhalten[151]. Im Februar 1849 unterzeichnete August Borsig mit weiteren Berliner Industriellen eine Petition an die Frankfurter Nationalversammlung, in der die Beibehaltung der Schutzzölle gegen ausländische Eisenfabrikate gefordert wurde. Zur Stärkung des deutschen Gewerbes sollte noch acht bis zehn Jahre der Zolltarif fortbestehen[152]. Für Borsig gab es gute Gründe, diese Petition zu unterzeichnen, zum einen die bevorstehende Fertigstellung seines eigenen Walzwerkes, das im Schutze des Zolltarifes größere Rentabilität versprach, zum anderen der geplante Aufbau eines Hüttenwerkes in Oberschlesien, mit dem er sich von der Monopolstellung der oberschlesischen Hütten und der englischen Konkurrenz lösen wollte. Schon 1847 war er nach Oberschlesien gereist, um sich unter anderem nach geeigneten Kohlefeldern umzusehen.

Während zahlreiche kleinere Maschinenbauanstalten die Wirtschaftskrise nicht überstanden, ging das Borsigsche Unternehmen mit neuen Kapazitäten aus der Revolutionszeit 1848/49 hervor. Einen Teil seiner entlassenen Arbeiter konnte Borsig auf Staatskosten in der Bürgerwehr beschäftigen, einen anderen setzte er beim Aufbau seines Walzwerkes in Moabit ein[153]. Seine »echt vaterländische Gesinnung« als Bürgerwehrmajor fiel wohl nicht nur einem Adeligen in der Provinz auf, der ihn im Jahre 1848 für die vaterländische Aufgabe, Schiffsdampfmaschinen zur Ausrüstung einer preußischen Flotte zu bauen, gewinnen wollte[154]. Durch die politische Entwicklung nach der Revolution hatte Borsig seinen Einflußbereich ausweiten können und nutzte ihn nun zur Beschaffung von Krediten und Bauaufträgen für sein Unternehmen.

Dem wirtschaftlichen Aufschwung, der mit Beginn der fünfziger Jahre einsetzte, waren die Borsigschen Anlagen in jeder Hinsicht gewachsen. Das Walzwerk in Moabit stand im Herbst 1849 zur Produktion bereit[155], das Gelände und die Fabrikanlage der Reparaturwerkstatt der königlichen Seehandlung wurden zum 1. November 1850 erworben, das Werk in der Chausseestraße hatte durch die Ausgliederung der Produktion von stationären Dampfmaschinen genügend Raum für die Herstellung von Lokomotiven, die so gefragt waren, daß sich die Bestelliste in den folgenden Jahren verdoppelte und verdreifachte. Das Wohnhaus in Moabit war von Strack weiter ausgebaut, die repräsentative Parkanlage nach Lennés Plänen erweitert worden.

Mit der Fertigstellung der Kuppel über dem Berliner Schloß 1851 erhielt Borsig, wie schon erwähnt, den Titel eines Kommerzienrates. Zwischen 1853 und 1855 wurden jährlich 80 Lokomotiven abgesetzt, so daß im März 1854 die Firma das Fest der 500. Lokomotive begehen konnte. Zwei Wochen nach dem Fest, am 4. April 1854, nahm August Borsig von dem Grafen Ballestrem die Schürfrechte auf dessen Grubenfeldern Hedwigswunsch, Bertawunsch und Gute Hedwig in Oberschlesien für 25 Jahre in Pacht und erwarb ein Baugelände, das für die Errichtung eines Hochofens bestimmt war. Die Verwirklichung eines industriellen Verbundsystems, das von der Kohleförderung bis zur fertigen Maschine in der Hand eines Unternehmens liegen sollte, erlebte August Borsig nicht mehr. Am 6. Juli 1854 starb er, fünfzigjährig, an den Folgen eines Schlaganfalls[156].

Am 10. Juli 1854 fand die Trauerfeier für den Verstorbenen statt, zu der die Honoratioren der Stadt Berlin zahlreich erschienen waren, unter ihnen Alexander v. Humboldt, Oberbürgermeister Krausnick, der Generaldirektor der königlichen Gärten, Peter Lenné und der Polizeipräsident Hinckeldey.[157] Der Trauerzug begann auf dem Fabrikhof in der Chausseestraße und endete auf dem nicht weit entfernten Dorotheenstädtischen Friedhof. An der Spitze des Zuges schritten über 20 Arbeiterschaften der verschiedenen Eisengießereien und Maschinenbauanstalten Berlins mit ihren Standarten; dem Sarg folgte der Hofgalawagen Seiner Majestät und der Staatswagen des Prinzen Albert. Die »Illustrirte Zeitung«, die am 22. Juli 1854 ausführlich über die Trauerfeier berichtete, zählte 10000 Personen, die dem Sarg folgten, und insgesamt 100000 Teilnehmer sollen in den Straßen der Beisetzung des bedeutendsten Industriellen Berlins beigewohnt haben. In der Nähe der Grabstätte von Karl Friedrich Schinkel und Peter Beuth wurde August Borsig beigesetzt. 1857 fertigte Strack den Entwurf für die Grabstätte [135], die heute noch erhalten ist.

Albert Borsig (1829–1878)

Ausbau der Werke bis zum 25. Firmenjubiläum 1862

Die Aufgaben, die Albert Borsig übernahm, waren durch die weitreichenden Pläne seines Vaters auf Jahre voraus bestimmt [45]. Nach Abschluß der Schulausbildung am Friedrichswerderschen Gymnasium 1848[158] sammelte er praktische und theoretische Kenntnisse in der Formerei, im Ingenieurbüro und im kaufmännischen Kontor. Seit 1850 war er am Aufbau der Werke in Moabit als Kompagnon seines Vaters beteiligt[159]. Als neuer Firmeninhaber baute er zunächst die Grubenanlage in Oberschlesien auf, von denen die Hedwigswunsch-Grube durch Abteufen eines Schachtes als erste 1856 in Betrieb gesetzt wurde. Die Errichtung des Hüttenwerkes folgte erst in den sechziger Jahren. Waren die Lokomotiven bisher hauptsächlich für deutsche Abnehmer gebaut worden[160], so gewann der Auslandsmarkt seit der zweiten Hälfte der fünfziger Jahre zunehmend an Bedeutung.

[45]
August Julius Albert Borsig (1829–1878); Fotografie, um 1870 (Detail)

Wie bereits erwähnt, lag der Absatz zwischen 1853 und 1855 bei 80 Lokomotiven pro Jahr, 1856 waren es schon 119 und 1857 sogar 131 Lokomotiven, die den Erfolg der Lokomotivfabrik fortsetzten[161]. In dieser Zeit der Hochkonjunktur beantragte und erhielt Albert Borsig 1856 die Genehmigung zur Bebauung des neuerworbenen Geländes an der Chausseestraße mit Montagehallen für den Lokomotiv- und Tenderbau. (In welchem Jahr dieses Gelände für eine geplante Erweiterung gekauft wurde, ist nicht mehr feststellbar, es muß aber in den Jahren 1853–56 gewesen sein.) Die Montagehalle für Lokomotiven wurde nun um mehr als das Doppelte verlängert. An der Ecke Elsässer Straße (ehemals Thorstraße) und Neue Straße (seit 1858 Borsigstraße genannt) entstand ein neues Turmgebäude für einen Wasserbehälter. Tenderwerkstatt, Lackiererei, Werkstätten für Wagenfedern und ein Hebewerk für Lokomotiven schlossen in rascher Folge die Bauflucht entlang der Neuen Straße. Damit endete 1858 der Bau von Produktionshallen für mehr als ein Jahrzehnt.

1858 war die 1000. Lokomotive fertiggestellt und gab Anlaß für ein weiteres Firmenfest, das am 21. August begangen wurde[162]. Der ganze Stadtteil Moabit sollte an diesem Fest Anteil haben. Der »Kleine Tiergarten« in Moabit und der Park der Villa glichen einer Tribünenlandschaft, in der nach den Plänen Stracks ein Tempel errichtet war, der die Grabstätte August Borsigs vom Dorotheenstädtischen Friedhof zitierte und wie diese mit einer Büste des Verstorbenen versehen war. Das Festprogramm der Feier begann mit einer Taufrede Albert Borsigs auf dem Werksgelände an der Chausseestraße [123], in der er die kollektive Freude von Fabrikbesitzer und Fabrikarbeiter über das erreichte Produktionsniveau beschwor: »Noch manche sind unter Euch, die vor 17 Jahren mit an der 1sten Lokomotive gearbeitet. Damals brauchtet Ihr ein volles Jahr zu dieser Arbeit. Wie muß Euch, Ihr älteren Arbeiter, wie muß Euch allen, die Ihr hier stehet, das Herz im Leibe lachen, heute, da Ihr der 1.000sten das Geleit gebet... Sehet, meine lieben Freunde und Arbeiter, der heutige Tag und Triumph ist *unser* Werk. Uns gereichet zum Ruhme, was die ›Borussia‹ auf ihrer großen Lebensreise erzählen wird mit feuriger Sprache. Gebet der Scheidenden nun das Geleit und lasset ganz Berlin Zeuge sein Eures Triumphzuges...«[163] Wiederum war der Handelsminister v.d. Heydt erschienen und verlieh diesmal den Werkführern Flöringer und Hermes - stellvertretend für alle - zwei Medaillen. Der Fabrikbesitzer Albert Borsig empfing aus den Händen des Ministers das Patent zum Kommerzienrat[164].

Am Nachmittag begab man sich zu den Volksbelustigungen nach Moabit. Während das »Volk« im Freien an den dargebotenen Spielen teilnahm, nannte Albert Borsig in einer Rede den Tag ein »Fest der preußischen Industrie, ein Fest von wahrhaft culturhistorischer Bedeutung«[165]. Welche kulturellen Leistungen zu fördern die neue Industrie fähig war, hatten die weitläufigen Parkanlagen, die Villa, die Treibhäuser und die Fabrikanlagen dem Berliner Publikum in den vergangenen Jahren hinlänglich gezeigt. Die neuerrichteten Festsäle in Moabit mit ihrer bildhaften und ornamentalen Dekoration waren zudem ein erneuter Beweis dieser Kultiviertheit, für die auch ein Fabrikbesitzer sich empfänglich zeigen konnte [46]. Daß dabei die Produkte seiner Fabriken auch Träger einer neuen Kulturgeschichte waren, die zur Kultivierung der bürgerlichen Geschichte beitragen sollten, zeigte der große Festzug mit dem Titel »Die Wunder des Dampfes« [124], der das Ende des Festtages einleitete. Die dabei gezeigte kulturgeschichtliche Leistung der Industrie, insbesondere die der Dampfkraft, auf ihrem mühsamen Weg, beginnend bei den antiken Göttern bis zur »Borussia«, wird manchen Schaulustigen in Staunen versetzt haben. Die humoristischen Bilder des Festzuges, der sich an einem technikgeschichtlichen Weltbild orientierte, wurden in einer Broschüre mit »schönen Reimlein« erklärt und begleitet. Nachdem der Triumphzug die »Via triumphalis« durch Moabit entlanggerollt und in den Fabrikhof des Walzwerkes zurückgekehrt war, begann die Beleuchtung Moabits, die ein zeitgenössischer Bericht festhielt: Es entzündeten sich »wie auf einen Zauberschlag tausende von bunten Lampen und schwebenden Laternen: zugleich flammten in rotem und grünem Glanz die Schornsteine des Borsigschen Walzwerkes von elektrischen Sonnen beleuchtet auf, ein feenhafter Anblick, ein verkörpertes Märchen aus ›Tausend und einer Nacht‹ ... Wohin das Auge sah, schimmerte, strahlte und leuchtete der ganze Ort wie eine kolossale Weihnachtspyramide, deren Spitze der Schornstein mit seinem elektrischen Lichte bildete.«[166] Neben dieser »Weihnachtspyramide« funkelte auf dem Dach des Walzwerkes das Abbild der 1000. Lokomotive, welche »in flammenden Linien schwebend in der Luft erschien und wie ein neues Sternbild und Symbol des ganzen Festes auf die Zuschauer niederblickte...«[166] und als Siegeszeichen der preußischen Industrie an den Himmel gehängt schien.

Aufgrund des Anstiegs der Lokomotivproduktion von 500 auf 1000 Stück innerhalb von gut vier Jahren hatte auch das Eisenwalzwerk in Moabit seine Kapazitäten ständig erhöhen müssen und war schon 1857 durch Anbauten vergrößert worden. Hierzu hatte Albert Borsig im Juni 1855 ein 13 Morgen großes Gelände von dem Gutsbesitzer

[46]
Innenansicht des großen Festsaales in der Villa Borsig zu Moabit, Aufnahme von 1911

Der Festsaal entstand vermutlich nach 1852, sicher aber vor 1862. Hinter dem dreiachsigen, rundbogigen Raumabschluß befanden sich das Treppenhaus und, wie man in den spiegelnden Glasflächen erkennt, der kleine Festsaal. Der Spiegel der eingewölbten Decke ist in Felder eingeteilt, die mit figürlichen und ornamentalen Malereien versehen sind. Die Wölbung wird von Stichkappen durchbrochen. Die Lünetten und Zwickel tragen Szenen aus der deutschen Sagenwelt und der antiken Mythologie sowie allegorische und ornamentale Bildmotive. Säulen in den Ecken des Raumes trugen Nachgüsse bekannter Plastiken. Die auf einem Sockel stehende Prunkvase verehrten die Beamten und Meister dem Kommerzienrat Albert Borsig 1862 zum fünfundzwanzigjährigen Bestehen der Firma [Tafel VI].

»Bekanntmachungen
Bei dem Königlichen Polizeipräsidenten ist eine Beschwerde darüber eingelaufen, daß die Arbeiter der auf der Oranienburger Chaussee gelegenen Fabriken in den Freistunden Frühstück, Mittag und Vesper durch ihr Verweilen auf den Bürgersteigen nicht allein die ganze Passage hemmen, sondern sogar auch noch die Vorübergehenden, namentlich Frauen, durch ungezähmte Reden beleidigen. Infolgedessen fordere ich sämtliche Arbeiter meiner Fabrik auf, nicht länger auf den Bürgersteigen zu verweilen als nötig ist, namentlich auch sich nicht auf das am gegenüberliegenden Kirchhof befindliche kleine Gartenbukett zu setzen, sondern sich nur im Hofe aufzuhalten. Ich glaube erwarten zu können, daß jeder zur Erhaltung der Ordnung beitragen und sich Unannehmlichkeiten ersparen wird.
Berlin, 2. Juni 1858«

[47]
Das Verlassen des Fabrikgeländes während der Pausen wird verboten

Griebenow und im September eine kleinere Parzelle von über drei Morgen von der Tiergarten-Baumschule erworben [20][167]. Mit diesem Grundstückskauf setzte er die Ankaufspolitik seines Vaters fort. Das Produktionsvolumen des Eisenwerks in Moabit sollte über den eigenen Eisenbedarf hinausgehen, da man erwarten konnte, die Überschußproduktion an andere Berliner Maschinenbauanstalten abzusetzen. Als Kunde kam unter anderem die Preußische Heeresverwaltung in Frage, die man mit Eisenteilen für den Geschützbau belieferte.

In der Chausseestraße war während des umfassenden Ausbaus der Anlage 1844/45 zur Ergänzung eines älteren Kontorgebäudes (an der Chausseestraße) ein weiteres Verwaltungsgebäude entstanden, das in unmittelbarer Nähe der Gießerei lag. Nach dem Erwerb des Geländes bis zur Neuen Straße und der Errichtung neuer Produktionshallen wurde ein Baugesuch, betreffend die Erweiterung des Verwaltungsgebäudes und eine Arkadenhalle entlang der Chausseestraße, genehmigt. Diese Arkadenhalle hatte die Aufgabe, Fabrikhof und öffentlichen Straßenraum zu trennen [47], aber den Blick auf das neue Verwaltungsgebäude und den Uhrturm weiterhin zu ermöglichen. Mit der Errichtung der Arkaden war der Bau der repräsentativen Anlage 1860 zunächst abgeschlossen. 1862 beendete man mit der Aufstellung von zwei Figurengruppen zum Thema »Maschinenbau« [103] und »Lokomotivbau« die Gestaltung der Fabrikansicht entlang der Chausseestraße, die dann bis zum Abriß 1887 nicht mehr verändert wurde. Die neugestaltete Straßenfront zeigt eine Ansicht, die zur Feier des 25. Jubiläums der Firma im Jahre 1862 entstand [Tafel IV].

Obwohl Albert Borsig das Firmenjubiläum mehr als ein Familienfest aller »Borsigianer« denn als ein Fest der kulturhistorischen Leistung der Firma Borsig – wie bei den Lokomotivjubiläen – gefeiert sehen wollte, wurde es dennoch der pompöseste Beitrag zur Selbstdarstellung der Industrie in der Zeit vor der Reichsgründung. Neben Reden, Widmungsadressen und Jubiläumsgeschenken bestimmten insbesondere zwei Festspiele, die eigens für diese Feier verfaßt beziehungsweise umgeschrieben worden waren, die Veranstaltung, und der Fabrikbesitzer wurde an diesem Tage mit dem Roten Adlerorden IV. Klasse dekoriert[168]. In der Widmungsadresse der »Beamten und Meister« an ihren Firmenchef hieß es bezüglich der neuen Verwaltungsbauten, der »äußeren Vollendung haben Sie, hochverehrter Herr! durch den nach Ihren Bestimmungen ausgeführten musterhaften Bau den würdigen Schlußstein gegeben«[169].

Die Leistung des neuen Firmenchefs lag im perfekten Ausbau des industriellen Verbundsystems, zu dem sein Vater noch den Grundstein gelegt hatte. Da das Borsigsche Wirtschaftsimperium in der Hand eines Privatunternehmers und seiner Werkdirektoren lag und von Zulieferfirmen unabhängig war, besaß es beinahe eine Monopolstellung im preußischen Maschinenbau. Unter Albert Borsig wurden sämtliche Fabrikanlagen vergrößert, wurde die Kapazität der Werkstätten erhöht, der Verwaltungsbereich ausgebaut, die Villa umgebaut und das dazugehörige Anwesen erhielt neue Treibhäuser.

Entwicklung des Unternehmens nach 1862

In dem Jahrzehnt, in dem die Bautätigkeit in der Chausseestraße ruhte (1862–1871), wurde der Aufbau des oberschlesischen Hüttenwerkes vorangetrieben. 1863 begann man mit dem Bau einer Hochofenanlage, 1864 entstand ein Schweiß- und Puddelwerk, 1868 ein Dampfhammer-, Stab- und Blechwalzwerk, das die Aufgaben des Moabiter Werkes übernehmen sollte. Die Produktionsverlagerung war notwendig geworden, da zum einen das Werk in Moabit zu hohe Produktionskosten verursachte und zum anderen Gebäude und Anlagen technisch veraltet waren. Im Zuge der Verlagerung wurden 1868 auch 131 Facharbeiter mit ihren Familien nach Oberschlesien in eine neu entstandene Wohnanlage umgesiedelt. Das Moabiter Werk erhielt nun Einrichtungen für die Aufnahme einer Kesselschmiede, die aus der Chausseestraße ausgegliedert wurde; der Abriß der dortigen Kesselschmiede ist für das Jahr 1871 belegt [73]. An ihrer Stelle erweiterte man die Rahmenwerkstatt. Obwohl schon 1850 der stationäre Dampfmaschinenbau in die Kirchstraße und um 1870 der Kesselbau aus dem Produktionszusammenhang der Chausseestraße in das ehemalige Eisenwalzwerk ausgelagert und die freigewordenen Flächen neu genutzt worden waren, hatten sich die räumlichen Kapazitäten der Lokomotivfabrik an der Chausseestraße Mitte der siebziger Jahre erschöpft.

Die seit 1865 arbeitende Hochofenanlage in Oberschlesien wurde 1872 durch die Aufstellung des ersten in Deutschland errichteten Siemens-Martin-Ofens modernisiert. In den Jahren 1870/71 vermehrten sich die Aufträge des preußischen Militärs. An Heer und Marine lieferten die Borsigschen Werke Torpedos und Lafetten für Kanonen, Haubitzen und Mörser[170]. In den Jahren um 1870 war der produktive Höhepunkt der vier Werksanlagen erreicht. Auf der Pariser Weltausstellung 1867 wurde die 2000. Lokomotive »König Wilhelm« vorgeführt und im April 1873 die Lokomotive »Dreitausend« in Gedichten besungen. In den Berliner Werkstätten arbeiteten Anfang der siebziger Jahre 3500, im »Borsigwerk« in Oberschlesien 2500 Beamte, Meister und Arbeiter.

Albert Borsig, am 22. November 1869 zum Geheimen Kommerzienrat ernannt[171], vergrößerte in diesen Jahren noch einmal die Treibhausanlagen seines Wohnsitzes in Moabit und ließ im Garten eine Loggia errichten, für die der Maler Paul Meyerheim einen Zyklus von sieben Gemälden auf Kupferplatten schuf, der – im Innern der Gartenhalle angebracht – den Produktionsprozeß von der Förderung der Kohle bis zur Verschickung der fertigen Lokomotive am Beispiel der Borsigschen Fabriken aufzeichnete [48-51]. In der Mitte dieses Zyklus, der die Metamorphose der Bodenschätze zum Industrieprodukt darstellte, befand sich eine ländliche Erntedankszene, die Albert Borsig vor seinem 1866 erworbenen Gut Behnitz zeigte[172]. 1872 wurde durch Geländekauf die Moabiter Grundstücksfläche verdoppelt [20]. Welche Pläne mit diesem neuen Gelände verbunden waren, läßt sich nicht mehr feststellen, da es bis zum Tode des Unternehmers 1878 unbebaut bliebt. Vielleicht sollte hier ein-

mal ein neues Lokomotivwerk entstehen und die veralteten und nicht mehr erweiterbaren Anlagen der Chausseestraße ersetzen.

Die Gründerzeitkrise und die sinkende Nachfrage nach Industriegütern bewirkten seit Mitte der siebziger Jahre einen Produktionsrückgang. Hiervon waren insbesondere das Berliner Lokomotivwerk und die Dampfkesselfabrik in der Kirchstraße betroffen. Vor allem stockte der Absatz von Lokomotiven, was auf die bevorstehende Verstaatlichung der Eisenbahngesellschaften 1879–84 und die Zusammenlegung einzelner Eisenbahngesellschaften zur Reichsbahn zurückzuführen war. Die Jahresproduktion[173] verringerte sich von 181 Lokomotiven (1874) auf 76 Lokomotiven im Jahre 1878.

Noch 1874 hatte Albert Borsig namhafte Architekten Berlins beauftragt, Entwürfe für ein »Palais Borsig« anzufertigen, das am Wilhelmplatz entstehen sollte. Als Gewinner gingen Richard Lucae und Fritz Wolff aus dem Wettbewerb hervor; sie stellten das Palais bis 1877 im Rohbau fertig. Der ursprüngliche Plan, zusammen mit dem Grafen von Pleß eine einheitliche Eckbebauung am Wilhelmplatz zu erlangen, war schon durch die unterschiedliche Stilwahl der Gebäude frühzeitig vereitelt worden, denn der Graf hatte den französischen Architekten Hippolyte Destailleur beauftragt. Dies führte zu Mißstimmungen zwischen den beiden Bauherren[174]. Als dann der Graf von Pleß in der Voßstraße neben dem Palais Borsig seine Remisen, Pferdeställe und Dienstwohnungen errichten ließ, beschloß Borsig verärgert, auf den inneren Ausbau seines Palais zu verzichten. Auch nach dem Tode Albert Borsigs, am 10. April 1878, änderte sich an diesem Zustand für ein Jahrzehnt nichts. Erst 1887,

als das Nachlaßkuratorium den Verkauf des Gebäudes beschloß, konnte eine Bank den inneren Ausbau für ihre Zwecke vornehmen.

[48–51]
Gemäldezyklus in der Loggia der Villa Borsig von Paul Meyerheim. Drittes Bild »Räderschmiede«; viertes Bild »Erntedankfest« (Albert Borsig vor seinem Gut); fünftes Bild »Der Lokomotivbau«; siebtes Bild »Verladung am Hafen«

Trotz der erfolgreichen Geschäftsführung bis zur Mitte der siebziger Jahre, der umfangreichen Festkultur der Firma und der für Berlin exemplarischen Industriearchitektur der Vorgründerzeit, die die Ära Albert Borsigs kennzeichneten, bleibt sein Porträt im Verhältnis zu dem seines Vaters konturlos. Der Lebenslauf des Vaters, der es vom Breslauer Zimmermann zum reichsten und angesehensten Unternehmer Berlins gebracht hatte, eignete sich weit mehr für die Legendenbildung vom Aufstieg in der frühen Industriegesellschaft, vom Glücksrittertum[175], als der vorgezeichnete Lebenslauf mit festen Aufgaben- und Verantwortungsbereichen des Unternehmersohnes, der dessen Erbe antrat. Der Mythos des Hauses Borsig verband sich mit den Pionierleistungen im Maschinenbau der ersten Jahre, die auch im heutigen Bewußtsein mehr eingeprägt sind als die Versuche, diese technischen Leistungen als Mittel zur Errichtung einer bürgerlichen Zivilisation und Kultur zu feiern. Die ursprünglich erhoffte Verbindung zwischen Industrie und Kultur schien jedoch schon zu Lebzeiten Albert Borsigs im Mäzenatentum zu erstarren. In seinem Nachruf wird dies ausdrücklich beschrieben: Die Förderung von Wissenschaft und Kunst, dieser »letzteren hohe, monumentale Aufgaben zu stellen, waren sonst nur die Kirchen, der Staat, die Fürsten berufen; jetzt ist das tüchtige Bürgertum mit in die Reihe getreten, und die Entstehung einer der vortrefflichen neueren Arbeiten, eines grossen Bilderkreises von Paul Meyerheim in Berlin, verdanken wir – die schönen Baulichkeiten seiner Villa in Moabit und seines Palais im Diplomatenviertel der Hauptstadt nicht gerechnet – dem Kunstsinn Albert Borsig's...«[176]

Nachlaßkuratorium (1878–1894)

Als Borsig im Alter von 49 Jahren an Herzversagen starb, hinterließ er ein Testament[177], das bis zur Volljährigkeit seiner Söhne Arnold (elf Jahre), Ernst (neun Jahre) und Conrad (fünf Jahre) die Verwaltung der Borsigschen Werke in die Hand eines Kuratoriums legte. Damit begann ein Interregnum, das bis zum 24. April 1894 dauerte und nicht zum Vorteil der Borsigschen Werke gearbeitet hat[178]. Das Kuratorium setzte sich zusammen aus dem Geheimen Justizrat Riem, der den Vorsitz hatte, dem Direktor Friedrich Beu, dem das Geschäft in der Chausseestraße unterstand, und dem Direktor Carl Gustav Braetsch vom »Borsigwerk« in Oberschlesien. Diese Zusammensetzung beschwor interne Probleme herauf, da sich der Direktor der Maschinenbauanstalt in der Kirchstraße, Lange, zurückgesetzt fühlte. Erschwerend kam hinzu, daß sich die Werke untereinander unterschiedlich verpflichtet waren; so mußte zum Beispiel die Maschinenbauanstalt sämtliche Eisenprodukte vom »Borsigwerk« beziehen, auch dann, wenn es die gleichen Produkte andernorts günstiger hätte einkaufen können. Schon zu Lebzeiten Albert Borsigs hatte dies zu Reibereien zwischen den Direktoren der Werke geführt, nun kam es innerhalb des Kuratoriums zu gegenseitigen Anschuldigungen. Das Vorgehen des Kuratoriums geriet zunehmend mit dem Interesse der Familie Borsig, vertreten durch Anna Borsig, in Konflikt, die die Leistungsfähigkeit der Werke nicht gewahrt sah. Darüber hinaus entstanden Unstimmigkeiten mit dem machtlosen Teil der unteren Beamtenschaft, die nach dem Tode des »Chefs« in dem patriarchalisch aufgebauten Unternehmen vor einem emotionalen Vakuum stand und sich mit der Familie gegen das Kuratorium verbündete.

Die zunächst von der Frau des Verstorbenen an den Justizrat Riem gegebenen Vollmachten wurden von ihr zurückgenommen, da sich bei der Auslegung des Testamentes unterschiedliche Interpretationen ergaben und Klarheit erst durch Prozesse erreicht werden konnte. Das Nachlaßkuratorium sah seiner Aufgabe dahingehend Genüge getan, »die industriellen Etablissements für die Söhne zu conservieren«[179]. Diese Interpretation bestimmte das Handeln des Kuratoriums bei der Verwaltung der Werke, in die keine Kapitalien mehr investiert, sondern die Gewinne in Diskonten angelegt wurden. Diese füllten die Tresore im Kassengewölbe und riefen den Mißmut der Familie hervor[180]. Als der Direktor Lange 1881 dem Kuratorium mitteilte, er wolle zu seinem 25. Amtsjubiläum die üblichen Gratifikationen nicht aus dessen Hand empfangen und wolle auch von einer offiziellen Feier absehen, war für alle Beschäftigten der Eklat offensichtlich, zumal der Direktor der Kirchstraße sein Jubiläum mit der Familie feierte.

Dem konjunkturellen Rückgang im Lokomotivbau, der sich schon Mitte der siebziger Jahre angedeutet hatte, wurde nichts entgegengesetzt, sondern das vormalig reiche Angebot unterschiedlicher Lokomotivtypen noch reduziert, da der Oberingenieur der Chausseestraße »am liebsten nur Preußische-Normal-Lokomotiven baute und für fremde Lokomotiv-Typen nicht viel übrig hatte«[181]. In den Jahren 1884-87 sank die Lokomotivproduktion denn auch rapide, nämlich von 94 auf 17 Stück, und an allen Fabrikanlagen ruhte die Bautätigkeit. Damit war ein Zustand erreicht, wie er in den 40 Jahren seit Bestehen der Firma noch nie existiert hatte. Der Vorwurf von Anna Borsig, die 1885 die Arbeit des Kuratoriums charakterisierte, schien berechtigt: »Der langsame Marasmus der Werke macht einen vorteilhaften Verkauf täglich schwieriger. Entscheidend ist schließlich die Ansicht des Kuratoriums, welches die Leitung der Fabriken wie eine Verwaltung von Mündelgeld auffaßt und sich infolgedessen zu neuen weitsichtigen Unternehmungen nicht berechtigt hält.«[182] Dies war tatsächlich die Ansicht des Kuratoriums unter dem Vorsitz des Justizrats Riem gewesen, das im Jahre 1886 den Verkauf sämtlicher Werke beabsichtigte: »Bei dem jetzigen hohen Wert der Grundstücke halten wir es für rationell, durch Veräußerung der Grundstükke ein erheblich zinstragendes Kapital zu schaffen.«[183] Diese Verkaufsabsicht bezog sich auf alle vier Werke, betroffen wurde dann allerdings nur das Lokomotivwerk in der Chausseestraße. Mit einem Zirkular vom 1. Juli 1886 gab das Kuratorium bekannt, daß am 1. Oktober 1886 die Fabrik in der Chausseestraße geschlossen werde und man keine weiteren Bestellungen für Lokomotiven mehr annehmen könne. Als daraufhin zahlreiche Kunden das Kuratorium bedrängten, den Lokomotivbau beizubehalten, da die Krise auf dem Lokomotivmarkt absehbar sei, entschloß man sich, den Lokomotivbau im Moabiter Werk bei reduzierter Jahreskapazität wieder aufzunehmen.

Am 27. Juni 1887 wurden die Hauptkasse und das Kontor von der Chausseestraße nach Moabit verlegt. Bis zum September 1887 riß man die Gebäude ab und übergab am 28. September das Gelände der Magdeburger Bau- und Creditbank, die es in den folgenden Jahren mit Mietshäusern bebaute[184]. In den letzten Jahren arbeiteten etwa 300 Beschäftigte in der Lokomotivfabrik. Ein Teil von ihnen wurde entlassen, ein anderer nach Moabit übernommen oder pensioniert[185].

In den Jahren 1888 bis 1893 stieg die Jahresproduktion im Lokomotivbau allmählich wieder an und vom Verkauf der Moabiter Werke konnte Abstand genommen werden. Im Oktober 1893 erklärte das Amtsgericht den jüngsten Sohn Conrad zum 23. April 1894 für volljährig, aber das Kuratorium konnte durchsetzen, daß seine geschäftsmäßige Volljährigkeit um drei Jahre, auf das 24. Lebensjahr, verschoben wurde. Solange wurden die Geschäfte vom Kuratorium und den beiden älteren Söhnen verwaltet. Die Maschinen der Fabrikanlagen waren inzwischen wegen fehlender Investitionen zum größten Teil veraltet und die Organisation entsprach nicht mehr den optimalen Rentabilitätsansprüchen. Die beiden Anstalten in Moabit lagen zu weit auseinander, die Transportwege zwischen den einzelnen Werkstätten waren unzweckmäßig angelegt und die sozia-

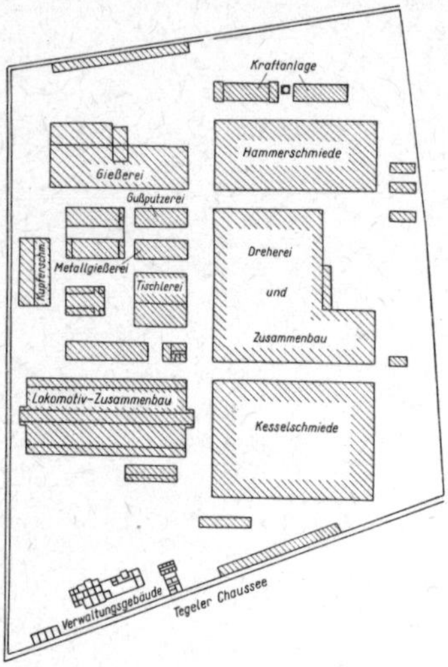

[52]
Bebauung des Fabrikgeländes in Tegel, um 1898

[53]
Ansicht des Fabrikgeländes am Tegeler See; Gemälde, bezeichnet unten links »Bollhagen«, um 1910

[54]
Borsig-Tor; Fotografie, um 1910

len Einrichtungen[186], die man in so großen Betrieben erwartete, entsprachen nicht mehr den Anforderungen.

Neuer Standort in Tegel

Im Jahr der Geschäftsübernahme durch die Söhne Albert Borsigs wurde der Entschluß gefaßt, die Moabiter Werke zu schließen und sich um ein Gelände im nordwestlichen Vorland von Berlin zu bemühen. 1894 erwarb man zunächst ein Grundstück an der Nordbahn in Frohnau.[187] Als sich jedoch ein verkehrsgünstigeres Gelände am Tegeler See anbot, bestimmte man endgültig Tegel als neuen Standort für die Borsigschen Werke. Nach erfolgreich abgeschlossenen Verhandlungen mit verschiedenen Grundstücksbesitzern konnte die Planung für ein einheitliches Grundstück zwischen Tegeler See und Berliner Straße begonnen werden. Den Ablauf der Produktion organisierte ein Oberingenieur, die Architektur der Werkhallen stammte aus dem Architekturbüro Reimer & Körte. Die neuen großen Werkhallen sollten dem Produktionsprozeß entsprechend angeordnet werden [52]: »Alle Lager-, Vorbereitungs- und Zusammenbauwerkstätten waren so angelegt, daß der Gang der Fertigung von West nach Ost verlief. Da der größte Teil der Rohstoffe auf dem Wasserweg herangebracht werden sollte, war eine Hafenanlage mit Kränen und Laufbahnen erbaut worden. Neben einem Hauptgleis sorgten Schmalspurverbindungen dafür, daß das erforderliche Arbeitsgut den einzelnen Fabrikabteilungen bequem und rasch zuging. Die fertigen Maschinen verließen an der Waage am Osttor das Werk und wurden zum Tegeler Bahnhof oder auf der Straße weiterbefördert.«[188] Mit den Bauarbeiten hatte man im Frühjahr 1896 begonnen und im Herbst 1898 wurde die Produktion in Tegel aufgenommen.

Die Architektur der neuen Werkanlage zeigt eine einheitliche Gestaltung der Fassaden, allerdings erlahmen diese in den Konventionen des späthistorischen Industriebaus [53]. Zitate mittelalterlicher Backsteinbauten der Mark Brandenburg wurden schon in den siebziger und achtziger Jahren deutliches Kennzeichen preußischer Produktionsstätten, und dazu trugen auch die Architekten Reimer & Körte bei. Nicht nur die von Zinnen bekrönte Giebelarchitektur der langgestreckten Hallen, auch das zum neuen Wahrzeichen der Firma erhobene Eingangstor zeigt unübersehbare Anlehnungen an die frühen Bauten der AEG von Franz Schwechten, die zwischen 1889 und 1900 entstanden [54]. Zwar konnte man zu den Borsigwerken in Tegel feststellen, »die gesamten Werkstätten waren äußerst geräumig und unterschieden sich damit grundsätzlich von den ersten räumlich ziemlich beschränkten Fabrikanlagen August Borsig's«[189], aber neue gestalterische Ansätze für den modernen Industriebau sucht man in Tegel vergeblich. Selbst, wenn – wie 1914 – große Stahlskeletthallen errichtet werden, bewahrt die Fassade traditionelle Muster. Erst das Verwaltungshochhaus von Eugen Schmohl, von 1922–24 erbaut, setzt in seiner expressionistischen Formensprache einen Akzent in die Tegeler Industrielandschaft, der wieder Aufsehen erregt und verdient.

A.BORSIG.

Die Verwaltung der Werke teilten sich die Söhne Albert Borsigs untereinander. Arnold leitete das »Borsigwerk« in Oberschlesien, wo er schon 1897 bei einem Grubenunglück ums Leben kam[190]. Ernst und Conrad übernahmen das Werk in Tegel und die Verwaltung des Stadtbüros in der Chausseestraße 13, das 1898 ebenfalls nach Entwürfen von Reimer & Körte errichtet worden war.

Wichtigster Produktionszweig wurde auch in Tegel der Lokomotivbau. Während der Geschäftsführung durch das Kuratorium waren noch etwa 900 Lokomotiven gebaut worden. 1894 verkaufte die Lokomotivfabrik in Moabit die 4450. Fabriknummer. Bei Fertigstellung der 5000. Lokomotive[191] 1902 erhielten die Brüder Ernst und Conrad Borsig den Titel des Kommerzienrates, der schon dem Vater und Großvater bei ähnlichen Gelegenheiten verliehen worden war. Kurz vor Beginn des Ersten Weltkrieges feierte das Werk die Fertigstellung der 9000. Lokomotive. 1909 erhielt die Familie den preußischen Adelstitel[192] und sah sich vor die Aufgabe gestellt, dem Heroldsamt ein Wappen vorzulegen.

Ernst und Conrad von Borsig führten gemeinsam bis 1933 die Firma als Familienunternehmen. Die Wirtschaftskrise zwang schon 1932 zur endgültigen Einstellung des Lokomotivbaus.[193] Am 28. April 1933 wurde die A. Borsigsche Maschinenbau Aktiengesellschaft neu gegründet und von der Rheinischen Metallwaren und Maschinenfabrik AG erworben. Anfang 1936 fusionierten die beiden Firmen zur Rheinmetall-Borsig Aktiengesellschaft.[194]

Baugeschichte der Eisengießerei und Maschinenbauanstalt in der Chausseestraße 1 (1837–1887)

Geländebedingungen

Außerhalb der Stadtmauer, an der nördlichen Peripherie, war im Jahre 1804 die Königlich Preußische Eisengießerei zu Berlin gegründet worden. Neben der Fabrikation von Eisenkunstguß wurde es eine ihrer wichtigsten Aufgaben, dem lokalen Maschinenbaugewerbe Gußteile für Maschinen jeglicher Art zu liefern. Damit war der Standort für alle neugegründeten privaten Maschinenbauanstalten in unmittelbarer Nachbarschaft der königlichen Gießerei vorgegeben. Entlang der Chausseestraße, zwischen Oranienburger Tor und der königlichen Eisengießerei in der Invalidenstraße, entstand im zweiten Viertel des 19. Jahrhunderts der größte Teil privater Maschinenbauanstalten. Mit den ersten Gründungen von Eisengießereien durch private Unternehmer verlor die Königliche zunehmend an Bedeutung für den Maschinenbau, aber die Chausseestraße wurde zu einem eigenständigen Begriff für dieses Gewerbe. Wer nach Berlin kam, um Maschinen zu kaufen, ging in die Chausseestraße.

Neben der Eigenschaft, das Angebot für den Käufer an einem Punkt zu versammeln, besaß die Chausseestraße weitere Standortvorteile. Die königliche Eisengießerei hatte ihren Wasserbedarf noch aus der Panke entnehmen müssen. Mit Gründung der Egellsschen Maschinenbauanstalt und Eisengießerei war die Chausseestraße an das in bescheidenem Umfang schon bestehende Wassernetz der Stadt angeschlossen worden. Von dieser Versorgungsleitung profitierten die nachfolgenden Fabriken. Auf dem Aquarell von Carl Eduard Biermann, das die Borsigsche Fabrik im Jahre 1837 darstellt, erkennt man im Vordergrund ein kleines Wasserbassin, das für den Wasserbedarf der Gießerei angelegt worden war und aus der städtischen Leitung gespeist wurde [Tafel I]. In den Jahren 1844, 1845 und 1856 wurden auf dem Borsigschen Gelände vier Wassertürme errichtet, damit der gestiegene Wasserbedarf der Fabrik befriedigt werden konnte [64, 67, 70].

Die Gasleitung der Stadt Berlin erreichte das Gelände erst 1873. Noch im selben Jahr wurde der Bau eines Gasmessergebäudes bei der Baupolizei beantragt [74]. Zur Beleuchtung der Werkstätten hatte August Borsig schon 1845 eine werkseigene Gasanstalt beantragt, die dann im Frühjahr 1846 errichtet wurde [67]. Brennmaterialien wie Holz, Torf und Koks lieferten Pferdefuhrwerke, die von privaten Unternehmen betrieben wurden. An der Unterbaumbrücke wurden die Roheisen aus England und aus Oberschlesien von den Kähnen entladen und mit Pferdefuhrwerken zu den nur zwei Straßenzüge entfernten Eisengießereien transportiert.

Mit der Eisenbahn kam zu Beginn der vierziger Jahre ein neues Transportmittel für den Berliner Maschinenbau hinzu. Nach Fertigstellung der 1839/40 projektierten und 1841 erbauten Stettiner Eisenbahn, die in einem Kopfbahnhof nördlich des Maschinenbaugebietes endete, wurde diesem Gewerbezweig ein Transportmittel erschlossen, das schneller und billiger als die Spreekähne und unabhängig von der Jahreszeit den Gütertransport übernahm. 1840 beabsichtigte August Borsig – wie schon erwähnt [59] –, einen Teil seines Geländes an diese Eisenbahngesellschaft zu veräußern, um mit seiner Fabrik direkten Anschluß an das Eisenbahnnetz zu bekommen. Der Verkauf kam aber nicht zustande und so mußten die schweren Maschinen und Lokomotiven bis zum Jahre 1858 auf Rollwagen, die von Pferden gezogen wurden, durch die Straßen zum Stettiner Bahnhof geschleppt werden [Tafel II]. 1858 entstand in der nordöstlichen Ecke des inzwischen erheblich vergrößerten Borsigschen Grundstücks ein Hebewerk. Da zwischen Chausseestraße und der neuangelegten Straße an der östlichen Grenze ein Niveauunterschied bestand, war dieses Hebewerk notwendig geworden. Von hier aus führte dann ein Gleisanschluß zum Stettiner Bahnhof [55]. Mitte der fünfziger Jahre war das Fabrikgelände von den Straßenzügen Chaussee-, Thorstraße, Neue Straße und Tieckstraße umschlossen. Damit war nicht nur für die Borsigsche Fabrik die letztmögliche Erweiterung erreicht, sondern auch die benachbarte Egellssche Fabrik war von Straßenzügen und von dem sich nach hinten abtreppenden Borsigschen Grundstück gänzlich eingeschlossen. Egells mußte Anfang der fünfziger Jahre den Lokomotivbau einstellen, weil ihm der notwendige Raum für neue Werkstätten fehlte und ihm durch die Borsigsche Expansion Grenzen gesetzt waren. Für Borsig reichte das Gelände noch bis etwa 1870, dann wurden einzelne Fabrikationszweige, wie zum Beispiel der Kesselbau, in das Moabiter Werk verlegt.

[55]
Lokomotivhebewerk der Borsigschen Fabrik; Sepiazeichnung von Franz Pila, 1868

Die bisher unbekannte Zeichnung gibt die Fassade des 1858 zum Fest der 1000. Lokomotive errichteten Hebewerkes wieder. Der Niveauunterschied zwischen der Chausseestraße und der Neuen Straße machte dieses Hebewerk, das einen Höhenunterschied von 2,5 m zu überwinden hatte, notwendig.
Die Ansicht zeigt eine dreiteilige Fassade mit einem hohen rundbogigen Tor, das von einem breiten Putzband eingefaßt wird. Neben der Toreinfahrt und an den Ecken des Gebäudes sind Pilaster aufgelegt. Rechts und links des Torbogens befindet sich ein Medaillon. Die Attikazone betont mit drei hochrechteckigen Schlitzfenstern zwischen Gurt- und Kranzgesims die »Architektur mit gerader Bedeckung«, wie sie von Schinkel in seinem »Architektonischen Lehrbuch« entwickelt worden war.

Bebauung des Geländes

Schon der Kauf eines schmalen Grundstücksstreifens im September 1836, der zeitlich vor dem Kauf des eigentlichen Baugeländes lag, zeigt die Absicht August Borsigs, das Fabrikgrundstück einmal bis an die Chausseestraße zu erweitern [57]. Welche Pläne er mit dem Anschluß an die Chausseestraße verfolgte, blieb zunächst spekulativ. Da das Gelände sich zur »Straße der Maschinenbauer« stark verjüngte und für die Errichtung von Werkstätten kaum geeignet war, ist es denkbar, daß sich hierin bereits der Wunsch ausdrückte, seine Fabrik als erste Maschinenbauanstalt Berlins in der Chausseestraße 1 dem aus Berlin kommenden Besucher, sobald er aus dem Oranienburger Tor trat, zu präsentieren.

Die Thorstraße, damals ein schmaler Straßenzug entlang der Berliner Stadtmauer, hatte wohl kaum die Bekanntheit der Chausseestraße, bot aber dank ihrer großflächigen Obst- und Gärtnereianlagen ausreichend Raum für das entstehende Industriegebiet. Die großen Grundstücke, die Borsig in den ersten Jahren erwarb, sind jedoch kein Beleg für seinen weit vorausschauenden Blick auf die in den nächsten Jahren expandierende Produktion von Industriegütern, denn zunächst war nicht das gesamte Gelände für Fabrikhallen vorgesehen. Der im Jahre 1840 beabsichtigte Verkauf eines größeren Grundstückes an die Berlin-Stettiner Eisenbahngesellschaft läßt vielmehr die Vermutung aufkommen, daß Borsig mit dem rückwärtigen Gelände Spekulationsabsichten verfolgte, um die hohen Kreditkosten für Grundstück und Fabrikbau möglichst schnell zu tilgen. Aufgrund der Erfolge im Lokomotivbau Anfang der vierziger Jahre bestand dann allerdings bald kein Anlaß mehr, Gelände zu veräußern, da eine Erweiterung der Werkstätten, die in den Jahren 1842–45 erfolgte, nun voraussehbar war [63, 64].

Wäre der Grundstücksverkauf im Jahre 1840 zustande gekommen, hätte die Borsigsche Lokomotivfabrik ihren Standort an der Chausseestraße aus Platzmangel bereits Mitte der vierziger Jahre aufgeben müssen, da eine Erweiterung der Gebäude nicht mehr möglich gewesen wäre. Eine Vergrößerung der Anlage nach Westen scheint zunächst auch nur in geringem Rahmen beabsichtigt gewesen zu sein, da das mitten auf dem Gelände errichtete Hüttengebäude Erweiterungen, wie sie nach 1844 stattfanden, im Wege gestanden hätte. Wie die seit 1838 erfolgten Veränderungen, Umbauten, Vergrößerungen und Aufstockungen der Fabrik zeigen, bestand für das Grundstück ohnehin kein vorausschauender Plan.

Die keilähnliche Form des Geländes, dessen Spitze zur Chausseestraße zeigte, führte zu einer Aufteilung, die während der ganzen Baugeschichte das Erscheinungsbild der Fabrik prägte. Repräsentative Bauten entstanden in konzentrierter Form im Hofbereich der Chausseestraße, während sich die weitläufigen Produktionshallen auf dem östlichen Teil des Grundstückes bis zum nächsten Straßenzug vorschoben.

Auf dem im Frühjahr 1837 für die Bebauung verfügbaren Gelände lag die Gießerei mit Formereiwerkstätten und Bohr- und Drehwerkstatt etwa in der Mitte, wobei die westliche Front eine deutliche Hin-

*»Officielle Bekanntmachungen. Der Maschinenbauer Herr Borsig beabsichtigt, auf seinem in der Chaussee-Straße No. 1. gelegenen Grundstücke einen Dampfkessel zu vier Pferde Kraft aufzustellen. Nach Vorschrift der Allerhöchsten Kabinets-Ordres vom 1sten Januar 1831 und 27sten September 1837 und des Regulativs vom 6ten Mai 1838 werden alle Diejenigen, welche durch die beabsichtigte Anlage sich beeinträchtigt glauben, aufgefordert, ihre desfallsigen Einwendungen binnen vier Wochen und spätestens bis zum 25sten Januar 1842 bei dem Polizei-Präsidio anzumelden und zu bescheinigen. Später eingehende Einsprüche können nicht berücksichtigt werden.
Berlin, den 16ten Dezember 1841.
Königliches Polizei-Präsidium.
v. Puttkammer.«*

[56]
Öffentlicher Aufruf, 1841

wendung zur Chausseestraße aufwies. Die Abstände zu den benachbarten Grundstücken der »Neuen Berliner Eisengießerei« von F. A. Egells, zum Wohnhaus und zum noch nicht erworbenen Grundstück von Stooff waren etwa gleich groß. Das quergelagerte Hüttengebäude der Gießerei war bis zum Jahre 1849 allerdings zum Teil von dem alten Stooffschen Wohnhaus verdeckt, nahm aber, polygonal hervortretend, direkten Bezug auf die Blickrichtung, die sich von der Chausseestraße aus zwischen dem Wohngebäude und der Egellsschen Maschinenbauanstalt hindurch ergab [58].

Nachdem Borsig im Dezember 1837 das Gelände Chausseestraße 1 hinzu erworben hatte, konnte er die repräsentativen Bauten an der Chausseestraße in Angriff nehmen. Im Februar des folgenden Jahres beantragte er die Bauerlaubnis für ein Kontorgebäude. Damit war zweierlei erreicht: Zum einen erhielt seine Fabrik den postalischen Anschluß an die »Straße der Maschinenbauer«, zum andern bildete das Kontorgebäude ein Gegenüber zum Oranienburger Tor, stellte sich wie eine »Wand« vor das Grundstück der Egellsschen Fabrik und war Blickpunkt am Anfang der Chausseestraße [131].

Bevor Borsig den Bau einer Villa in Moabit plante, hatte er zunächst die Absicht, ein neues Wohngebäude an der Chausseestraße zu errichten. Sein Vorhaben mag bestimmt worden sein durch den Wunsch, das alte Wohnhaus von Stooff abzureißen, damit der Blick des Straßenpublikums ungehindert auf seine Fabrik fallen konnte. Mit dem repräsentativen Vorhaben in Moabit verwaiste der Plan einer dreiseitigen Funktionsaufteilung des Hofes – Kontor, Fabrik, Fabrikantenwohnhaus. Die Aufwendungen für das Wohnhaus in

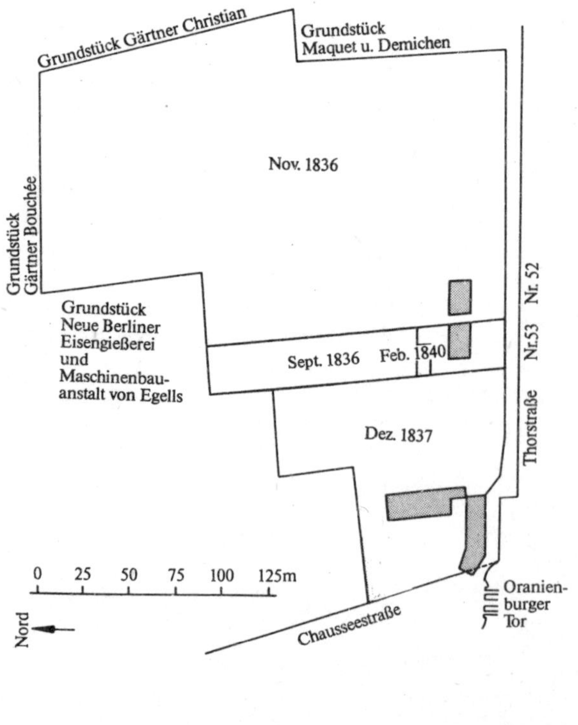

[57]
Parzellenplan der von August Borsig für die Errichtung seiner Eisengießerei und Maschinenbauanstalt in den Jahren 1836 bis 1840 erworbenen Grundstücke an der Thor- und Chausseestraße

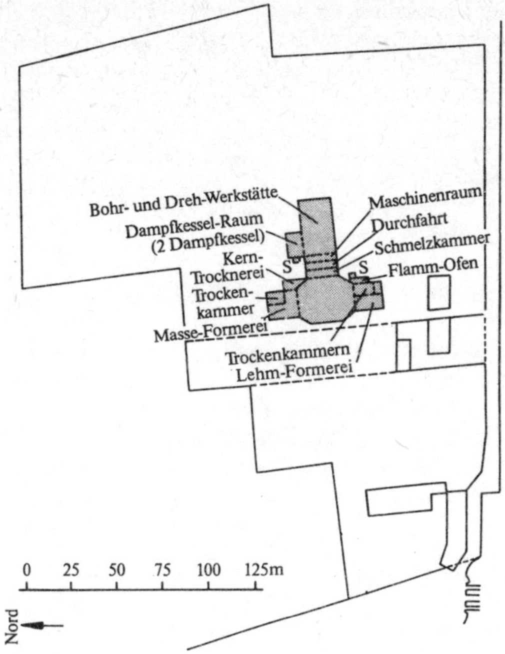

[58]
Baugesuch vom 12. September 1836

»August Borsig überreicht die Pläne zur Errichtung einer Eisengießerei, bestehend aus einem Hüttengebäude mit Masse-Formerei, Lehm-Formerei, Trockenkammern, Kerntrocknerei, 2 Cupolöfen mit Schmelzkammern, Bohr- und Drehwerkstätte, Dampfmaschine mit 2 Dampfkesseln. Als Betriebsdampfmaschine ist eine 12-PS-Maschine nach dem Watt'schen Prinzip vorgesehen. Unterschrieben: A. Borsig; genehmigt am 7. Oktober 1836«.

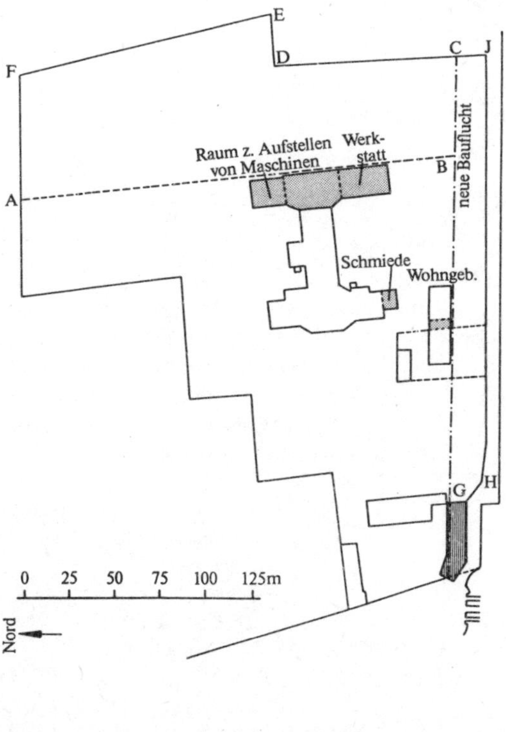

[59]
Baugesuche

1837, 12. Sept.: »Baugesuch betr. Anlage einer Schmiede *mit einem selbstgefertigten Dach aus Eisenkonstruktion, genehmigt am 27. Sept. 1837«;*
1838, 23. Febr.: »Baugesuch betr. Anbau einer Werkstätte *zum* Aufstellen von Maschinen, *Anbau des Wohngebäudes Thorstr. 52. Baugesuch für* Kontorgebäude *fehlt. Genehmigt am 14. März 1838«;*
23. April: »Baugesuch betr. Anbau einer Werkstätte. *Genehmigt am 10. Mai 1838«;*
1839, 3. Mai: »Baugesuch betr. Neubau eines Wohnhauses *Chausseestraße 1. Von der Baupolizei wird dagegen geltend gemacht, dass das Gebäude in der Front auf der eingezeichneten Fluchtlinie liegen muss, wegen der beabsichtigten Verbreiterung der Thorstr., wobei die Veränderung an den Bürgersteigen August Borsig zur Last fallen dürfte. August Borsig sieht daher von diesem Bauvorhaben ab.«;*
1840: »Beabsichtigter Grundstücksverkauf *an die Stettiner Bahn, und zwar: ABCDEF und BGHIC«.*

Moabit ließen ihm nicht genügend Mittel, die unentschiedene Hofsituation an der Chausseestraße in Angriff zu nehmen, und die repräsentative Wirkung der Moabiter Anlage für das gesamte Unternehmen machte Umbauten an der Chausseestraße anscheinend nicht mehr notwendig.

Es ist anzunehmen, daß Borsig selber bis zum Umzuge nach Moabit das Stooffsche Haus nutzte und es danach der Oberwerkführer Hermes bewohnte. Die Jahre 1848 und 1849 brachten für die Ecke Chaussee-/Thorstraße neue Aspekte der Bebauung. In zeitlich enger Abfolge entstanden an der Grundstücksecke entlang der Thorstraße Gebäude für Versorgungs-, Dienst- und Sozialeinrichtungen, deren Bau sich unter anderem aus den sozialen Forderungen der Revolutionsjahre ergab [68].

Nach dem Abriß des Stooffschen Gebäudes kennzeichneten den Fabrikhof, der sich nun unverstellt zur Chausseestraße öffnete, das Verwaltungsgebäude, die Gießerei und der große Speisesaal [121]. Neben dem Speisesaal lag die Wohnung des Oberwerkführers, der nun in Vertretung des Fabrikanten die Aufsicht von der Stelle aus wahrnahm, an der ursprünglich das Fabrikantenwohnhaus errichtet werden sollte (vgl. [59] und [68]). 1858 wurde das alte Verwaltungsgebäude durch ein neues ersetzt, das mit seiner Längsseite die linke Hofseite gänzlich einnahm. Der bisher zur Straße sich öffnende Hof wurde dann zwei Jahre später von der Arkadenhalle begrenzt [72, Tafel IV].

Die ersten produktionsbedingten Vergrößerungen der Werkstätten gingen von der zentralen Gießereihalle mit ihren Nebengebäuden aus. Daneben zeichnete sich seit Beginn der vierziger Jahre eine weitere Bebauungsstrategie ab: Die unregelmäßige Grundstücksgrenze zur Egellsschen Fabrik wurde mit verschiedenen Werkstätten, technischen Anlagen und Schuppen bebaut, die in der Kernanlage keinen Platz mehr fanden, das waren Temper- und Wärmeofen (1840; [60]), Metallgießerei (1841; [61]), Schuppen und Eisenmagazin (1842; [62]), Schuppen (1843; [63]), Schuppen und Wageneinstellplatz (1844; [63]) und Kupferschmiede (1845; [64]). Mit der Errichtung der neuen Montagehalle (1844; [64]) schloß die konsequent durchgeführte Randbebauung des Fabrikgeländes an die bisher freistehende Kernanlage an, so daß zum ersten Mal die Erweiterung der zentralen Grundrißfigur Grundstücksgrenzen erreichte.

Die 1848/49 abgeschlossene Randbebauung verfolgte zwei Absichten: zum einen sollte damit eine deutliche Abgrenzung von den Nachbargrundstücken erreicht werden, was zunächst zur Egellsschen Fabrik notwendig geworden zu sein scheint. Grund hierfür mag gewesen sein, die Belegschaften der Fabriken auseinanderzuhalten, denn die Fluktuation über die »offene Grenze« – und sei es, um nur einmal zu sehen, wie man bei Borsig Lokomotiven baut – hat sicherlich zu Behinderungen der Produktion geführt; zum andern bot die nicht kontrollierbare Grundstücksgrenze entlang der Thorstraße und den benachbarten Gärtnereien reichlich Möglichkeiten, zur Arbeit verspätet zu erscheinen, beziehungsweise sie vorzeitig zu verlassen. Mit der Fertigstellung der Randbebauung 1848 fällt die Einführung der Arbeitermarken zusammen [34, 35], deren Abgabe an den zwei verbliebenen Eingängen vorgesehen war.

Mit den im Jahre 1849 ausgeführten Bauten an der Thorstraße endete die Bautätigkeit auf dem Gelände für mehrere Jahre. Die wirtschaftliche Rezession machte Erweiterungen bis 1852 nicht mehr notwendig. Die Erweiterungsmöglichkeiten des Geländes waren ohnehin erschöpft, wie zwei kleine Bauvorhaben aus dem Jahre 1853 zeigen: eine eingeschossige Aufstockung und die Schließung eines Hofbereichs zwischen zwei parallel liegenden Werkstätten mit einem Glasdach, wodurch Raum für neue Dreh- und Bohrmaschinen geschaffen wurde [68].

Mitte der fünfziger Jahre erfolgten Vergrößerungen des Geländes, die das bisherige Prinzip der Randbebauung beibehielten. Entlang der Thorstraße und der Neuen Straße entstanden Montagehallen für Lokomotiven und Tender und die Lackiererei, die im Jahre 1858 das Gelände an seiner neuen Grenze abschloß. An den Straßenecken markierten ein Wasserturm (1856) und das Hebewerk (1858) die Ausdehnung des neuen Geländeteils. Der hintere, nicht von der Straße einsehbare Hof war bis in die siebziger Jahre einer sich verändernden Nutzung unterworfen, wie sich an Neubauten und produktionsbedingten Abrissen erkennen läßt. Unverändert hingegen blieben seit 1862 der Hof zur Chausseestraße und die Bebauung entlang der Grenze.

Will man die Prinzipien der Bebauung des Geländes zwischen 1837 und 1862 zusammenfassen, so lassen sich konstante Elemente wie auch unterschiedliche Phasen festhalten. In den ersten 25 Jahren wird stets auf die Ausrichtung der Fabrik zur Chausseestraße geachtet. Die schon in der Planung zugrunde gelegte Absicht, das Fabrikgebäude deutlich an diesen Straßenzug anzuschließen, war spätestens mit dem Abriß des Stooffschen Wohnhauses vollzogen. Um den Blick ungehindert auf die schon 1845 erweiterte Gießereihalle und deren vorgelagerten Turm zu lenken, treppten sich die neuen Bauten an der Thorstraße auf der Hofseite zum Eingang hin ab [68]. Damit präsentierte sich die Borsigsche Eisengießerei und Maschinenbauanstalt dem Publikum der Chausseestraße als ein Ensemble aus Verwaltungsgebäude, aus Produktionsstätte und aus Gebäuden für soziale Einrichtungen, die sich um eine langgezogene Hoffläche gruppierten. Diese im Jahre 1849 abgeschlossene panoramaartige Präsentation des Unternehmens steigerte sich in den Jahren um 1860, als sich zwischen Betrachter und Hofanlage die Arkadenhalle zog, die den Blick auf das Fabrikpanorama mit ihren Bogenstellungen kunstvoll einrahmte.

Ebenso durchgängig, wenn auch weniger bedeutend für die Erscheinung der Fabrik, war die Randbebauung, die seit 1842 entstand. Sie hatte im Gegensatz zur Präsentation und Öffnung der Anlage zur Chausseestraße die Funktion des Abschließens, Verbergens und des Fernhaltens unerwünschter Besucher.

Das Gelände hinter der Gießerei bis zur östlichen Grundstücksgrenze war gekennzeichnet durch unterschiedliche Verwendungsinteressen. In den ersten vier Jahren wurde es überhaupt nicht bebaut und mit einem günstigen Verkauf spekuliert. Erst nach 1841/42, als der Aufschwung im Eisenbahnwesen eintrat und Borsig durch die Herstellung von Dampfmaschinen und Lokomotiven reichlich davon profitierte, entstanden hier die ersten großräumigen Montage-

[60]
Baugesuche

1839, 8. Juni: »Baugesuch betr. Anbau des Hüttengebäudes. *Genehmigt am 2. Juli 1839«;*
1840, 8. März: »Baugesuch betr. Anbau einer Schmiede, *einer* Kesselschmiede, *eines* Kesselgebäudes *mit 2 Kesseln und 37 1/2 Ueberdruck/Quadratzoll für eine Dampfmaschine von 4 PS, sowie Aufstellung eines* Temper- und Wärmeofens. *Genehmigt am 3. April 1839«.*

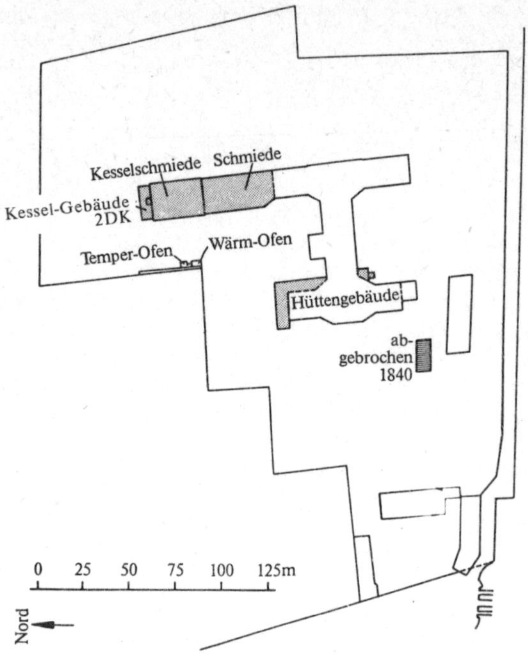

[61]
Baugesuche

1841, 10. Febr.: »Baugesuch betr. Anlage einer Metallgießerei, *einer* Kerntrocknerei *und 3 verschiedener* Trockenkammern *für die Lehmformerei. Genehmigt am 2. März 1841«;*
27. August: »Baugesuch betr. Anlage einer Bohr- und Drehwerkstatt *in 2 Etagen. Genehmigt nach Einspruch wegen Fehlens einer Brandmauer am 7. Oktober 1841«.*

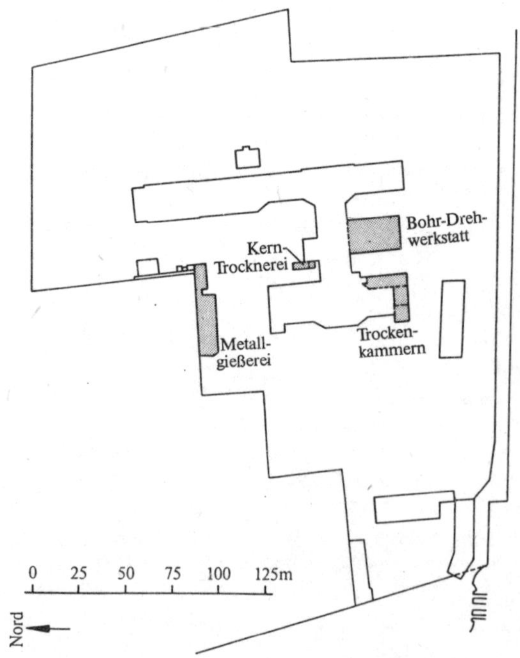

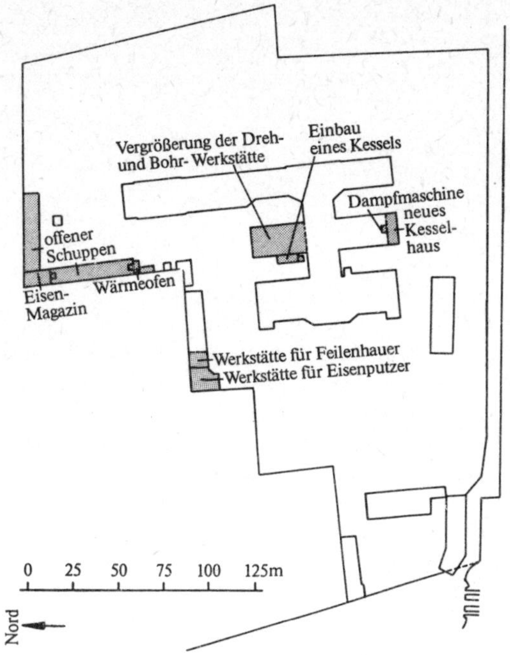

[62]
Baugesuche

1841, 23. Okt.: »Baugesuch betr. Anlage einer Werkstatt für Feilenhauer und Eisenputzer. *Genehmigt am 26. Nov. 1841«;*
24. Nov.: »Baugesuch betr. Aufstellung eines Dampfkessels und eines Dampfkesselgebäudes *2 Atü für 4 PS D.Maschine. Genehmigt am 28. Jan. 1842«;*
1842, 8. Juli: »Baugesuch betr. Anlage eines Schuppens *mit massiver Grenzwand, auf eisernen Säulen ruhenden Asphaltdaches, eines* Eisenmagazins *und eines* Wärmeofens. *Genehmigt am 12. August 1842«;*
1843, Juni: »Baugesuch betr. Vergrößerung der Bohr- und Drehwerkstatt, *Umbau des Kesselgebäudes und des Koksofens. Fortfall des Koksofens,* Einbau eines Kessels *anstelle der früheren zwei Kessel, Anlage eines offenen* Schuppens. *Genehmigt am 23. Juni 1843«.*

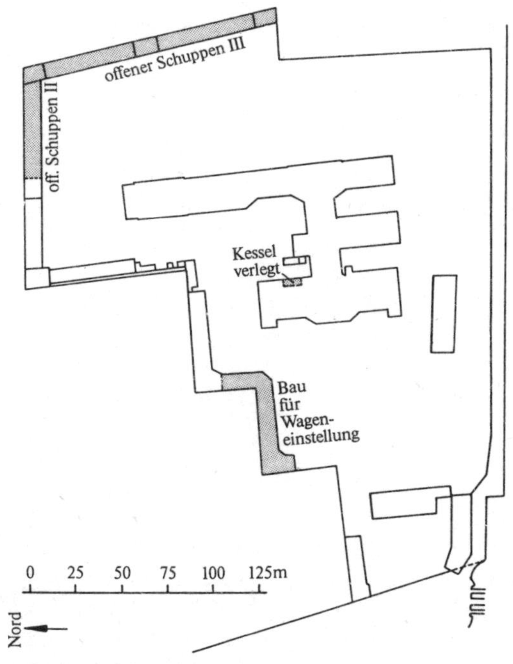

[63]
Baugesuche

1843, 1. Nov.: »Baugesuch betr. Verlängerung des offenen Schuppens *an der Grenze des Gärtners Bouché. Verlegung des* Kessels *[62] nach K.Abnahme des Kessels«;*
1844, 3. April: »Baugesuch betr. Anlage eines offenen Schuppens *an der Grenze des Gärtners Bouché. Genehmigt am 11. Mai 1844«;*
30. April: »Baugesuch betr. Anlage eines Baues für Wageneinstellung *und Bauzwecke. Genehmigt am 4. Juni 1844«.*

hallen. Nach Erweiterung des Geländes bis an die Neue Straße bildete sich ein weiterer Hof – den Blicken des Straßenpublikums weitgehend entzogen –, dessen Bebauung ständig den Erfordernissen der Produktion unterworfen blieb. Während die Bebauung an der Thorstraße und Neuen Straße und die im Hofbereich an der Chausseestraße bis zum endgültigen Abriß unverändert blieb, kennzeichnet die Bebauung hinter der Gießerei bis zur Tenderwerkstatt ein stetiger Prozeß von Veränderungen, der sich in Aufstockungen vorhandener Bauten, im Zusammenlegen von Werkstätten, im Abriß älterer Bausubstanz und im Ausgliedern ganzer Fabrikationszweige ausdrückt. Obwohl die Phasen der Industrialisierung sich hier in einer wechselnden Bebauung zeigen, wird man jedoch auch die Bebauung des hinteren Hofbereiches als ein durchgängiges Prinzip charakterisieren müssen, das bereits in der Unschlüssigkeit über die Verwendung des Geländes von 1842 seinen Anfang nahm. Während die Gebäude des hinteren Hofbereiches auf die Industrialisierung mit einem sich ständig ändernden Raumangebot reagierten und die Architektur diesem Prozeß unterworfen wurde, versuchte Borsig mit der Bebauung an der Peripherie und im Bereich des »Schaufensters« an der Chausseestraße dem Prozeß der Industrialisierung eine architektonische Kontinuität zu geben. Den Bauten im hinteren, umschlossenen Hof wird ein Anspruch auf Architektur rasch genommen.

Grundrißbildung – Grundrißgestalt

Aufbau der ersten Anlage (1837–1843)

Der Situationsplan zum ersten Baugesuch von 1836 [58] zeigt eine T-förmige Grundrißfigur der freistehenden Fabrikanlagen, die eine Gießerei und eine Mechanische Werkstatt enthielten. Den größten Raum beanspruchte ein queroblonges Oktogon für die Gießhalle, an dem sich rechts und links die Formereiwerkstätten von quadratischem Grundriß anlegten. An der östlichen Wand der Gießerei standen zwei Kupolöfen mit dahinterliegenden Schmelzkammern, die bereits aus dem Oktogon der Gießhütte heraustraten. Hier schloß sich ein zweigeschossiger Gebäudeflügel an, bestehend aus einer Tordurchfahrt, einem Maschinenraum und einer Dreh-und Bohrwerkstatt. Im zweiten Geschoß befand sich eine Tischlerei. An der nördlichen Außenwand von Dreh- und Bohrwerkstatt lag das Kesselhaus, neben dem ein Schornstein über quadratischem Grundriß aufragte. Ein zweiter Schornstein von gleichem Grundriß stand an der südlichen Seite dicht neben dem Hüttengebäude und war für einen kleinen Flammofen vorgesehen.

Der T-förmige Grundriß und die apsidial an der Westseite hervortretende Gießhalle sowie die arbeitsorganisatorisch nicht begründbare räumliche Trennung der Masse- und Lehmformerei scheinen nicht von produktionstechnischen Überlegungen ableitbar zu sein. Denn die Trennung der Formereiwerkstätten bedeutete auch eine Trennung der Trockenkammern mit jeweils eigenen Heizvorrichtungen. Die Wahl von zwei gleich großen Arbeitsflächen hätte auf ein gleich hohes Arbeitsaufkommen in den beiden Formereiwerkstätten schließen lassen, aber der Grundriß zeigt eine unterschiedliche Aufteilung der Nutzungsflächen in den quadratischen Anbauten. Die Masseformerei erhielt eine um die Hälfte größere Arbeitsfläche und die zugehörige Kerntrocknerei drängte auf der Rückseite des Gebäudes bereits aus dem vorgegebenen Quadrat hinaus.

Der hinter den Kupolöfen liegende Gebäudeteil nahm mit Schmelzkammern, Durchfahrt und Dampfmaschinenhaus einen fast ebensogroßen quadratischen Grundriß ein. Es scheint, als habe bei der Grundrißkonzeption die Überlegung bestanden, um einen zentral liegenden Achteckraum die angrenzenden Werkstätten und die Energiemaschine zu gruppieren. Denkt man sich diese Grundrißfigur konsequent zu Ende, so hätte die Mechanische Werkstatt an der verbleibenden Seite des länglichen Oktogons sich nach Westen anschließen müssen. Es wäre so eine Grundrißfigur mit zentraler Achteckhalle und vier annähernd gleichen Anbauten entstanden. Die »Fassade« zur Chausseestraße mit apsidialem Mittelteil aber blieb unverbaut und die Mechanische Werkstatt von West nach Ost an den hinteren Anbau angefügt, so daß der im länglichen Achteckraum schon mitgedachte T-förmige Grundriß entstand.

Die Addition zweier Werkstätten zu einer gemeinsamen Grundrißfigur ist aus der Verbindung ästhetischer und produktionstechnischer Überlegungen zu verstehen. Während im Hüttengebäude auf engem Raum möglichst schnell das flüssige Eisen aus den Kupolöfen auf die Formkästen und das Herdbett verteilt und die Arbeit auf ein Zentrum, den Radius des Kranes, bezogen werden mußte[195], kommt die Effektivität der Mechanischen Werkstatt aus den hintereinandergestellten Arbeitsmaschinen. Eine optimale Kraftübertragung durch das Transmissionssystem war hier nur bei einer gradlinigen Arbeitsrichtung gegeben. Der Hütte lag damit eine kreisförmige Arbeitsrichtung, der Mechanischen Werkstatt eine geradlinige zugrunde.

Mit diesem Vorverständnis hätten jedoch zahlreiche Grundrißtypen entwickelt werden können, die bei Fortlassen der Symmetrie eine ebenso hohe wenn nicht gar höhere Effektivität geboten hätten. Denn auffällig ist, daß zwar beide Werkstätten zu einer gemeinsamen Grundrißfigur vereint, aber arbeitsorganisatorisch nicht miteinander verbunden wurden. Zwischen beiden Arbeitseinheiten lagen Dampfmaschinenhaus und Durchfahrt und trennten die Werkstätten. Andererseits war die Dampfmaschine die gemeinsame Kraftanlage beider Werkstätten, da sie sowohl die Arbeitsmaschinen antrieb als auch die Kupolöfen mit Gebläseluft anfachte; von der Durchfahrt getrennt standen die beiden Werkstätten also Rücken an Rücken zu ihrem gemeinsamen Kraftzentrum.

Die eigenwillige Grundrißfigur war trotz ihrer formalen Logik für den Arbeitsablauf unökonomisch, denn einmal mußten die Holzmodelle aus der Tischlerei, die über der Mechanischen Werkstatt lag, zu den Formereiwerkstätten um das Gebäude herum und die fertigen Gußteile zur weiteren Bearbeitung aus der Gießerei in die Mechanische Werkstatt wieder zurücktransportiert werden. Dazu mußten jedesmal die Werkstätten verlassen und die schweren Gußteile auf Rollwagen verladen werden. Was schon bei der Trennung der beiden Formereiwerkstätten nachdenklich stimmte, verstärkt sich bei Betrachtung des gesamten Arbeitsablaufes: Die T-förmige Grundrißfigur für die Eisengießerei und Maschinenbauanstalt war im Jahre 1836 hauptsächlich aus ästhetischen Überlegungen gewählt worden.

In Berlin existierte seit 1819 ein Vorbild für den eigenwilligen Grundriß der Borsigschen Gießerei: die oktogonale Gießhalle mit vier kreuzförmigen Anbauten im Hof der königlichen Eisengießerei vor dem Neuen Tor. Das von dem Hütteninspektor Wedding entworfene Gießhaus war auf einem gleichseitigen Achteck entstanden und bildete mit vier angrenzenden Werkstätten eine kreuzförmige Anlage [104]. Da diesem Gebäude keine Maschinenbauanstalt angeschlossen war, konnte die kreuzförmige Anlage auch bei späteren Erweiterungen beibehalten werden.

Daß sich der Grundriß der Borsigschen Fabrik nicht unmittelbar aus der Produktion eines Gießereibetriebes mit angeschlossener Mechanischer Werkstatt ergab, zeigt schon die Tatsache, daß frühere und spätere Gießereien diesen Grundrißtypus nicht verwendet haben. So setzte sich die »Neue Berliner Eisengießerei« von Egells (gegr. 1821) aus verschieden großen Gebäuden ohne jeglichen Anspruch auf Symmetrie oder benennbare Grundrißfiguren zusammen. Sie entstand entlang der vorgegebenen Grundstücksgrenze. Ebenso läßt sich bei gleichzeitig oder später errichteten Gießereien wie denen von C. G. Freund (1836) und L. Schwartzkopff (1853) Vergleichbares mit der Borsigschen Fabrik nicht feststellen[196].

Was Borsig veranlaßt haben könnte, sich einer Grundrißfigur zu bedienen, die sich unter anderem an den Kirchenbau anlehnte, bleibt offen, vielleicht fühlte er sich seiner gesellschaftlichen Beziehungen zu Berliner Architekten verpflichtet und war in Erinnerung an seine Ausbildung in Breslau bestrebt, nicht nur mit den Produkten, sondern auch mit der Architektur seiner Fabrik Vorbildliches zu leisten.

Die Veränderungen und Erweiterungen im Grundriß während der folgenden Jahre verdeutlichen den Prozeß, den die Industrialisierung an dieser Fabrik vollzog. Obwohl die vorhandenen Grundrißfiguren häufig verändert und durch neue ersetzt wurden, ist der Anspruch, symmetrische Formen zu schaffen, die einem architektonischen Wildwuchs entgegenarbeiten, an der Westseite der Fabrik nie aufgegeben worden. Trotz zwischenzeitlicher Asymmetrie wurde doch immer wieder zur Symmetrie gestrebt, die als ein Ordnungsprinzip die zahlreichen Veränderungen der Fabrik begleiten wird.

Bereits wenige Monate nach Fertigstellung der Fabrik mußte die T-förmige Grundrißfigur durch einen Anbau verändert werden. Im September 1837 ersuchte Borsig um die Genehmigung zum Bau einer Schmiede »mit einem selbstgefertigten Dach aus Eisenkonstruktion«, die in Verlängerung des südlichen Anbaus errichtet werden sollte [59]. Im Jahre 1838 wurden in zwei Baugesuchen vier Bauvorhaben zur Bewilligung vorgelegt. Danach veränderte sich der bisherige Grundriß zur Figur eines H, wobei die neuen Bauten in ihrer Nord-Süd-Richtung noch Rücksicht auf vorhandene Fluchtlinien nahmen. Der im Osten quer vor die Dreh- und Bohrwerkstatt gelagerte Bau nahm Züge aus der Grundrißfigur der Gießereihalle wieder auf. Das mittlere Polygon mit den nach Nord und Süd angeschobenen Flügelbauten erschien hier in reduzierter Form noch einmal. Allerdings trat der mittlere »Raum zum Aufstellen von Maschinen« nur noch im Westen mit polygonal gebrochener Wand über die Flucht der Flügelbauten hinaus; im Osten war er rechteckig begrenzt und von außen nur noch als flacher Risalit in durchlaufender Bauflucht hervorgehoben. In dieser Reduzierung der Ostfassade drückte sich bereits die Absicht aus, das hintere Gelände zu verkaufen.

1840 wurde das Baugesuch für die große Kesselschmiede und Schmiede, die in Verlängerung des »Raums zum Aufstellen von Maschinen« in gleicher Bauflucht errichtet werden sollten, eingereicht [60]. Da man Borsig im August 1840 die Herstellung der Dampfmaschine von 80 PS für die Fontänenanlage in Sanssouci anvertraute, kann man folgern, daß der Dampfmaschinenbau schon in den Jahren zuvor erfolgreich betrieben wurde. Die Kessel für die Dampfmaschinen mußten allerdings noch von anderen Werkstätten bezogen werden, da eine eigene Kesselschmiede bisher fehlte. Die wirtschaftliche Entwicklung Ende der dreißiger und Anfang der vierziger Jahre ließ beim Dampfmaschinenbau auf einen gesicherten Kundenkreis hoffen, und die Vorgespräche über die Kesselanlage für Sanssouci mögen dazu beigetragen haben, daß Borsig im Winter 1839/40 entschied, den Kesselbau in der Chausseestraße aufzunehmen. Als zwei hintereinanderliegende Werkstätten mit eigener Dampfmaschinenanlage entstanden nun Schmiede und Kesselschmiede in nördlicher Verlängerung der Bauflucht. Die Dampfkesselproduktion setz-

[64]
Baugesuche

1844, 9. Juli: »Baugesuch betr. Anlage eines offenen Schuppens *an der Grenze des Grundstücks Maquet und Oemichen mit einem verschliessbaren Raum und einem* Schuppen mit eisernem Dachverband *(beschrieben in Wiebe!!). Genehmigt am 19. Juli 1844«;*
11. Sept.: »Baugesuch betr. Vergrösserung der Kesselschmiede, *Anlage eines* Kesselhauses, *eines* Maschinengebäudes *und eines* Turmes *35 Fs. hoch zwischen den beiden letzteren zur Aufnahme eines Wasserreservoirs. Genehmigt am 4. Okt. 1844«;*
1845, 5. Mai: »Baugesuch betr. Vergrösserung der Kupferschmiede, *Neubau eines* Kontors, *2 Etagen. Genehmigt am 10. Juni 1845«.*

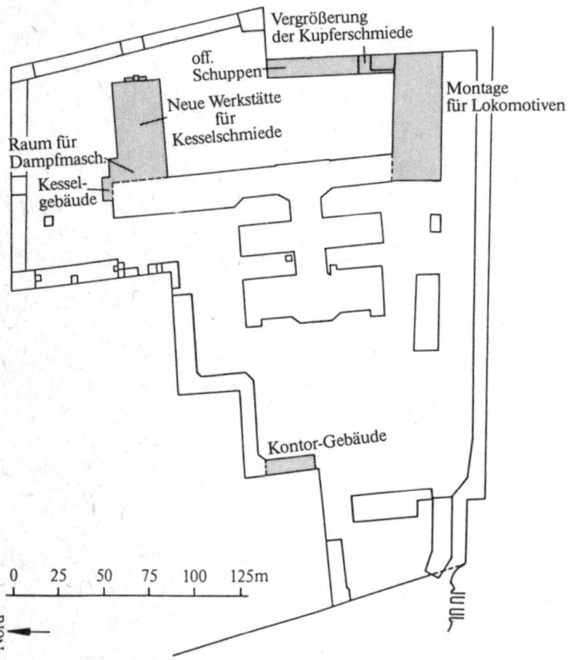

[65]
Bauaufmaß vom Frühjahr 1844

Schnitte durch: Eisengießerei – Dreh- und Bohrwerkstatt – Raum zum Zusammensetzen von Maschinen; alte und neue Dreh- und Bohrwerkstatt, Kesselschmiede, Schmiede

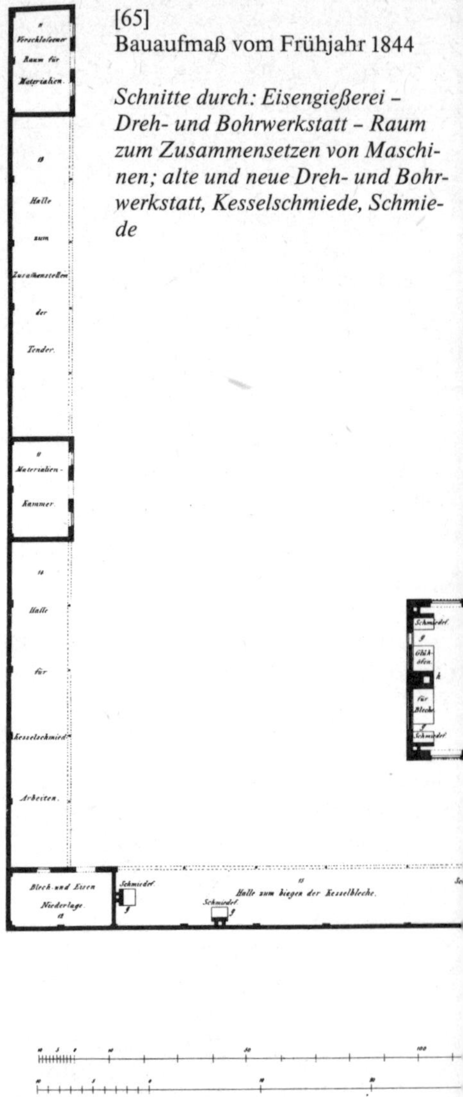

[66]
Bauaufmaß vom Frühjahr 1844, Grundriß

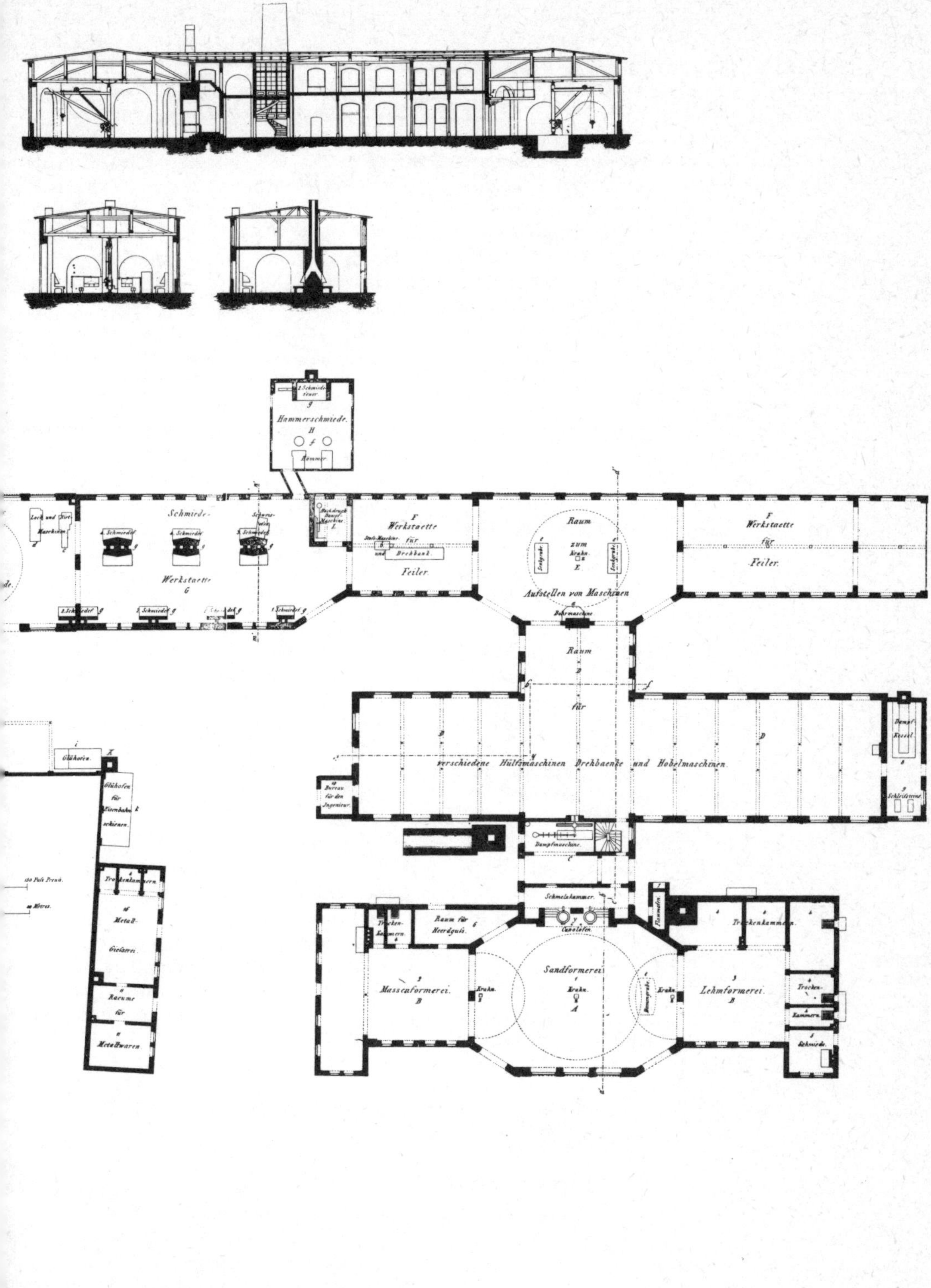
Hammerschmiede.
H
Schmiede-
Werkstatte
G
F
Werkstaette
für
Feiler.
Raum
zum
E
Aufstellen von Maschinen
Raum
D
für
verschiedene Hülfsmaschinen Drehbaenke und Hobelmaschinen.
Bureau für den Ingenieur.
Dampfmaschine.
Schmelzkammer.
Cupoloefen.
Raum für Heerdguss.
Sandformerei.
A
Masseformerei.
B
Lehmformerei.
B
Trockenkammern.
Schmiede.
Glühofen
Metall-Giesserei.
Raeume für Metallwaren

te neue Maßstäbe für die Größe der Gebäude. Zwar schließen sie an der östlichen Längswand noch an die vorgegebene Bauflucht an, aber auf der Westseite wird die Breite der Werkstätten um ein Drittel der bisherigen Werkstattbreite vergrößert.

Mit Errichtung der Neubauten hinter der Mechanischen Werkstatt war eine räumliche Verbindung zwischen Dreh- und Bohrwerkstatt, Feilerei und Maschinenmontage gegeben. Auffällig ist jedoch, daß der Arbeitsprozeß sich nicht eindeutig fortschreitend durch die Gebäude entwickelte, sondern sich auf die zentrale Montagehalle bezog. Im Frühjahr 1841 wurde das Problem der bisherigen Grundrißbildung offensichtlich. Die Vergrößerung der Mechanischen Werkstatt war nur noch möglich, wenn die Außenwand der erst vier Jahre alten Werkstatt zu zwei Dritteln abgerissen wurde und man sie durch einen Seitenflügel erweiterte. Das Baugesuch beschreibt den Durchbruch aus dem alten Gebäude nach Süden und die Absicht, es in dieser Richtung durch eine sechs Joch breite Werkstatt um mehr als das Doppelte zu vergrößern [61]. Das erforderte aber auch den Bau einer neuen Kraftanlage, die nun in Nord-Süd-Richtung installiert werden mußte. Die Antriebsenergie lieferte eine 4-PS-Dampfmaschine, deren Kesselhaus an der schmalen Südseite der neuen Werkstatt angefügt wurde [62]. Damit überkreuzten sich die zwei Antriebssysteme der alten und neuen Werkstatt [80].

Bis auf das Baugesuch zur Errichtung eines Schuppens an der Grenze zur Egellsschen Maschinenbauanstalt wurden bis zum Sommer 1843 keine weiteren Gesuche eingereicht und die Fabrikanlage blieb eineinhalb Jahre von baulichen Veränderungen unberührt. Dieser Baustillstand in der Entwicklung der Borsigschen Fabrik darf allerdings nicht als Hinweis auf ein gleichbleibendes Produktionsniveau verstanden werden, eher verhielt es sich umgekehrt, die gestiegene Produktion und das termingebundene Prestigeprojekt – die Fontänenanlage zu Sanssouci – stellten an die nicht ausreichend geplante Fabrikanlage höchste Ansprüche, Umbauten waren zu diesem Zeitpunkt einfach nicht möglich, da sie die Produktion bei dem vorliegenden Grundriß empfindlich gestört hätten, wie sich an den später folgenden Umbauten zeigen wird.

Erst im Juni 1843 wurde das nächste Baugesuch eingereicht, das nun endlich die Vergrößerung der Mechanischen Werkstatt beschrieb. Diese Erweiterung bedeutete einen tiefen Eingriff in die bestehende Bausubstanz. Jetzt brach man nicht nur die nördliche Umfassungswand der alten Werkstatt auf und verlängerte sie um vier Joche [66], sondern mußte auch das an der ehemaligen Längswand liegende Kesselgebäude, das die Eisengießerei und einen Teil der Mechanischen Werkstatt in Gang setzte, abreißen und um 90 Grad gedreht neben dem Schornstein wieder aufbauen.

Erweiterung der Gießerei und Arbeitsablauf in der Fabrik (1839–1844)

Auch die Räumlichkeiten der Masseformerei reichten schon im Sommer 1839 nicht mehr aus, obwohl ihr von vornherein – im Verhältnis zur kleinen Lehmformerei – eine größere Arbeitsfläche zugestanden worden war. Die Trockenkammern der Masseformerei sollten nun aus der bisherigen Grundrißfigur herausgenommen und als Neubauten hinter dem Seitenflügel an die dort schon vorhandene Kerntrocknerei angeschlossen werden [60]. Die Masseformerei erweiterte man darüber hinaus noch durch einen quer vor den Seitenflügel gelegten Anbau, der zur Chausseestraße als Risalit hervortrat und der nun eine doppelt so große Arbeitsfläche bot. Gleichzeitig riß man den Flammofen am südlichen Anbau ab und richtete ihn neben der Durchfahrt neu auf [60].

Zwei Jahre später wurde das Gießereigebäude erneut vergrößert. Der Situationsplan zu diesem Baugesuch bezeichnet die Erweiterung der Lehmformerei, die man nun in gleicher Weise wie die Masseformerei, nämlich am südlichen Seitenflügel, verlängerte. Die neuen Trockenkammern wurden auch hier aus dem Seitenflügel herausgenommen und als Anbauten um diesen herumgelegt und endeten ebenfalls mit einer aus der Bauflucht hervortretenden Trokkenkammer, die als Risalit in der Fassade erschien. Mit dieser zweiten Erweiterung des Hüttengebäudes war die ursprüngliche, seit 1836 bestehende Intention, eine symmetrische Grundrißfigur zu bekommen, in anderer Form wiedererlangt. Die so entstandene Dreiflügelanlage betonte noch deutlicher als der Vorgängerbau die Präsentation des Hüttengebäudes zur Chausseestraße.

Innerhalb von fünf Jahren hatte die Borsigsche Maschinenbauanstalt und Eisengießerei ihre bebaute Fläche vervierfacht. Die Werkstätten der ersten T-förmigen Anlage, die Formerei und Trokkenkammern hatten ihre Arbeitsfläche verdoppelt, die bebaute Grundfläche und die Anzahl der Arbeitsmaschinen der Mechanischen Werkstatt waren viermal größer als in der Planung von 1836 vorgesehen. Neue Werkstätten waren hinzugekommen. Montagehalle, Feilerei, Schmiede, Kesselschmiede und Metallgießerei vervollständigten das Produktionsprogramm und verschafften der Borsigschen Fabrik zunehmend Unabhängigkeit von Zulieferfirmen. Trotz zehnjähriger Erfahrung in der bedeutendsten privaten Gießerei Berlins plante August Borsig seine erste Fabrik zu klein, dabei reichte seine Gießerei in ihrem ersten Umfang annähernd an die der königlichen Eisengießerei heran. Trotz seiner Erfahrung begann er – im nachhinein betrachtet – eher zaghaft mit dem Aufbau seiner Fabrik. Die Entwicklung der Industrialisierung nach Gründung des Zollvereins (1834) hatte er in diesem Ausmaß wohl nicht vorhergesehen. War für den ersten Entwurf noch die Vereinheitlichung von zwei unterschiedlichen Werkstätten zu einer Grundrißfigur kennzeichnend, so verfestigte sich bei der weiteren Planung die schon im ersten Entwurf angelegte Unterscheidung zwischen einer der Chausseestraße zugewandten Fassade und einer dahinterliegenden Werkstattanlage. Die Betonung der Gießerei durch den Ausbau zu einer Dreiflügelanlage mit Seitenrisaliten wurde derart konsequent verfolgt, daß man zugehörige Werkstätten wie Eisenputzerei und Metallgießerei [61, 62] nicht an die zentrale Grundrißfigur anschloß, sondern sie in der Nähe der Gießerei in die Randbebauung eingliederte. Bei den hinter dem Gießereigebäude liegenden Werkstätten machte sich bereits eine größere Mobilität bemerkbar. Bei der ersten Erweiterung der T-förmigen Anlage durch Montagehalle und Feilerei wurde versucht, den neuen Anforderungen mit einer erweiterten Grundrißfigur zu antworten, die sich aus den vorhandenen Bauten ergab und zu diesen in Beziehung trat. Aber schon durch den Bau der Kesselschmiede und erst recht bei dem radikalen Eingriff in die erst vier Jahre alte Mechanische Werkstatt zeigte sich die Dynamik der Produktion, die die ursprüngliche Grundrißfigur sprengte. Als Orientierung für die weitere Entwicklung erlangte nun die Mittelachse der Anlage Bedeutung, von der ausgehend die Erweiterungsbauten rechts und links angelegt wurden.

Im Frühjahr 1844 besuchten die Redakteure der »Allgemeinen Bauzeitung« die »Eisengießerei und Maschinenfabrik des Herrn Borsig in Berlin«, um sie in einem ausführlichen Artikel vorzustellen. Die hierfür angefertigten Bauzeichnungen bestätigen – ausgenommen zwei unbedeutendere Anbauten – die Situationspläne [66]. Der Grundriß zeigt uns das Hüttengebäude mit Sandformerei und Dammgrube für den Guß schwerer Maschinenteile (A) und den dazugehörigen Raum für den Herdguß. Rechts und links liegen die Masseformerei (B) und die Lehmformerei (C) für den Fein- und Kunstguß, der allerdings nur in den ersten Jahren eine größere Rolle spielte [6]. An die Lehmformerei schlossen sich die fünf Trockenkammern an, die aufgrund des langwierigen Trockenprozesses der Lehmmodelle, die hart gebrannt werden mußten, zahlreicher waren als in der Masseformerei, wo ein Durchtrocknen der Modelle für den Guß genügte. Die im Seitenflügel der Lehmformerei untergebrachte Schmiede war Reparaturwerkstatt für Werkzeuge der Hütte (Setzkästen, Zangen, Gabelpfannen und Formereiwerkzeug). In der Hütte sind die Arbeitsradien von drei Kränen eingezeichnet. Der zentrale Kran empfing das flüssige Eisen aus den Kupolöfen, die an der Ostseite der Halle standen, und verteilte es auf die Formkästen für große Gußteile. Zwei kleinere Kräne mit halbkreisförmigem Arbeitsradius versorgten die übrigen Formkästen, die von dem Radius des großen Kranes nicht erreicht wurden.

Neben den beiden Kupolöfen führten rechts und links Treppen zu Schmelzkammern. Hinter der Durchfahrt lagen die Dampfmaschine und das Treppenhaus mit einer Wendeltreppe, die sowohl zur Tischlerei im zweiten Geschoß über der Mechanischen Werkstatt wie auch zur Gichtbühne der Kupolöfen führte. Über diesen mühsamen Weg wurden die Öfen mit Kohle, Koks und Roheisen beschickt. Der Schnitt durch das Gebäude [65, abcd] gibt eine Vorstellung vom Transportweg, der die Wendeltreppe hinauf, über die Tordurchfahrt hinweg und eine weitere Treppe hinauf zu den Gichtbühnen führte, die unterhalb der aus dem Dach herausragenden Essen lagen. Im Grundriß der Dreherei [66, D] läßt sich die alte zweischiffige Dreh- und Bohrwerkstatt deutlich von den neueren sechs- beziehungsweise vierachsigen Anbauten mit schmalen Jochen unterscheiden.

Keine Erwähnung auf den Situationsplänen zu den Baugesuchen fand ein kleines Büro für den Ingenieur, das an der nordöstlichen Schmalseite des Drehereianbaus von 1843 angebaut wurde und hier zum ersten Mal erscheint.

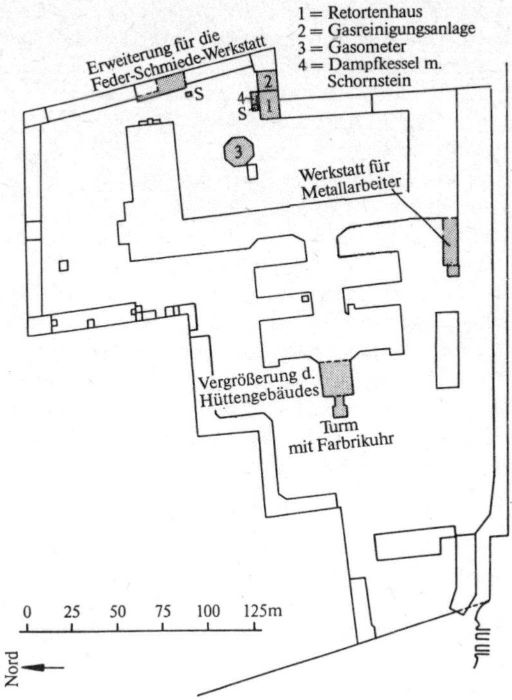

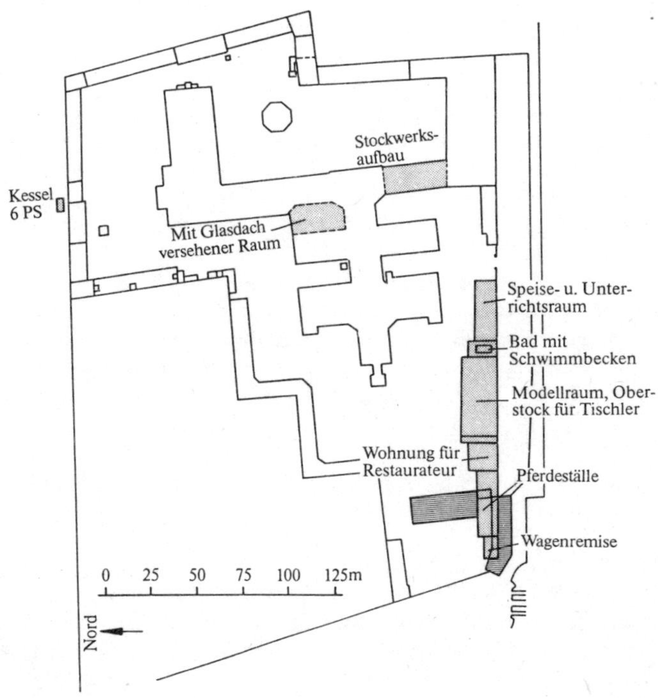

[67]
Baugesuche

1845, 13. Juli: »Baugesuch betr. Vergrösserung des Hüttengebäudes *mit* Turm *3 Etagen hoch, mit Uhr, zur Aufnahme eines Wasserreservoirs, Neubau einer* Werkstatt für Metallarbeiter, *Erweiterung der* Federschmiede. *Genehmigt am 19. August 1845«;*
27. Sept.: »Baugesuch betr. Anlage einer Gasanstalt. *August Borsig ersucht um recht baldige Bauerlaubnis ›da mir noch in diesem Winter die Benutzung des Gaslichts wünschenswert ist‹. Nachdem noch einige Zeichnungen nachgebracht werden müssen und die Baupolizei die Einhaltung bestimmter Forderungen hinsichtlich Gasverwendung, Aufstellung des Gasometers, Kühlung u. Reinigung der Gase usw. vorgeschrieben hat, wurde Bauerlaubnis am 31. März 1846 erteilt. (Off. Anzeiger 27. Febr. 1846)«.*

[68]
Baugesuche

1848, 13. Juni: »Baugesuch betr. Bau eines Gebäudes: Speise- und Unterrichtsraum, Bad *mit* Schwimmbecken, Modellraum *und* Tischlereiwerkstätte *und* Wohnung *für den Restaurateur. Genehmigt am 26. Juni 1848« (die Bezeichnungen in dem Plan für Speiseraum und Modellraum sind verwechselt worden, d. Verf.);*
1849, 6. Jan.: »Baugesuch betr. Anlage eines Kessels *auf dem neuen Grundstück, das über die später angelegte Tieckstrasse bis zur Gartenstrasse reichte. Genehmigt am 16. März 1849«;*
24. Okt.: »Baugesuch betr. Anlage eines Stallgebäudes *mit* Wagenremise. *Genehmigt am 19. November 1849«;*
1853, 14. März: »Baugesuch betr. Stockwerksaufbau. *Genehmigt am 1. April 1853«;*
23. Juni: »Baugesuch betr. einen mit Glasdach versehenen Raum. *Genehmigt 7. Juli 1853«.*

Der »Raum zum Aufstellen von Maschinen« zeigt im Grundriß eine ähnliche Aufteilung, wie derjenige der Gießerei. In seinem Zentrum steht auch hier wieder ein Kran, dessen Radius den Arbeitsbereich der Senkgruben übergreift. Ähnlich wie bei der Gießerei schließen sich an den Seiten gleich breite Werkstätten für zwei Feilereien und die alte Dreh- und Bohrwerkstatt an. Entgegen späteren, für die Massenproduktion konzipierten Grundrissen lag der Borsigschen Fabrik um 1840 noch eine auf die Einzelanfertigung ausgerichtete Raumaufteilung zugrunde. Aus den verschiedenen Werkstätten wurden die Einzelteile zu einem Zentrum transportiert, wo dann die *eine* Lokomotive, die *eine* Dampfmaschine oder die *eine* Wasserpumpe erstellt, bearbeitet oder repariert wurde. Erst nach Fertigstellung der einen Maschine begann man mit der nächsten. Somit war auch für den Bereich der Maschinenmontage die Zentrierung – wie schon für die Gießerei – durchaus angebracht. Lediglich die Arbeitsrichtung war eine andere: Während bei dem Hüttengebäude im Zentrum der Kran stand, um das flüssige Eisen kreisförmig zu verteilen, wurden in der Maschinenmontage die Teile vom Kreis in die Mitte transportiert.

Neben der kleineren Werkstatt für Feiler öffnete sich nach Norden die Schmiedewerkstatt mit insgesamt 16 Schmiedefeuern [81]. Daran schloß sich die Kesselschmiede mit einem zentral stehenden Kran und einer Loch- und Nietmaschine an. Die Winde für die zahlreichen Feuerstellen erzeugte eine Hochdruckdampfmaschine, die wohl auch die Stoßmaschine und Drehbank in der kleineren Feilerei und die beiden Fallhämmer in der eigens eingerichteten Hammerschmiede antrieb. Die Hammerschmiede (erbaut 1841 ?) war das erste Gebäude auf dem noch 1840 zum Verkauf vorgesehenen Gelände. Sie scheint jedoch schon bald wieder abgerissen worden zu sein (vgl. [61] zu [62]).

Neben detaillierten Angaben zum Grundriß bietet sich die Bauaufnahme der »Allgemeinen Bauzeitung« dazu an, den Ablauf der Produktion zu verfolgen, um Rückschlüsse auf die Grundrißfigur, beziehungsweise auf die gesamte Fabrikanlage zu ziehen. Aus der Tischlerei über der Mechanischen Werkstatt wurden die fertigen Holzmodelle in das Gießereigebäude gebracht und dort in der Lehm-, Sand- oder Masseformerei eingeformt, um in den Trockenkammern gebrannt zu werden. Für den Guß wurden die fertigen Formkästen in dem achteckigen Hüttengebäude aufgestellt. Für einfache Gußteile, die direkt im ebenerdigen Formbett der Hütte gegossen werden konnten, zum Beispiel gußeiserne Platten, war der Raum für den Herdguß vorgesehen. War das Gußeisen erkaltet, wurden die Gußteile über den Hof in die Eisenputzerei transportiert. Dieses Gebäude war 1841 an der Grenze zur Egellsschen Fabrik entstanden und befand sich damit außerhalb der zentralen Anlage[197]. Ebenfalls außerhalb der Gießereianlage lag die Metallgießerei für den Guß von Messing- und Kupferteilen. Sämtliche Gußwaren mußten dann in die Dreh- und Bohrwerkstatt befördert werden, in der sie abgedreht, gefräst oder durchbohrt wurden. An der nördlichen Schmalseite, neben dem Büro für den Ingenieur, befand sich der Eingang für die zu bearbeitenden Gußteile, die dann auf die Arbeitsmaschinen verteilt wurden.

Der südliche Anbau an die alte Dreh- und Bohrwerkstatt bildete eine Sackgasse, aus der die bearbeiteten Teile wieder zurück in die zweischiffige alte Dreh- und Bohrwerkstatt transportiert werden mußten. Von hier aus gelangten sie in die Montagehalle. Einige Teile blieben hier bis zur Endmontage, andere mußten erst noch durch die Montagehalle hindurch in die südlich gelegene Feilerei und von dort wieder zurück. Waren Schmiedearbeiten wiederholt notwendig, mußten die Teile noch einmal über den Hof zur schräg gegenüberliegenden Schmiedewerkstatt, um dann endgültig in der Montagehalle verwendet zu werden.

Schon bei der Beschreibung des Arbeitsablaufes bemerkt man, wie unrationell der ständig erweiterte Grundriß der Borsigschen Fabrik für die veränderte Produktion geworden und daß er keineswegs aus den Forderungen der Produktion selbst entstanden war. Er folgte vielmehr einer Rationalität, die mit einer annähernd symmetrischen Grundrißfigur ein Raummodell anwenden zu können glaubte, das auch für die Industrie und ihre Erfordernisse taugte. Wie zweckmäßig der Grundriß einer Maschinenfabrik schon im Jahre 1846 geplant sein konnte, zeigt das Beispiel der Maschinenfabrik in Esslingen [69]. Als Aktienfirma war diese auf dem »platten Land« erbaut und für die Massenproduktion von Lokomotiven und Waggons eingerichtet worden. Ihr Grundriß setzte sich aus annähernd gleich großen rechteckigen Werkstätten zusammen. Die Gießerei lag in der Mitte zwischen Lokomotivbau auf der einen und Waggonbau auf der anderen Seite. Das »fließbandähnliche« Produzieren in den hintereinandergeschalteten Werkstätten reflektierte die bereits Mitte der vierziger Jahre absehbare Massenproduktion im Lokomotivbau, die bei der Planung der Borsigschen Fabrik im Jahre 1836 noch keine Rolle spielen konnte. Im Jahre 1844 begann die Borsigsche Maschinenbauanstalt auf die veränderte Marktlage zu reagieren und Vorkehrungen für die Massenproduktion zu treffen.

Umstellung auf Massenproduktion (1844–1847)

Im selben Jahre, als der Artikel in der »Allgemeinen Bauzeitung« über die Maschinenfabrik von Borsig erschien, fand in Berlin die Gewerbeausstellung im Zeughaus statt. Borsig war dort unter anderem mit einer Lokomotive aus der Serie »Beuth« vertreten. In den vergangenen Jahren hatte die Lokomotivbauabteilung acht bis zehn Maschinen jährlich verkaufen können, nach Beendigung der Gewerbeausstellung waren, wie bereits erwähnt, 60 Vorbestellungen für Lokomotiven bei der Firma Borsig verzeichnet. Als sich im Sommer die Vorbestellungen häuften, wurden Baugesuche eingereicht, die den Schritt der Fabrik zur Massenproduktion im Grundriß nachvollziehbar machen. Im Juni 1844 wurde die Errichtung eines Lokomotivschuppens mit eisernem Dachverband bei der Baupolizei beantragt und schon zehn Tage später bewilligt. Im September 1844 reichte Borsig ein Baugesuch für die Vergrößerung der Kesselschmiede mit Dampfmaschine und Kesselhaus nach. Neben der alten Kesselschmiede sollte ein zehn Meter hoher Turm zur Aufnahme eines Wasserreservoirs entstehen [64].

Die alte Montagehalle mit ihrer Zentrumsbezogenheit war noch an den handwerklichen Traditionen der Einzelanfertigung orientiert. Die Dynamik der wirtschaftlichen Entwicklung mit der unvorhergesehenen Auftragslage veränderte nicht nur die Formen der Produktion, sondern auch deren Organisation auf dem bisherigen Grundriß. Als unzweckmäßig für den Produktionsablauf, ja geradezu als Umweg muß sich die Lage der Feilerei im südlichen Flügel neben der Montagehalle erwiesen haben, wie sie bis zum Sommer 1844 bestand. Bei den vielen Aufträgen zu Beginn der vierziger Jahre muß der Transport zwischen Drehsaal und Feilerei die Montagearbeiten erheblich behindert haben.

Die Erweiterung der Anlage 1844 knüpfte folgerichtig an diesem Punkt der bisherigen Raumplanung an und vergrößerte die alte Montagehalle nicht nach Osten, sondern schuf ein völlig neues Gebäude am südlichen Rand des Geländes. Die Feilerei wurde damit zum letzten Durchgangsraum vor dem endgültigen Zusammensetzen der Teile. Als größte Produktionshalle vereinte sie die zwei bisher entwickelten Vorstellungen bei der Bebauung des Geländes: Einerseits schloß sie sich noch an die Grundrißfigur der zentralen Anlage an, andererseits setzte sie die Randbebauung des Grundrisses fort. Die westliche Schmalseite wurde in Verlängerung der vorhandenen Fluchtlinie der Feilerei errichtet und endete in einem stumpfen Winkel an der Thorstraße. Es scheint, als habe man hier eine Entsprechung zur gegenüberliegenden Fassade von Schmiedewerkstatt und Kesselschmiede gesucht. So erscheinen die beiden Stirnseiten von Kesselschmiede und Montagehalle als zwei die Gießerei flankierende Fassaden. Damit war eine Entsprechung zu den kleineren Seitenflügeln der Gießerei und deren Risaliten geschaffen worden.

Blickte man nun von der Terrasse des Kontorgebäudes an der Chausseestraße auf die Gesamtanlage herab, so befand man sich in der Achse einer symmetrisch angelegten Bebauung (vgl. [Tafel V]). Sowohl die Eisengießerei, die Erweiterungen der Dreh- und Bohrwerkstatt, die Feilerei und die Schmiede wie auch die Hallen für den Kesselbau und die Lokomotivmontage waren rechts und links von der Mittelachse als sich entsprechende Anbauten errichtet worden. Der Dreiflügelanlage der Gießerei entsprach die erheblich größere des hinteren Hofbereiches. Der Zuwachs an Produktivität spiegelte sich nicht nur in der großflächigen Bebauung des östlichen Geländeteils, sondern vor allem in der Wiederholung der gleichen Gestaltungsprinzipien in nun größerem Maßstab wider. Die Produktionssteigerung der Borsigschen Fabrik fand in der Verdoppelung der Grundrißfigur ihren sinnbildlichen Ausdruck.

Für die Veranschaulichung der Produktivitätssteigerung und ihrer Dynamik besaß das keilförmige Grundstück unerwartete Vorteile. Seine Form bot die Möglichkeit, durch Verlängerung und Verbreiterung der Hallen auf dem nach hinten sich verbreiternden Gelände den Schritt in die Massenproduktion zu vollziehen und dabei den Standort an der Chausseestraße beizubehalten. Von der noch im Zentrum dreier Werkstätten gelegenen alten, der Einzelanfertigung noch verpflichteten Montagehalle rückte man im Jahre 1844 ab und entwickelte eine langgestreckte Produktionshalle. Der überschaubare architektonische Rahmen, der sich trotz zahlreicher Erweiterungen immer wieder an der Symmetrie orientierte, wurde auch von den Zeitgenossen bemerkt und beschrieben. Den Rhythmus der Raumabfolge bezeichnete der Verfasser eines Berichtes in der »Illustrirten Zeitung« aus dem Jahre 1848 als ein planmäßiges Vorwärtsschreiten der Produktion, das in der Montagehalle gipfele: Wir »treten über den Hof in die Hauptfabrikanlagen selbst, welche ungefähr in Kreuzesform gebaut sind, und zwar so, daß der obere Theil des Längenbalkens die Eisengießerei einnimmt, der Querbalken jedoch doppelt vorhanden ist und einmal aus dem Drehsaale, dann aus dem Schmiede- und dem Feilsaale besteht, an welchen letztern sich rechts das Zusammensetzungshaus für Locomotiven und Tender

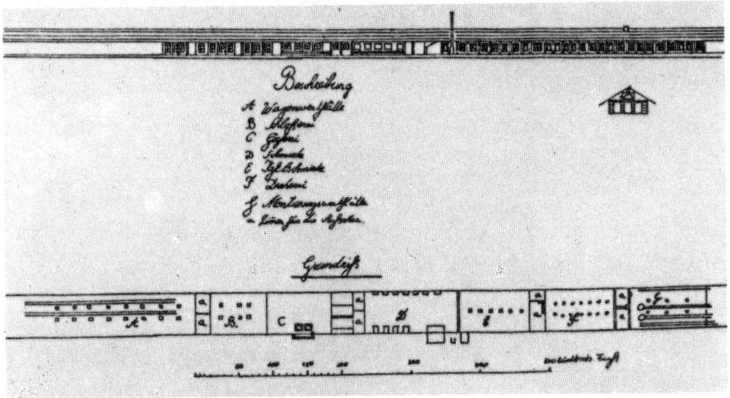

[69]
Ansicht und Grundriß der 1846 gegründeten Maschinenfabrik Esslingen bei Karlsruhe

Der Grundriß dieser Fabrik setzte sich aus nahezu gleichgroßen rechteckigen Werkstätten zusammen. In der Mitte lag die Gießerei (C). Nach rechts schlossen sich die Räume für die Schmiede (D) und Kesselschmiede (E) an. Das »fließbandartige« Produzieren wurde fortgesetzt in den Werkstätten der Dreherei (F) und schließlich der Lokomotivmontage (G). Auf der anderen Seite der Gießerei lag die Wagenwerkstatt, so daß sich zu beiden Seiten der Gießerei die weiterverarbeitenden Betriebe (Waggonbau und Lokomotivbau) entwickelten. Die »Längen-Ansicht« bestätigt im Fassadenbild die Reihung der Werkstätten.

anschließt, von dessen Größe man sich einen ungefähren Begriff machen kann, wenn man bedenkt, daß zu gleicher Zeit 20 Locomotiven nebst den dazu gehörigen Tendern darin aufgestellt werden können.«[198]

1845 lieferte die Borsigsche Maschinenbauanstalt 32 Lokomotiven und ein Jahr später verließen 61 Stück die Fabrik. Über zwei Jahre wurden kaum wesentliche Vergrößerungen an den Werkstätten vorgenommen. Zum ersten Mal seit dem Gründungsjahr scheinen die Produktivität ausreichend kalkuliert, die Räumlichkeiten hinreichend geplant gewesen zu sein, da ohne neue Baugesuche die Stückzahl im Lokomotivbau verdoppelt werden konnte. Die in diesen Jahren ausgeführten Bauten zielten nur geringfügig auf eine Erweiterung der Produktionsstätten. Sie sind aber für die Ikonographie der Borsigschen Fabrik bedeutende Unternehmungen.

Im Sommer 1845 wurde die Vergrößerung des Hüttengebäudes und die Errichtung eines Uhr- und Wasserturmes zusammen mit einer Werkstatt für Metallarbeiter beantragt, neben der ebenfalls ein Wasserturm aufgestellt werden sollte [67]. Mit dem Turm an der Kesselschmiede, der im Herbst 1844 bewilligt worden war, hatten die drei Produktionsstätten – Eisengießerei, Kesselschmiede und Lokomotivmontage – je einen Turm in unmittelbarer Nachbarschaft.

Der noch unbebauten westlichen Längsseite der polygonal hervortretenden Gießereihalle wurde ein rechteckiges Gebäude vorgelegt. Den am weitesten vortretenden Gebäudeteil auf dem keilförmig der Chausseestraße zugewandten Gelände bildete nun der neue Uhr- und Wasserturm der Gießerei. Er stand als Blickpunkt in der

[70]
Baugesuche

1856, 15. April: »Baugesuch betr. Bau einer Kupferschmiede, *eines* Lokomotivschuppens *und einer* Tenderwerkstätte *mit Lackiererei. Genehmigt 23. April 1856«. Obwohl der Turm an der Ecke Elsässer Straße und Borsigstraße in der Quelle nicht ausdrücklich genannt worden ist, kann er nur zusammen mit der Erweiterung der Montagehalle errichtet worden sein (vgl. [79]).*

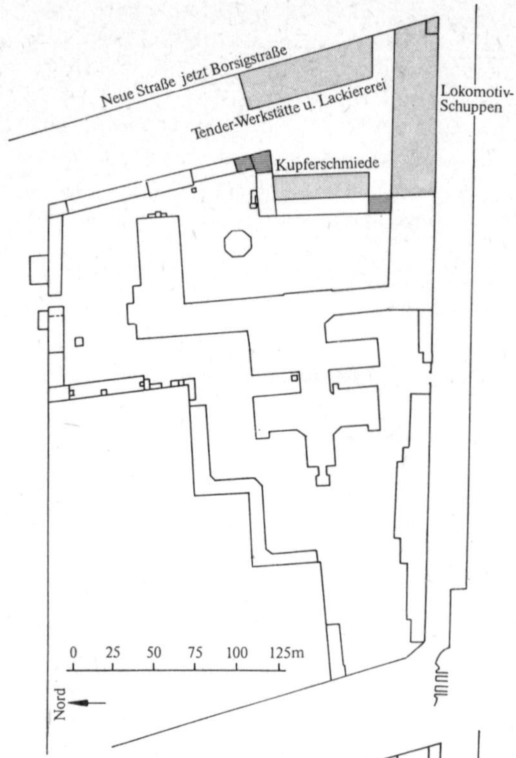

[71]
Baugesuche

1856, 5. Sept.: »Baugesuch betr. Anlage eines Arbeitsschuppens *und eines* Maschinenhauses. *Genehmigt 20. Sept. 1856«;*
1857, 30. Juni: »Baugesuch betr. Anlage eines Arbeitsschuppens. *Genehmigt 9. Juli 1857«;*
5. Aug.: »Baugesuch betr. Stockwerks-Aufbau *des Wohnhauses. Genehmigt 16.8.57«;*
6. Aug.: »Baugesuch betr. Stockwerks-Aufbau *der Werkstatt. Genehmigt 16.8.57«.*

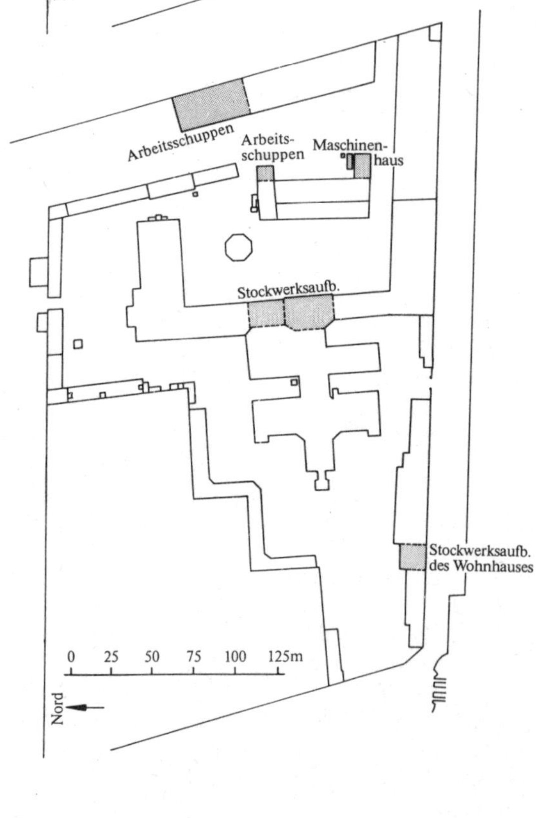

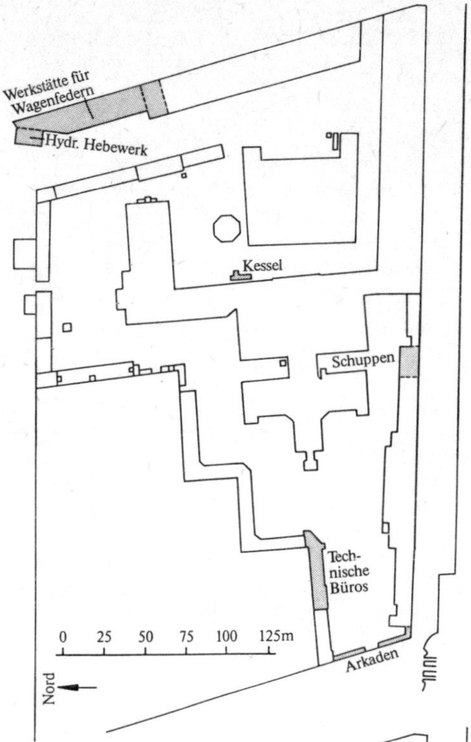

[72]
Baugesuche

1857, 26. Sept.: »Gesuch betr. Aufstellung eines Kessels. *Genehmigt 26.9.1857«;*
1858, 13. April: »Baugesuch betr. Anlage einer Werkstätte *für Wagenfedern und eines hydraulischen* Hebewerkes *für den Transport der Lokomotiven. Genehmigt 27. Juli 1858«;*
7. Juli: »Baugesuch betr. Bau eines Bürogebäudes *für Technische Büros und von* Arkaden *am Eingang. Genehmigt 29. Juli 1858«;*
1861, 12. April: »Baugesuch betr. Anlage eines Schuppens. *Genehmigt 27. Apr. 1861«.*

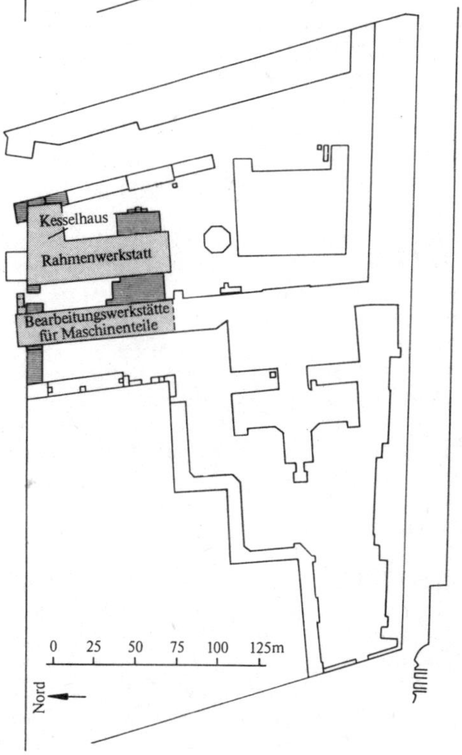

[73]
Baugesuche

1871, 18. Nov.: »Baugesuch betr. Bau einer Werkstätte *für Maschinenteile, einer* Rahmenwerkstatt *und eines* Kesselhauses. *Genehmigt 4. Dez. 1871«.*

Tafel I
Carl Eduard Biermann,
»Die Eisengießerei von A. Borsig im Jahre 1837«; Aquarell, 1847

Zehn Jahre nach Gründung der Firma Borsig sollte der Maler Biermann in einem Aquarell das erste Gebäude der Borsigschen Fabrik festhalten. Da jedoch das Hüttengebäude und die angrenzenden Flügelbauten für die Formereien bei Ausführung 1837 eine veränderte Fassadengestaltung erhielten und der Kernbau der Gießerei im Jahre 1847 durch Anbauten und Erweiterungen weitestgehend verändert war, rekonstruierte Biermann den ersten Entwurf zum Gießereigebäude aus alten Bauzeichnungen des Jahres 1836.
Hierfür wurde bereits eine »Archäologie« der eigenen Baugeschichte, die die Geschichte der Industrialisierung Preußens innerhalb dieses Jahrzehntes widerspiegelte, notwendig. Der Maler legte den Blickpunkt in die Mittelachse des Gebäudes, um das Symmetrische der Anlage vorzustellen und hielt sich in der Wiedergabe an eine Projektzeichnung, die den Aufriß der Fabrik von Westen zeigte. Drei hohe rundbogige Fenster öffnen die queroblonge Gießereihalle an der Westseite. Den Wandflächen zwischen den Fenstern sind Pilaster mit einem schmalen Kämpfergesims vorgelegt, das sich um die gesamte Gießhalle herumzieht. Oberhalb des Konsolgesimses steigt das Zeltdach zu der Laterne auf, deren dekorative Wirkung noch durch die Andersartigkeit der Farbgebung betont wird. Während die Fabrikgebäude als Backsteinrohbauten einheitlich rot erscheinen, ist die Farbe der Laterne hellgelb. Die Seitenflügel werden als schmucklose Anbauten wiedergegeben, die je vier Fensterachsen breit sind. Auf dem Gelände vor der Fabrik befindet sich ein kleines Bassin zum Abkühlen der heißen Eisenstücke. Links am Bildrand erkennt man noch den ersten Werkstattschuppen, in dem die ersten Arbeiten noch vor Fertigstellung der Mechanischen Werkstatt ausgeführt wurden. Statt der Dampfmaschine trieb ein Göpelwerk die Arbeitsmaschinen an. Das Bild beschreibt zwei Entwicklungsphasen der Fabrik im Jahre 1837, einerseits die ersten Arbeiten in dem Bretterschuppen vom Frühjahr, andererseits nimmt es in den qualmenden Schornsteinen die erst im Herbst fertiggestellte Dampfmaschinenanlage vorweg, die das Göpelwerk überflüssig machte.

Tafel II
Carl Eduard Biermann,
»Die Eisengießerei und Maschinenbauanstalt von A. Borsig im Jahre 1847«; Öl auf Leinwand, 1847

Im Zentrum des Bildes liegt die Gießereianlage. Das Hüttengebäude von 1837 erkennt man noch zwischen dem rechten Seitenflügel für die Lehmformerei und dem dreiachsigen Erweiterungsbau der Hütte aus dem Jahre 1845, der die Fassadengestaltung des Vorgängerbaus aufnimmt. Aus demselben Jahr stammt auch der Uhr- und Wasserturm, der vor der Gießerei zur Chausseestraße hin errichtet wurde [67]. Die weiße Laterne auf dem alten Hüttengebäude könnte gleichzeitig mit dem Erweiterungsbau entstanden sein, da eine neue Lichtquelle notwendig wurde, nachdem der Anbau vor die ehemalige Fensterfront gesetzt war. Links von der Laterne erhebt sich der Schornstein für die Kesselanlage des Jahres 1837, die 1841 vergrößert wurde [62]. Der rechts neben der Gießhalle befindliche obeliskenartige Schornstein gehörte zu dem Flammofen von 1837 [58] und rahmt zusammen mit dem Uhr- und Wasserturm das Hüttengebäude ein.
Ganz links im Bilde erblickt man ein Gebäude mit Markise, das als »Comptoir« bezeichnet wird. Im Situationsplan vom 30. April 1844 [63] wird dieses Gebäude, entgegen der Bezeichnung im Gemälde, als Bau für »Wageneinstellung und Bauzwecke« bezeichnet. Es wäre möglich, daß sich die Funktion inzwischen geändert hatte wahrscheinlicher ist, daß der Verwaltungsbereich der Borsigschen Fabrik in die Darstellung mit aufgenommen werden sollte, auch dann, wenn die Topographie dagegen sprach [64]. Rechts im Anschluß an das »Comptoir« trat das Fabrikgrundstück rechtwinklig zurück.
Das eingeschossige Gebäude mit einer Attikazone aus Schlitzfenstern für die 1841 eingerichtete Metallgießerei setzt die Randbebauung zum Egellsschen Grundstück fort. Die Dachfirste und kleineren Schornsteine über dem »Comptoir« und der Metallgießerei gehören schon zur Maschinenbauanstalt von F. A. Egells. Weit im Hintergrund liegt im Schatten der rauchenden Schlote die Borsigsche Kesselschmiede aus dem Jahre 1840. Hinter dem Schornstein der Metallgießerei und halb von diesem verdeckt erkennt man noch den Wasserturm, der 1844 mit der Erweiterung der alten Kesselschmiede entstand [64]. Den rechten Seitenflügel mit der Lehmformerei überragt die Tischlerei, die über der 1841 erweiterten Dreh- und Bohrwerkstatt liegt. Der im Anschluß daran aufragende Schornstein gehörte zu einer 4-PS-Dampfmaschine, die die Hilfsmaschinen der Mechanischen Werkstatt antrieb [61, 62]. Hinter diesem Gebäude, teils von Wasserdampf verhüllt, erkennt man ein weiter zurückgesetztes Gebäude, in dem sich die Feilerei und Modelldepots der Tischlerei befanden. Die daran anschließende Giebelwand mit drei rundbogigen Toröffnungen gehört bereits zur Montagehalle, die 1844 entlang der Thorstraße entstand. Der Wasserturm, ebenfalls an der Thorstraße im Jahre 1845 errichtet, schließt den panoramaartigen Blick über die Borsigsche Eisengießerei und Maschinenbauanstalt ab [67, 131]. Die Terrasse im Vordergrund ist als ein Zitat zu verstehen, das sich auf die Terrassen-

A. Mödinger. 54.

und Treppenanlage des Wohnhauses in Moabit bezieht [32]. Auf dem Situationsplan ist an dieser Stelle ein Wohngebäude mit einer derart ausgreifenden Terrasse nicht zu finden [67]. Überhaupt ist festzustellen, daß die Ansicht nicht in allen Punkten den aktuellen Zustand der Fabrikanlage des Jahres 1847 wiedergibt, da die Seitenflügel der Gießerei einen Zustand beschreiben, wie er 1844 schon nicht mehr bestand [77]. Man kann davon ausgehen, daß Biermann das Bild, das die Fabrikanlage der Chausseestraße und die Terrasse des Wohnhauses zu Moabit in einer Ansicht vereinte, nach Bauaufnahmen im Atelier konstruierte. Warum allerdings der bauliche Zustand der Seitenflügel hinter den aktuellen Stand zurückgeht und sich dem Zustand von 1837 annähert [Tafel I], bleibt rätselhaft, da die Vorstudie zu dem Gemälde den authentischen Zustand zumindest eines Seitenflügels wiedergibt [136]. Durch den erhöht gewählten Standpunkt des Betrachters erkennt man hinter der Fabrikanlage die Dachfirste früher Berliner Mietshäuser. Im unteren Bilddrittel liegt in leichter Aufsicht der Fabrikhof und eine Gartenanlage mit Terrasse. Vor einem Hebekran gabelt sich in der linken unteren Bildecke der breite Weg und führt beiderseits an der zentralen Gießerei vorbei. Der linke Teil entlang des Kontors verläuft in die Tiefe des Geländes. Ein zweispänniges Fuhrwerk hält gerade vor dem Kontor, ein Arbeiter befestigt mit einem Stampfer den Fahrweg. Im Hintergrund stehen mehrere Arbeiter auf einem Lagerplatz für Langhölzer, unter ihnen ein Herr mit Gehrock und Zylinder.

Ein zweiter Weg führt in einer S-förmigen Kurve am Bildvordergrund vorbei und endet schließlich vor der weit zurückliegenden, teils in Dampf gehüllten Montagehalle. Vor ihrer Toreinfahrt steht eine Lokomotive, die zur Endmontage herausgeschoben ist. Eine bereits fertige Lokomotive wird auf einem Laufkarren unter den Zurufen peitschenschwingender Arbeiter von vier Pferdegespannen über das Fabrikgelände gezogen. Das Gelände vor der Gießerei dient als Lagerplatz für Kanthölzer, hölzerne Bogengerüste und Setzkästen, die für den Eisenguß bestimmt sind. Zwischen Turm und Hebekran wird das Fundament für eine Waage gelegt [102]. Entlang des vorderen Weges zieht sich eine Hecke, die ein Gartenstück vom Fabrikgelände trennt.

Der obere Bildteil – beinahe die Hälfte der Leinwand – bleibt dem Himmel vorbehalten, dessen bewegtes Wolkenbild sich mit den Rauchschwaden der Schlote vermengt. Über dem Giebel der Montagehalle bricht das Morgenlicht durch die Wolken. Das aufsteigende Licht betont das Ziegelrot und Ocker der Backsteinbauten, die sorgfältig von Biermann wiedergegeben sind.

Das Bildmotiv wurde 1854 noch einmal verwendet [121].

Das 1979 wiederentdeckte Gemälde ist inzwischen restauriert worden und konnte 1981 auf der Preußenausstellung in Berlin erstmals besichtigt werden; es befindet sich im Berlin Museum.

Tafel III
A. Mödinger,
»Hammer- und Eisenwalzwerk von A. Borsig zu Moabit bei Berlin«; Aquarell, 1854

Das Aquarell zeigt die Idylle der Spreelandschaft mit der Borsigschen Fabrik. Am Ufer der Spree liegt das im Herbst 1849 nach den Entwürfen von Johann Heinrich Strack fertiggestellte Eisenwalzwerk, dessen hochhinaufragender Schornstein mit seinem kandelaberartigen Schornsteinkopf das Erscheinungsbild der Industrieanlage prägt. Rechts des Schornsteins tritt der architektonisch betonte Mittelrisalit des Gebäudes hervor, hinter dem die Dampfmaschine stand. Ein Uhrturm, hinter dem Walzwerk erkennbar, erhob sich neben dem Eingang zum Fabrikgelände. Von Bäumen verdeckt schimmert noch das Dach eines Magazins (das bereits an der Grenze zur Parkanlage der Villa stand) und die Gartenveranda am Spreeufer [25]. An der linken Seite des Walzwerkes erstreckt sich hinter den schwelenden Koksbergen das Hammerwerk von 1852. Der am weitesten zurückliegende Schornstein mit dem rußgeschwärzten Schornsteinkopf gehört zur betriebseigenen Gasanstalt, die möglicherweise schon seit 1849 bestand (Gasanstalt für das Werk an der Chausseestraße, erbaut 1846; vgl. [67]).

Symmetrieachse der Gesamtanlage und verkörperte den architektonischen Auftakt der Fabrik. Stand man auf dem Turm des Kontorgebäudes, so befand man sich nicht nur in der Achse einer aus der Vogelschau zu besichtigenden Fabrik, sondern man konnte von der Dachterrasse aus auch die drei wichtigsten Produktionsstätten durch die Standorte der drei Türme ausmachen.

Erweiterungen bis 1874

Die nächsten Erweiterungen an der zentralen Grundrißfigur betrafen die Einbeziehung der Zwischenhöfe in die Dreh- und Bohrwerkstatt in den Jahren 1853 und 1871 [68, 73]. 1871 gliederte man den Kesselbau aus der Chausseestraße aus und verlegte ihn nach Moabit, um Platz für eine Verarbeitungswerkstatt für Maschinenteile und eine Rahmenwerkstatt zu schaffen. 1872 schloß man den Hof zwischen beiden Werkstätten mit einer Räderwerkstatt. Die letzte bauliche Veränderung betraf die Erweiterung der Dreherei (1873), so daß sich nun die ehemals symmetrische Flügelanlage hinter der Gießerei mit ihren seitlichen Anbauten zu einer rechteckigen Großraumhalle entwickelt hatte, die nur noch mit schmalen Seitenflügeln an Schlosserei und Montagehalle anknüpfte [75].

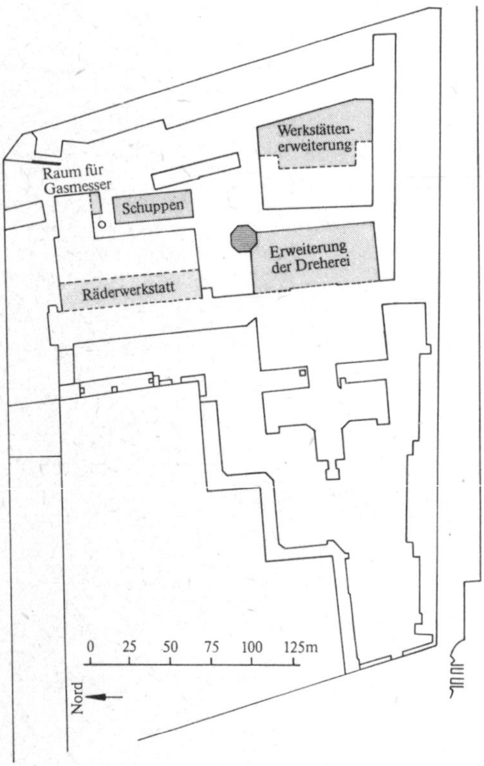

[74]
Baugesuche

1872, 8. Juli: »Baugesuch betr. Bau einer Räderwerkstatt. *Zusammenlegung der Kessel in dem neugebauten Kesselhaus. Genehmigt 24. Juli 1872«;.*
1873, 24. Sept.: »Baugesuch betr. Erweiterungsbau der Dreherei, *Anlage eines* Schuppens *und eines Raumes für* Gasmesser. *Genehmigt 1. Okto. 1873«;*
1874, 24. Juni: »Baugesuch betr. Werkstättenerweiterung. *Genehmigt 6. Juli 1874«.*

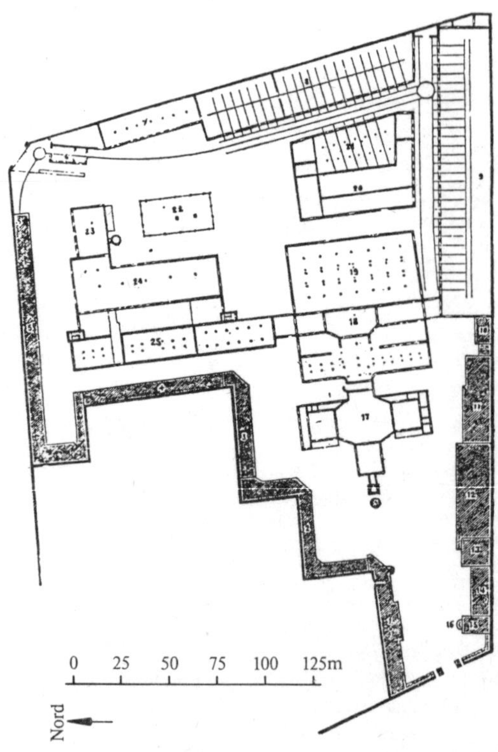

[75]
Bestandsplan vom Jahre 1874; bis zum Abbruch der Werksanlagen erfolgte keine wesentliche bauliche Veränderung mehr.

Bauformen und Fassadengestaltung

Gießerei, Kesselschmiede, Montagehalle und Werkstätten

Zur Fassadengestaltung des ersten Gießereigebäudes vom Jahre 1837 gibt es widersprüchliche Bildquellen. Die Projektzeichnung, vermutlich von August Borsig 1836 angefertigt [76], und die 1847 in einem Aquarell von Carl E. Biermann rekonstruierte Fassung der Borsigschen Eisengießerei [Tafel I] stimmen in den Angaben zur Westseite der Gießerei überein, zeigen jedoch einen anderen Fassadenaufriß, als ihn die »Allgemeine Bauzeitung« 1844 veröffentlichte [77]. Während in der Projektzeichnung und auf dem Aquarell das Hüttengebäude über hohen rundbogigen Fenster- und Toröffnungen mit einem kräftigen Konsolgesims abgeschlossen wird und ein steil ansteigendes Pyramidendach mit achteckiger Laterne trägt, kennzeichnet das Gebäude in der Bauaufnahme von 1844 eine Attikazone über den Rundbogenöffnungen, die von schmalen Schlitzfenstern über einem Gurtgesims gebildet wird. Das Dach ist flach gedeckt und trägt keine Laterne. Ebenso erhalten die seitlichen Anbauten für die Formereiwerkstätten diese Attikazone. Die Fenster der Anbauten sind nicht mehr scheitrecht in die Wand eingelassen, sondern erhalten einen flachen Segmentbogen.

Bei der Suche nach der ersten Fassung des Gießereigebäudes könnte man zunächst vermuten, die Attikazone und das flache Dach der Gießerei seien Resultat eines späteren Umbaus, bei dem die Hütte und die Formereiwerkstätten um die Attika erhöht wurden und dem dann auch die Laterne zum Opfer fiel. Blickt man ins Innere des Gebäudes, so zeigt sich, daß ein solcher Umbau einen erheblichen Eingriff in die Konstruktion der Gießerei bedeutet hätte. Die Erhöhung des Raumes hätte zur Folge gehabt, daß nicht nur die gesamte Dachkonstruktion, sondern auch die sternförmige Holzkonstruktion der zentralen Kransäule hätte abgebrochen werden müssen [78].

Diese schwerwiegende Veränderung nur wenige Jahre nach Fertigstellung des Gebäudes scheint unwahrscheinlich und legt die Vermutung nahe, daß das Gebäude, wie es auf der Projektzeichnung und auf dem Aquarell erscheint, so nie ausgeführt wurde, sondern diese eine Planungsphase wiedergeben, die zwischen September 1836 und Frühjahr 1837 verworfen wurde.

Das 1847 entstandene Ölgemälde unterstützt diese Vermutung [Tafel II]. Man erkennt hier, daß die Backsteinfassade vom Sockel bis zum Traufgesims von gelben und roten Backsteinlagen gegliedert wird, während das Aquarell, das den angeblichen Zustand des Jahres 1837 wiedergeben will, diese Backsteinfassade einheitlich rot ausführt. Die Gestalt der Borsigschen Eisengießerei im Jahre 1837 liegt damit wohl mit der Bauaufnahme von 1844 vor. Die Planungsänderung betraf die Fassadengestaltung, aber auch die Schornsteinköpfe, die nun obeliskartig ausgebildet waren.

Der Maler Biermann, der 1847 von Borsig den Auftrag erhielt, eine Ansicht der Gießerei des Jahres 1837 anzufertigen, nahm alte Bauzeichnungen für die Rekonstruktion der inzwischen erheblich

[76]
»Projektzeichnung für die Giesshalle in August Borsig's Werk vor dem Oranienburger Tor«

Bei der Projektzeichnung wird es sich um eine der am 12. September 1836 bei der Baupolizei eingereichten Zeichnungen handeln. Borsig hatte die Baupläne zur Errichtung seiner Eisengießerei, bestehend aus einem Hüttengebäude mit Masse- und Lehmformerei, Trockenkammern, Kerntrocknerei, zwei Kupolöfen mit Schmelzkammern, einer Bohr- und Drehwerkstatt und einer Dampfmaschine mit zwei Dampfkesseln von der örtlichen Baupolizei am 7. Oktober 1836 als genehmigt zurückerhalten. Zeichnungen für die Kesselanlage waren noch nicht beigelegt worden, da diese – in einem gesonderten Genehmigungsverfahren – zu einem späteren Zeitpunkt beantragt werden sollten.
Die Projektzeichnung, die vermutlich von August Borsig stammt, zeigt links das Hüttengebäude und die Giebelwand der Lehmformerei, die als Seitenflügel entstehen sollte [58]. Die beiden Türen in der Giebelwand des Seitenflügels sollten links in die Lehmformerei und rechts in die dazugehörige Trockenkammer führen. Zwischen Lehmformerei und Schornstein ist ein kleiner Anbau für den Flammofen eingezeichnet, zu dem der nebenstehende Schornstein gehört. Nach rechts erstreckt sich ein zweigeschossiger Gebäudeflügel, der nach Angaben des Grundrisses unterschiedliche Funktionen in sich vereint. Neben der Durchfahrt ist der Eingang zur Schmelzkammer (links) und zum Maschinenraum (rechts) eingezeichnet. Daran schließt sich die Mechanische Werkstatt mit sechs Gebäudeachsen an. Der kleine Schornstein auf dem Dachfirst am Ende des Gebäudes mag für ein Schmiedefeuer vorgesehen gewesen sein. Der an der Rückseite aufragende Schornstein gehört zum Dampfkesselgebäude, das sich außerhalb des Gebäudeflügels befinden sollte.
Da sich aus dem Grundriß nur die ebenerdigen Werkstätten bestimmen lassen, ist man bei dem zweigeschossigen Werkstattflügel auf Vermutungen angewiesen. Auffällig ist, daß bei den Angaben zu den verschiedenen Werkstätten eine Tischlerei nicht erwähnt wird, die zur Anfertigung der Holzmodelle für einen Eisengießereibetrieb unerläßlich ist. Da auch Angaben über ein Depot für diese Modelle fehlen, muß man vermuten, daß beide – Tischlerei und Modelldepot – in dem zweiten Geschoß oberhalb der Mechanischen Werkstatt untergebracht werden sollten.
Der Aufriß der Anlage zeigt deutlich die Trennung der beiden Arbeitsbereiche, die sich in unterschiedlichen Fassaden ausdrückt. Das Hüttengebäude allein vermittelt durchaus noch den Eindruck einer zentralen Halle, deren Wirkung durch einen bramantesken Laternenaufsatz verstärkt wird und entfernt an den Kuppelentwurf von August Borsig aus seiner Studienzeit in Breslau erinnert [3]. Zieht man bei der Betrachtung jedoch das »Langhaus« mit der Dreh- und Bohrwerkstatt hinzu, so erkennt man, daß die im Situationsplan einheitliche Grundrißfigur von der Durchfahrt durchbrochen wird. Als Versorgungsweg für die Kesselanlage war die Durchfahrt an dieser Stelle notwendig.
Der verbindende Gebäudeteil zwischen Gießerei und Mechanischer Werkstatt ist in sich symmetrisch aufgebaut und vereint in dem dreigeteilten Rundbogenfenster über der Einfahrt und den rechteckigen Fensteröffnungen charakteristische Elemente beider Werkstätten. Die Plazierung der Schornsteine war durch die Lage des Kesselhauses, der Dampfmaschine und des Flammofens weitestgehend vorgegeben.
Ungewöhnlich ist jedoch die gleichhohe Ausführung der Schornsteine bei unterschiedlicher Funktion. Die Höhe des Schornsteins für die 12-PS-Dampfmaschine wird von der Baupolizei vorgeschrieben gewesen sein. Für den Flammofen hingegen hätte ein halb so hoher Schornstein technisch sicher ausgereicht.
Schornsteine von unterschiedlicher Höhe gehörten bei allen bis dahin erbauten Gießereien zum selbstverständlichen Erscheinungsbild. Da sie hier in gleicher Höhe und gleicher Form erscheinen, muß man sie als wesentlich für die Gestaltung der Fabrikansicht bewerten.

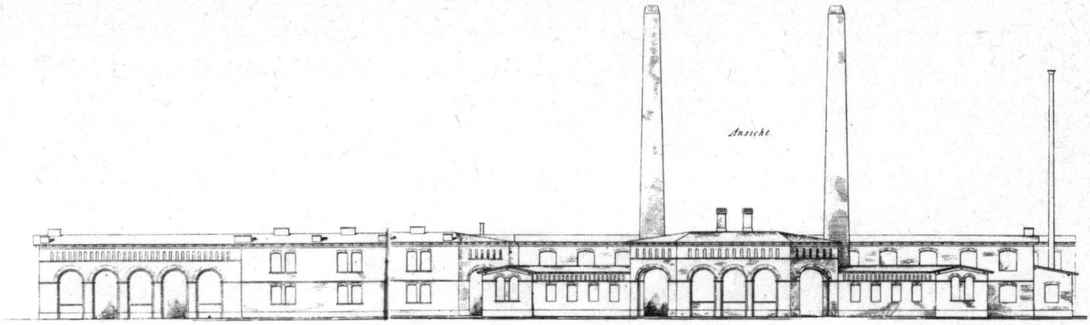

veränderten Anlage zu Hilfe. Daß Biermann den objektiven Zustand vom Gründungsjahr nicht wiedergab, indem er sich an die Projektzeichnung hielt, kann verschiedene Gründe haben. Möglicherweise war die Planänderung nicht durch Zeichnungen, die der Baupolizei wiederholt hätten vorgelegt werden müssen, dokumentiert, sondern Ergebnis mündlicher Absprachen mit den Maurern, die hin und wieder durch kleine Konstruktionszeichnungen unterstützt wurden. Trotzdem hätte Biermann, ausgehend von der Gießhalle des Jahres 1847 und unter Hinzunahme der Bauzeichnungen, das ursprüngliche Gebäude authentisch rekonstruieren können. Dies scheint vom Auftraggeber aber nicht beabsichtigt gewesen zu sein, vielmehr deutet alles darauf hin, daß Borsig mit dem nicht ausgeführten Entwurf die erste Idee zu seiner Fabrik und damit seinen Beitrag zur Architektur der Anlage in den Vordergrund stellen wollte. Die charakteristischen Elemente der dann vorgenommenen Veränderungen waren die Attikazone, hinter der sich die Dachkonstruktion verbarg, und die Polychromie der Backsteinfassade. Die 1840 errichtete Kesselschmiede [60] übernahm an der Frontseite zur Chausseestraße ebenfalls die Fassadenaufteilung der Eisengießerei [77] und bildete mit ihren fünf Tor- und Fensteröffnungen eine Entsprechung zu den ebenfalls fünf Öffnungen der polygonal hervortretenden Gießhütte, die damit als korrespondierender Baukörper erschien. Die Toreinfahrt zur Schmiede, hinter der Masseformerei noch erkennbar, wiederholt das Tormotiv mit der Attikazone. Die in der Farbigkeit wechselnden Backsteinlagen werden auch die Kesselschmiede überzogen haben, was jedoch durch keine Farbabbildung dieses Gebäudes belegt ist. Die Polychromie der Backsteinfassaden ist an allen Bauten der Borsigschen Fabrik, die am Hof errichtet wurden oder das Produktionsprogramm der Firma definierten, vorhanden gewesen.

Im Gegensatz zu diesen Produktionszentren zeigen sich die Werkstätten in ihrem äußeren Dekor bescheiden. Die meist zweigeschossigen roten Backsteinbauten werden von einem Gurtgesims unterteilt und ihre Fensteröffnungen sind von einem Segmentbogen geschlossen. Im Gegensatz zu den fabrikmäßigen Zentren Eisengießerei, Montagehalle und Kesselschmiede sind die Werkstätten für Feiler, Dreher, Bohrer, Tischler und Schmiede als schmucklose, sich gleichende Gebäude ausgeführt und somit als untergeordnete Arbeitsbereiche gekennzeichnet. Schon im Grundriß war die Zulie-

[77]
»Eisengiesserei und Maschinenfabrik des Herrn Borsig in Berlin«, 1844

Die Ansicht, veröffentlicht in der »Allgemeinen Bauzeitung«, zeigt die Fabrikanlage von der Chausseestraße aus. Zwischen den beiden Schornsteinen liegt die Gießereihalle mit ihren Seitenflügeln und anschließenden Risaliten. Hinter dem rechten Seitenflügel erblicken wir einen Teil der Dreh- und Bohrwerkstatt mit einer Tischlerei im zweiten Geschoß. In dem kleinen Anbau daneben, hinter dem ein Schornstein aufragt, befand sich das Kesselhaus der 4-PS-Dampfmaschine. Hinter Anbau und Schornstein erblicken wir noch eine Achse der Feilerei, über der im zweiten Geschoß das Modelldepot der Tischlerei lag. Links des Gießereigebäudes erscheinen drei Fensterachsen der Tischlerei über der Mechanischen Werkstatt. Hinter dem Seitenrisalit (und teilweise von ihm verdeckt) schließt sich die schräggestellte Toreinfahrt zur Schmiedewerkstatt an. Die zweigeschossige Schmiedewerkstatt erstreckt sich über die Fensterachsen mit zwei Fenstern je Etage. Hinter den breiten Wandflächen zwischen den Fenstern lagen die Essen für die Schmiedefeuer. Daran anschließend beginnt die hohe Halle der Kesselschmiede. Über ihren fünf hochgezogenen rundbogigen Tor- und Fensteröffnungen schließt eine Attikazone die Fassade ab.

ferfunktion einzelner Seitenflügel zu zentralen Produktionsstätten aufgefallen, insbesondere bei der Montagehalle (»Raum zum Aufstellen von Maschinen«), die im Zentrum von Dreherei, Bohrerei, Feilerei und Schmiede lag.

Diese Hierarchie, die sich in der Fassadengestaltung und auch schon im Grundriß nachvollziehen läßt, deutet eine unterschiedliche Wertschätzung des Bauherrn gegenüber den verschiedenen Produktionsstätten an. Eisengießerei, Kesselschmiede und Montagehalle, deren Grundriß sich an den der Eisengießerei anlehnte, repräsentierten die Produktvielfalt der Borsigschen Fabrik und wurden durch ihre auffällige Fassadengestaltung zum Blickfang des Betrachters. Obwohl die Dreh- und Bohrwerkstatt und auch die Schmiedewerkstatt ein Höchstmaß an Produktivität besaßen, wie aus Innenansichten hervorgeht [80, 81], waren sie als Handwerks- und Zulieferstätten der industriellen Produktion auch architektonisch untergeordnet. Im Gegensatz zur Fassade der Eisengießerei, wo der Rohstoff der Produktion in eine dem Maschinenbau nutzbare Form gebracht wurde, oder zur Front der Kesselschmiede, wo das wichtigste Zwischenprodukt des Dampfmaschinen- und Lokomotivbaus fertiggestellt, oder letztlich zu derjenigen der Montagehalle, wo die Teile zu funktionsfähigen Maschinen zusammengesetzt wurden, befanden sich die übrigen Werkstattfassaden architektonisch auf einer Entwicklungsstufe, die man auch bei kleineren handwerklichen Betrieben hätte finden können. Eisengießerei, Kesselschmiede und Montagehalle zeigten sich hingegen als architektonisch dominierende Produktionszentren, denen die Rolle eines Motors der Industrialisierung zugewiesen wurde.

Die Erweiterung des Gießereigebäudes in den Jahren 1839 und 1841 durch zwei Seitenflügel [60, 61] steigerte architektonisch die Bedeutung dieser Produktionsstätte. Die Seitenrisalite der Dreiflügelanlage erhielten je ein Paar Rundbogenfenster, die von einem gemeinsamen Brüstungsgesims zusammengefaßt wurden. Die Rundbogen durchbrachen das Gurtgesims und korrespondierten mit den Rundbogen der Hütte. Die hinter der Gießerei annähernd symmetrisch aufragenden Schornsteine, deren Schornsteinköpfe schon 1837 bewußt zur Form eines Obelisken abgeschrägt wurden, erschienen nach Fertigstellung der Flügelanlage noch deutlicher als Herrschaftszeichen auf dem Borsigschen Fabrikgelände.

Die Erweiterungsbauten der Jahre 1844 und 1845 setzten die architektonische Ausarbeitung der drei Hauptbereiche der Produktion fort. 1844 begann die Umstellung auf Massenproduktion und erforderte bauliche Veränderungen. Die alte Montagehalle verlor ihre zentrale Lage und wurde als langgestreckter Bau an der Thorstraße neu errichtet. Ihre Schmalseite zum Fabrikhof erschien als hohe, vor einem Satteldach aufragende Giebelwand, die von drei rundbogigen Toren durchbrochen wurde [Tafel II]. Durch den mittleren, bis in den Giebelbereich hinaufragenden Torbogen konnten die fertigen Lokomotiven die Halle verlassen. Während die Gießerei und die Kesselschmiede mit ihren Breitseiten zur Chausseestraße ausgerichtet waren, zeigte die neue Montagehalle mit ihrer Giebelseite zum Hof. Diese Drehung um 90 Grad war wegen der Geländeausbildung notwendig geworden, da für diese Großraumhalle nur

[78]
»Das Gießhaus in Borsig's Eisengießerei«;
Holzstich von Peter Habelmann, 1848

Der Betrachter blickt von dem 1845 ausgeführten Erweiterungsbau [67] diagonal durch die Gießhalle, die sich nach links, hinter zwei Rundbogen zur Masseformerei öffnet. Rechts schaut man auf die Front der beiden Kupolöfen, von denen einer gerade angestochen wird. Bis auf die im Zentrum der Halle stehende Kransäule wird die Arbeitsfläche der Gießerei von keinem tragenden Stützsystem behindert. Das Dach der Halle trägt eine freischwebende Holzkonstruktion aus Rahmenbindern, die an ihren Endpunkten auf den Umfassungswänden der Halle aufliegen. Die Rahmenbinder nehmen die Höhe des Attikageschosses ein, das leicht zurückgesetzt auf dem Mauerwerk aufliegt. Unabhängig von der tragenden Dachkonstruktion verlaufen diagonal durch die Halle drei Holzbalken, an deren Schnittpunkt die Kransäule befestigt ist, damit die Zugkraft des Krans abgefangen und die Säule gegen die Außenwände versteift wird. Die Decke der Halle mündet in der Laterne, die möglicherweise mit dem Anbau von 1845 entstand, damit die alte Gießhalle, die durch den Anbau auf drei Fenster verzichten mußte, ausreichend belichtet blieb. Als einzige Schmuckformen befinden sich neben den Öffnungen der Kupolöfen Pilaster und Säulen.

[79]
Baukonzessionszeichnungen: »Nr. XXXXI« und »Nr. XXXXIII« »Ansicht des Schuppens in der Thorstraße« und »Ansicht des Schuppens in der neuen Straße«, undatiert (1856)

Die vorhandene Montagehalle (erbaut 1844) in der Thorstraße wurde 1856 um mehr als das Doppelte verlängert und erhielt als Abschluß an der Thorstraße Ecke Neue Straße einen Turm. Entlang der Neuen Straße entstanden Tenderwerkstatt und Lackiererei in einem Gebäude. Der Aufriß der Gebäude entlang der Thorstraße beginnt mit dem Wasserturm und der Werkstatt für Metallarbeiter von 1845, darauf folgt die alte Montagehalle von 1844, deren Fassade sich in der neuen Montagehalle von 1856 fortsetzt. Der Aufriß endet in dem Turmbau, dessen Ansicht von der Neuen Straße aus noch einmal mit abgebildet wird. Das Blatt war aus drei Teilen zusammengesetzt. Die Fassadenlänge der Montagehalle beträgt 32 Fensterachsen. Die Baunaht beider Hallen wird zwischen der fünfzehnten und sechzehnten Achse gelegen haben, da man die achte, in die Wandfläche leicht zurückgesetzte Achse als Mitte der alten Halle annehmen darf. Ein Fassadensystem, das beliebig oft durch das Hinzufügen von Fensterachsen verlängert werden konnte, berücksichtigte die Anforderungen der Massenproduktion. Im Gegensatz zu den Werkstätten hebt sich die neue Montagehalle, obwohl sie als »Schuppen« in dem Baugesuch be-

noch entlang der Thorstraße ausreichend Platz vorhanden war. Die bisher auf die Chausseestraße bezogene Gestaltung der Fabrik wurde nun um die Gestaltung entlang der bisher architektonisch vernachlässigten Thorstraße erweitert. Hier entstanden 1845 ein Wasserturm [86] und 1848/49 Modelldepot, Tischlerei, Speisesaal und Wohngebäude [Tafel V]. Von diesen Fassaden zeichnete sich neben der des Turms insbesondere die des Speisesaals aus, die von hohen Blendbogen gegliedert wurde. Die Backsteinfassade der Montagehalle erstreckte sich über 14 Fensterachsen, die von Zwillingsfenstern mit Segmentbogen gebildet waren.

Nach Erweiterung des Geländes Mitte der fünfziger Jahre wurden die Grenzen an der Thorstraße und Neuen Straße, wie bereits beschrieben, in rascher Folge mit Fabrikhallen bebaut, die nach dem gleichen Fassadensystem wie die Montagehalle von 1844 gestaltet wurden [79]. 1856 vergrößerte man zunächst die Montagehalle um mehr als das Doppelte, so daß sie sich nun über 32 Fensterachsen erstreckte. In den Jahren 1856, 1857 und 1858 schloß man die Fassadenflucht an der Neuen Straße mit verschiedenen Werkstätten. Auch bei diesen Gebäuden blieb das Fassadensystem – Zwillingsfenster mit eingestellter Säule – erhalten, das nun den südlichen und östlichen Rand des Geländes beherrschte und schon 1844 an der Montagehalle anzutreffen war.

Neuartig für die Borsigsche Fabrik war die Verwendung von Eisen für die Tragkonstruktion des Daches in der Halle von 1844. Bisher war nur einmal bei einem kleinen Anbau von 1837 [59] Eisen als Baumaterial verwendet worden. Die Ausführung in Eisen war nicht nur für die Gebäude der Borsigschen Fabrik neu – die Gießerei zeigt noch eine Holzkonstruktion [78] –, sondern auch für die Berliner Fabrikbauten eine Innovation [82–84]. Die Firma, die seit Anfang der vierziger Jahre auch die Herstellung von Eisenkonstruktionen für Bahnhofshallen übernommen hatte [Anhang V], bezeugte ihren Besuchern mit dem eisernen Dach auch ihre Befähigung zur Lösung derartiger Bauaufgaben. Sicherlich hätte auch ein hölzerner Dachstuhl seine Funktion erfüllt, aber hier wird man den Aspekt der Werbung nicht außer acht lassen dürfen.

Die schon im Grundriß festgestellte Entwicklung von dem auf ein Zentrum hin orientierten Arbeitsablauf zu hintereinandergeschalteten Arbeitsschritten in den vierziger und fünfziger Jahren, als dann die Endmontage auch räumlich den Endpunkt des Produktionsablaufes bildete, spiegelte sich auch in der Gestaltung der Fassade wider. Die Fassaden waren bisher in sich abgeschlossene Einheiten,

die einmal durch ihre polygonale Form bei der Gießerei, zum andern durch die flankierenden breiten Wandfelder bei der Kesselschmiede nicht beliebig erweiterbar waren. Eine Erweiterung schien weder bei der Plazierung noch bei der Fassadengestaltung dieser Bauten berücksichtigt worden zu sein. Die Planung in sich abgeschlossener Werkstätten war eine logische Folge der Tatsache, daß die Drehkräne in der Gießerei, der Kesselschmiede und der alten Montagehalle zentral plaziert werden mußten und folglich Erweiterungen gar nicht möglich waren, sofern nicht das ganze Gebäude samt Innenausstattung abgerissen wurde.

Die neue Montagehalle von 1844, die sich für die Fertigstellung von 60 Lokomotiven als geeignet erweisen sollte, war zunächst nur ein räumliches Angebot, das sich in der langgestreckten Halle ausdrückte, die später mühelos erweitert werden konnte. Dieses Prinzip der Erweiterung durch Verlängern des Raumes war 1841 und 1843 erfolgreich bei der Dreh- und Bohrwerkstatt angewendet worden. Hier war schon durch die geradlinige Kraftübertragung des Transmissionssystems der Dampfmaschine eine neue rationelle Arbeitsrichtung vorgegeben. Diese maschinelle und »fließbandartige« Arbeitsrichtung ist aber bei der Montagehalle Ende der vierziger Jahre noch nicht erkennbar. Die Innenansicht des »Zusammensetzungssaals« von 1848 [82] zeigt noch ein beliebiges Neben- und Durcheinander von Lokomotiven, die sich in den unterschiedlichsten Stadien der Fertigstellung befinden. Arbeitsorganisatorisch setzte die neue Montagehalle im Prinzip die alte fort. Architektonisch hingegen bot diese Halle neue Möglichkeiten für den Fabrikbau auf dem Borsigschen Gelände.

Eine Innenansicht der erweiterten Montagehalle von 1865 zeigt dann endlich die organisatorischen Möglichkeiten der neuen Großraumhallen. Das Durcheinander der an der Einzelanfertigung ausgerichteten Arbeitsschritte, wie es noch 1848 vorlag, hatte sich zu einem durchrationalisierten Arbeitsablauf entwickelt. Das Raumangebot war für die industrielle Organisation der Arbeit aufgegriffen worden [84]. Links vor der Fensterseite stehen die Lokomotiven in Reih und Glied, rechts befinden sich die Werkbänke und Schmiedefeuer, an denen die Einzelteile für die Endmontage noch einmal überarbeitet werden konnten. Die Transportarbeiten, die nach dem Stich von 1848 wohl zum größten Teil noch mit menschlicher Kraft ausgeführt wurden, übernehmen nun Drehkräne, die in gleichmäßigem Abstand an der linken Wand angebracht sind. Die später installierten Drehkräne bezeichnen die ungenügenden Vorkehrungen,

zeichnet wurde, durch die Ausstattung der Zwillingsfenster architektonisch hervor. Die Gesamtlänge der Fassadenflucht in der Thorstraße zwischen den beiden Türmen betrug nach der Erweiterung etwa 145 Meter, damit war wohl die längste Fabrikfassade in Berlin im Jahre 1856 fertiggestellt.

[80]
»Der Drehsaal in Borsig's Maschinenbauanstalt«;
Holzstich von Peter Habelmann, 1848

Der Blick fällt von einem erhöhten Standpunkt in die dreischiffige Werkstatt hinein. Zwei Reihen gußeiserner Säulen teilen den Raum und lassen einen schmalen Mittelgang frei. Zu beiden Seiten liegen die breiten Stellflächen für die Arbeitsmaschinen. Über ein kompliziertes System von Antriebswellen und Transmissionsriemen werden die unterschiedlichsten Arbeitsmaschinen von der am Ende der Halle stehenden Dampfmaschine angetrieben, deren Fliehkraftregler man zwischen den Säulenreihen am Ende des Mittelgangs sieht. Borsig beantragte sie als 4-PS-Maschine am 24. November 1841 bei der Baupolizei [62], um die neue, zum 7. Oktober 1841 genehmigte Bohr- und Drehwerkstatt mit Antriebsenergie zu versorgen [61]. Im Sommer 1843 wurde die Bohr- und Drehwerkstatt erneut vergrößert und durchschnitt nun die alte Werkstatt von 1837 in nordsüdlicher Richtung. Damit war für die Mechanische Werkstatt ein T-förmiger Grundriß entstanden, in dem sich die Transmissionssysteme überschnitten. Zwischen der vierten und fünften Säule erkennt man auf dem Holzstich noch das alte Antriebssystem, das an dieser Stelle den Raum durchkreuzte.
Im Gegensatz zur Bauaufnahme von 1844 ([65] Durchschnitt a, b, c, d) stehen die gußeisernen Säulen in diesem Holzstich ohne Basen auf der Grundfläche der Werkstatt. Der schlanke kannelierte Säulenschaft ist von zwei Schaftringen unterteilt. Oberhalb eines Halsringes beginnt ein Palmenkapitell, das eine profilierte Deckplatte trägt, auf der die Unterzüge für eine flache Decke aufliegen. In der Bauaufnahme zeigt der Grundriß allerdings nur elf gußeiserne Säulen, während auf der Innenansicht des Stiches mindestens fünfzehn gezählt werden können. Ebenso widersprechen sich die unterschiedlichen Angaben zur Höhe des Raumes. Bezieht man sich auf die Maße, die der Holzstich mit den aufrecht stehenden Personen im Mittelgang angibt, so wäre die Distanz – nähme man ein Körpermaß von 175 cm an – zwischen Boden und Decke circa 620 cm. Tatsächlich betrug die lichte Höhe aber nur 450 cm [65, 66].

[81]
»Die Schmiede in Borsig's Maschinenbauanstalt«;
Holzstich von Peter Habelmann, 1848

Man blickt aus der nördlich gelegenen Feilerwerkstatt in die Schmiedewerkstatt hinein. Hinter einer rundbogigen Öffnung in der gegenüberliegenden Wand sieht man noch einen Teil der Kesselschmiede. Für beide Werkstätten wurde das Baugesuch im März 1840 der Baupolizei vorgelegt [60]. Drei Kamine mit unregelmäßigem Umriß teilen die Werkstatt. An jeder Kamingruppe sind vier Schmiedefeuer angelegt [66]. Entlang der linken Außenwand befinden sich vor den Wandflächen zwischen den Fensterpaaren vier weitere Feuerstellen, an der gegenüberliegenden Längswand sind Vorrichtungen für Werkzeuge angebracht. Zur Unterstützung der flachen Decke im Eingangsbereich der Schmiede wird eine Säule des schon in der Dreh- und Bohrwerkstatt verwendeten Typs sichtbar [80], die sicherlich aus der eigenen Gießerei stammte.
Die Feuerstellen wurden von einer Dampfmaschine angefacht, deren Gebläse durch ein unterirdisches Röhrensystem mehr als 80 Schmiedefeuer mit den nötigen Winden versah.

[82]
»Der Zusammensetzungssaal in Borsig's Maschinenbauanstalt«; Holzstich von Peter Habelmann, 1848

Von einem erhöhten Standpunkt fällt der Blick in die Halle hinein, die dem Betrachter in ihrer gesamten Ausdehnung vorgestellt wird. Die Arbeitsfläche überspannt eine stützenfreie eiserne Dachkonstruktion, die nur auf den Umfassungswänden der Montagehalle aufliegt. In der Mitte der Arbeitsfläche befindet sich ein Schienenstrang für den einzigen Hebekran und für die fertiggestellten Lokomotiven, die über diese Gleise aus der Halle gezogen wurden. Links öffnet sich die Halle zum Fabrikhof hin mit hohen, paarweise gekuppelten Rundbogenfenstern. Die gegenüberliegende Wand durchbricht eine Reihe kleinerer Fenster, die paarweise gruppiert mit einem Stichbogenabschluß versehen sind. Zusätzliches Licht erhält der Raum durch Oberlichter zwischen dem eisernen Dachverband. Das Baugesuch für die Montagehalle wurde am 19. Juli 1844 bewilligt.

[83]
»Borsig's Maschinenbau-Anstalt. Lokomotivensaal.«

Der Stich aus dem »Neuen Buch der Erfindungen« von 1867 zeigt dieselbe Ansicht der Halle von einem tiefer gelegenen Standpunkt [84]. Die erstaunliche Leistung der Dachkonstruktion wird zeichnerisch überbetont. Durch eine optische Verzerrung werden die Ausmaße der Grundfläche, die von der filigranen Eisenkonstruktion des Daches überspannt wird, übertrieben. Die Ingenieurleistung der Dachkonstruktion erfaßt der Zeichner allerdings kaum. Mühsam strickt er das Eisengestänge zu einem Fischgrätenmuster zusammen.
Eine präzise Vorstellung von der Dachkonstruktion erhält man aus dem »Skizzen-Buch für den Ingenieur«, das F. C. Herrmann Wiebe, Professor an der Technischen Hochschule Berlin, herausgab. Im Jahre 1861 veröffentlichte er darin »Zeichnungen mit Erläuterungen von Erzeugnissen der Firma Borsig«. Nach seinen Angaben waren die Ausmaße der Halle 20 m x 120 m.

[84]
Innenansicht der Montagehalle für Lokomotiven; Fotografie, 1865

Die Innenansicht aus dem Jahre 1865 zeigt das fortgeschrittene Stadium einer rationalisierten Massenproduktion. 20 bis 25 Lokomotiven können hier gleichzeitig montiert werden. Zur Hofseite vor den großen Fensteröffnungen reihen sich die Lokomotiven. Im Abstand von zwei Fensterjochen steht je ein Kran bereit, die schweren Montageteile anzuheben. Auf der Seite entlang der Elsässer Straße (ehemals Thorstraße) befinden sich Werkbänke mit Schraubstöcken, um den Eisenteilen den letzten Schliff für die Endmontage zu geben. Längs der Außenwand sind vier Schmiedefeuer zum Nacharbeiten der Teile eingerichtet. Die gesamte Arbeitsfläche wird von einer stützenlosen Dachkonstruktion überspannt. Die schlanken Säulen auf der Werkbankseite dienen als Abzüge für kleinere Feuerstellen. (Ihre Schornsteine erkennt man auf [Tafel V].) Die Fenster an der Längswand zur Elsässer Straße sind inzwischen vermauert worden (vgl. [82]).

Borsig

die man 1844 für den Transport traf. Der auf die Arbeitsfläche gelegte Schienenweg des Laufkranes bezeugt eine erstaunliche Rückschrittlichkeit bei der sonst in der Industrieproduktion so fortschrittlichen Borsigschen Fabrik. Bei der Königlich Preußischen Saynerhütte war ein eiserner Laufkran schon 1830 oberhalb der Arbeitsfläche aufgehängt worden[199]. Diese transporterleichternden Einrichtungen wurden in dem Werk in der Chausseestraße erst 1871 mit der Errichtung einer Rahmenwerkstatt und einer Schlosserei eingeführt[200].

Hofbereich (1845–1862)

Schon 1838 war auf dem vorderen Fabrikgelände an der Chausseestraße ein zweigeschossiges Kontorgebäude entstanden, das in einem wuchtigen Turmbau an der Straße endete. Die Geländesituation bedingte, daß das Gießereigebäude weit zurückgesetzt, hinter dem Stooffschen Wohnhaus, errichtet wurde. Die der Chausseestraße zugewandte breite Flügelanlage bildete den hinteren Abschluß des Hofes, der zwischen Kontorgebäude, Gießerei, Thor- und Chausseestraße lag. Dieser Hof, dessen Ausstattung sich bis in das Jahr 1862 hinzog, bestimmte entscheidend das architektonische Bild der Borsigschen Fabrik.

Bis zum Jahre 1845 war das apsidial vortretende Hüttengebäude mit fünf hohen rundbogigen Öffnungen Blickpunkt der hinteren Hofbegrenzung, die inzwischen zu einer Dreiflügelanlage mit Seitenrisaliten ausgebaut worden war. Nach Ausweitung der Kapazität im Maschinenbau seit 1844 erwies sich die Erweiterung des Gießereigebäudes ebenfalls als notwendig, da auch dessen Größe der Auftragslage angepaßt werden mußte. Weil eine Erweiterung unmittelbar hinter der Gießerei nicht möglich war – hier lagen die Anlagen für die Kupolöfen, für die Kesselanlage und die Durchfahrt –, mußte die repräsentative Westfassade der Hütte verändert werden. Die Längsseite der polygonalen Halle wurde aufgebrochen und ein rechteckiger Anbau vorgelegt, dessen Fassade mit roten und gelben Backsteinlagen, hohen rundbogigen Fensteröffnungen und Attikazone die Gestaltung der alten Hütte aufnahm. Vor diesem Anbau richtete sich als prägendes Element der hinteren Platzbegrenzung ein Uhr- und Wasserturm auf, der aufwendig dekoriert und mit Bauplastiken versehen, zum Wahrzeichen der Borsigschen Fabrik wurde [85, Tafel II, IV].

Zur Chausseestraße hin war dem Turm ein kleines Bassin vorgelagert, in das ein gußeiserner Löwe das Kühlwasser einer Dampfmaschine spie. Für den Löwen hatte der Bildhauer und Modelleur Albert Wolff das Modell geliefert, das möglicherweise in der Borsigschen Gießerei abgegossen wurde. Im Turmgeschoß stand in dem Zwillingsfenster eine von Gustav Bläser entworfene Karyatide aus Terrakotta, die die Arbeitskluft eines Schmieds trug. Der Turmkopf zeigte auf seinen acht Seitenflächen abwechselnd eine Uhr oder eine Pausenglocke. Ein eiserner Triton diente als Wetterfahne.

Mit der Errichtung des Turmes vor der Gießerei war nicht nur ein gleichwertiger Ersatz für die alte Fassade geschaffen, sondern auch ein sichtbares Zeichen für die wirtschaftliche Prosperität des Borsig-

[85]
Turmbauten für die Eisengießerei und Maschinenbauanstalt von A. Borsig

Auf dem Blatt ist links der Wasserturm und eine Gebäudeachse der Werkstatt für Metallarbeiter abgebildet; für diese Bauten wurde am 13. Juli 1845 die Baugenehmigung beantragt [67]. Zu diesem Baugesuch gehörte außerdem der Uhr- und Wasserturm für die Gießerei. Als Architekten für beide Türme nennen Fleischinger/Becker den Schinkelschüler Johann Heinrich Strack. Die Hinzunahme einer Gebäudeachse der Werkstatt für Metallarbeiter weist darauf hin, daß Strack nicht nur die Türme entworfen hat. Die einheitliche Gestaltung zahlreicher Werkstattfassaden läßt vermuten, daß sein Beitrag zur Architektur dieser Fabrik größer war, als bisher bekannt ist.
Julius Kohte bemängelt bei Fleischinger/Becker, daß »einige mangelhaft dargestellte, auch nicht durchweg getreue Aufnahmen« der Borsigschen Fabrik zu finden seien. Dieses Urteil bezieht sich hauptsächlich auf die zeichnerische Wiedergabe des Borsigschen Verwaltungsgebäudes, das ebenfalls von Strack entworfen wurde und zu dem Baugesuch vom Sommer 1858 gehörte. Die Ungenauigkeit bei der Wiedergabe der Turmbauten betrifft die Werkstatt für Metallarbeiter, die nach einer von Strack autorisierten Lithographie keine Fenster im Erdgeschoß aufwies, und die Wetterfahne auf dem Uhr- und Wasserturm, die eine andere Silhouette als auf dem Gemälde von Biermann zeigt [Tafel II].
Die Farbe der glasierten Ziegel ist für das Sockelgeschoß und für die vertieft liegenden Wandflächen rot. Die netzartigen Streifen im zweiten Geschoß sind bei Fleischinger/Becker bläulich wiedergegeben. Aber auch die Farbigkeit scheint bei ihnen nicht in allen Fällen authentisch zu sein, da schon bei Biermann die Bogen der Zwillingsfenster über der Figur des Schmiedes am Uhr- und Wasserturm wie auch die Einfassung der Uhr in roten Ziegeln erscheinen, bei Fleischinger/Becker hingegen sind sie hellgelb.

Tafel IV
»A. Borsig's Eisengießerei und Maschinenbauanstalt in Berlin«; Lithographie, 1862

Die Lithographie entstand in Erinnerung an das Firmenjubiläum 1862 und zeigt die repräsentative Seite der Fabrik entlang der Chausseestraße, wie sie sich nach Abschluß der Bauarbeiten an Verwaltungsgebäude und Arkadenhalle der Öffentlichkeit präsentierte. Der Blick fällt durch die Hofeinfahrt, deren Torpfosten von den neuen Portalgruppen bekrönt werden, auf den Uhr- und Wasserturm. Links erstreckt sich das Verwaltungsgebäude mit dem dominierenden Turm. Der ehemals offene Hofbereich wird nun durch die Arkadenhalle geschlossen, die aber weiterhin den Blick auf die repräsentative Hofgestaltung erlaubt. Auf der Lithographie wird die Straße Begegnungsstätte der Arbeiter mit ihren Familien, ebenso lädt sie zu einem Gespräch der Arbeiter untereinander ein, die in Gruppen zusammenstehen [47]. Mitten unter ihnen befindet sich eine Gruppe von Bürgern, denen die Fabrikanlage gezeigt wird.

Arkadenhalle

Nach Fertigstellung der Halle 1860 sah sich der Betrachter je sieben Arkadenjochen rechts und links des Eingangs gegenüber. In der Elsässer Straße schlossen drei Arkadenbogen die Verbindung zu vorhandenen Bauten. Die in der Mittelachse angelegte Einfahrt für die Fuhrwerke wurde von zwei massiven Bogen flankiert, deren Stirnseiten einander gegenüber lagen. Auf diesen parallel zum Eingang gestellten »Triumphtoren« befand sich seit 1862 je eine Figurengruppe [103]. Der Rundbogenstil des Verwaltungsgebäudes wurde bei der Arkadenhalle wieder aufgegriffen. Auf einem Sockelgeschoß stehen achteckige Backsteinpfeiler mit frei erfundenen Kompositkapitellen aus Terrakotta [96–99]. Für die achteckigen Pfeiler nennt Julius Kohte die Pfeiler des Konventsremters der Marienburg als Vorbild: »Als eine Uebersetzung mittelalterlicher Gedanken in die antike Formenwelt sind auch die achteckigen Pfeiler der Halle und ihre nach mehreren miteinander wechselnden Mustern gebildeten Capitells zu betrachten. Hier gelangte Strack, von Vorbildern wie den Säulen des Conventsremters der Marienburg angeregt, zu vollkommen neuen Lösungen des korinthischen Capitells...« Die im Dekor vielfältigen Kapitelle tragen Bogen, die aus Rundstäben, Hohlkehlen, Blattwerk und Eierstab gebildet werden [91 (2)].
Auch für diese betont Kohte das »mittelalterliche Element«. Er schreibt: »An Stelle des allein auf Licht- und Schattenwirkung berechneten Wechsels der gotischen Stäbe und Kehlen setzte er [Strack, d. Verf.] Pflanzengebilde.«
»Die offenen Zwickel der Bogen sind mit profilierten Ringen aus Terrakotta besetzt. Die Bogen durchdringen sich oberhalb des Kapitells, an ihrem Schnittpunkt löst sich aus einem Blätterkranz ein antikisierter Frauenkopf. Das abschließende Gesims wird aus unterschiedlichen Friesbändern gebildet und die Böhmischen Kappen im Innern der Halle werden von hellgelben Terrakottarosetten ausgekleidet. In den langgezogenen Segmentfeldern unterhalb der Kappen ist jeweils ein Medaillon eingesetzt, auf dem alternativ eine von Drachen aufgescheuchte Taube beziehungsweise ein Adler aufsteigt. Von beiden Seiten bestürmen die Fabeltiere mit aufgerissenen Mäulern die friedliebende Taube [103]. Auffallend ist die Vielfalt der Dekoration. Mindestens sechs verschiedene Kapitellentwürfe sind für diese Halle ausgeführt worden. Alle Kapitelle sind freie Kompositionen aus der Ornamentschule von Schinkel und Bötticher, die eine Verbindung zwischen antikisierendem Blattwuchs und heimischer Fauna eingehen. Bei einem Kapitell wurde eine »eiserne Kette« als zeitgemäßer Dekor mit in den Formenschatz eines Kapitells aufgenommen [98]. Die Gesimse und Ornamente wurden nach Stracks Entwürfen von dem Bildhauer Dankberg modelliert.

Turm

Die in der Höhe zunehmenden Geschosse des Turmes an der Chausseestraße zeigen unterschiedliche Entwicklungsstufen des Berliner Maschinenbaugewerbes. Das erste Geschoß schließt mit einem breiten Fries ab, in dem sich Medaillons mit Profilbildnissen der ersten Unternehmer des Berliner Maschinenbaus befinden: G. C. Freund, C. Hummel, A. Egells und A. Borsig. Das fünfte Medaillon war für Albert Borsig vorgesehen; es wurde jedoch nie angefertigt. Als Bildhauer zeichnet Wilhelm Kullrich, Medailleur an der Königlichen Münze zu Berlin und entfernter Verwandter der Familie Borsig. Das Fenstersystem des zweiten Geschosses ist dem des mittleren Baukörpers vom Verwaltungsgebäude ähnlich. Im Bogenfeld befindet sich hier anstelle der sonst üblichen Rosette das Signet eines Fliehkraftreglers. Dominierend und für das Selbstverständnis der Firma bedeutend ist die Fensterarchitektur, die den Turm im dritten Geschoß umzieht [93].

Tafel V
»Borsig's Eisengießerei und Locomotivenbauanstalt am Oranienburgerthor in Berlin«; Holzstich von Adolf Eltzner, 1867

Der 1867 von der »Gartenlaube« veröffentlichte Holzstich zeigt die Gesamtanlage der Lokomotivfabrik in der Chausseestraße, umschlossen von Elsässer Straße (vormals Thorstraße), Borsigstraße und der Egellsschen Maschinenbauanstalt und Eisengießerei. Die Sicht auf die Fabrik läßt die Richtlinien der Be-

bauung deutlich erkennen: geschlossene Randbebauung der Grundstücksgrenze, das dem wirtschaftlichen Prozeß unterstellte hintere Fabrikgelände und die repräsentative Ausgestaltung des Fabrikhofes zur Chausseestraße.
Die symmetrische Grundrißbildung, Gestaltungsprinzip seit dem Gründungsjahr der Fabrik, wird durch die markante Architektur betont. Die Mittelachse beginnt mit dem Turm an der Chausseestraße, setzt sich fort über das Verwaltungsgebäude und wird durch den Uhr- und Wasserturm, die oktogonale Laterne über der Gießhalle und durch die seit 1858 dreigeschossige, polygonale Halle (ehemals »Raum zum Aufstellen von Maschinen«, Montagehalle bis 1844) noch einmal aufgegriffen. Rechts und links dieser Achse schließen sich die Seitenflügel mit den Werkstätten an, die zum hinteren Gelände an Symmetrie schon verlieren. Die Kesselschmiede und die neue Montagehalle erhalten durch die Wassertürme flankierende architektonische Akzente, die dann erst an den äußersten Eckpunkten des Geländes durch den Wasserturm am Ende der Montagehalle und das Hebewerk wieder aufgenommen werden, die das Borsigsche Territorium an der östlichen Geländegrenze abstecken.
Eltzner hatte im Jahre 1867 Albert Borsig dafür gewinnen wollen, den Holzstich als Ölgemälde ausführen zu dürfen. Obwohl der Fabrikant die Ansicht für gelungen hielt, hatte er nicht den Wunsch, sie als Gemälde zu besitzen.

Tafel VI
Jubiläumsvase der Firma Borsig, Malerei von W. Escher, KPM 1862

Vorderseite: Widmungsadresse der Beamten und Meister der Borsigschen Fabrik an ihren Chef Albert Borsig – »Dem Königlichen Commerzienrathe/ August Julius Albert Borsig/ Zur/ Erinnerung an das 25-jährige Bestehen/ seiner/ Eisengießerei und Maschinenbau-Anstalt in Berlin/ am 22sten Juli 1862/ dargebracht/ von seinen Beamten und Meistern«. An den vier Ecken der Inschrift befinden sich Rundmedaillons mit Innenansichten der vier wichtigsten Werkstätten: Gießerei, Dreherei, Hammerschmiede und Montagehalle. Die umrahmende Zierleiste mit Akanthusblättern trägt auf dem oberen Rand ein Doppelmedaillon mit Profilbildnissen von August und Albert Borsig.
Rückseite: Panoramaansicht des Fabrikhofes mit Verwaltungsgebäude zwischen Arkadenhalle und Uhrturm der Gießerei; auf dem Fabrikhof zahlreiche Gerätschaften, Hölzer und gußeiserne Gegenstände zwischen Fabrikwaage und Hebekran; auf den aus Akanthusblättern gebildeten Bronzehenkeln sitzen Quellnymphen mit Wasserkrügen.

Als Vorlage für die Ansicht des Verwaltungsgebäudes diente vermutlich eine Fotografie [102]. Entgegen der fotografischen Vorlage wurde bei der Porzellanmalerei die Egellssche Fabrik im Hintergrund des Verwaltungsgebäudes durch eine Parklandschaft ersetzt. (Zu den Profilbildnissen vgl. [122] und [128]; zu den Innenansichten aus den Werkstätten vgl. [78, 80–84, 121]).

[86]
»Eck-Thurm an Borsig's Maschinenbau-Etablissement in Berlin«; Farblithographie, 1860

Mit der Verlängerung der Montagehalle im Jahre 1856 entstand ein weiterer Wasserturm auf dem Fabrikgelände, diesmal an der südöstlichen Grundstücksecke. Der ausgeführte Eckturm, wie er 1860 im »Architektonischen Skizzenbuch« erscheint, unterscheidet sich von dem des Baugesuchs [79]. Das erste Geschoß reicht nun bis zur halben Höhe des Turmes hinauf und das zweite beginnt bereits auf achteckigem Grundriß. Die Geschosse werden durch farbige Backsteinstreifen, kleine Rundbogenfenster und Gesimse reicher gegliedert. Der Turmkopf zeigt auf seinen acht Flächen im Wechsel eine Dreiergruppe von Fenstern mit gemeinsamem Brüstungsgesims und ein kleines Rundfenster. Das flache Pyramidendach des Turmes trägt eine hohe dekorative Turmspitze.
Die Höhe des ersten Geschosses betont die architektonische Unabhängigkeit des Turmes von den anschließenden Werkstätten. Die verstärkte Dekorierung der Fassade versucht ihm eine ähnlich dominierende Stellung am Ende der Montagehalle zu verschaffen, wie sie der Uhrturm auf dem Fabrikhof einnimmt.
Erblickte man vom Oranienburger Tor aus den Turm am Kontorgebäude und den Uhrturm als erste architektonische Zeichen der Borsigschen Fabrik, so markierte seit 1856 der Turm an der Thorstraße Ecke Neue Straße das Gelände der Borsigschen Maschinenbauanstalt vom Hamburger Tor aus.
Auf der Lithographie erkennt man deutlich, daß es sich bei den als Zwillingsfenster ausgebildeten Öffnungen der Montagehalle um Scheinfenster handelt, da die Fensterflächen vermauert sind [83].

[87]
»Thurm an Borsig's Maschinenbau-Etablissement in Berlin«; Farblithographie, 1862

Die Lithographie zeigt die Ansicht der Maschinenbauanstalt von der Thorstraße aus. Die Gebäude enthalten von links nach rechts: den Modellraum (im Untergeschoß ohne Fenster), eine Werkstatt für Tischler von 1848 (im Obergeschoß), die Rückwand eines Schuppens von 1861 (vorher befand sich hier ein Eingang zur Fabrik), den Wasserturm und die Werkstatt für Metallarbeiter von 1845, die Montagehalle für Lokomotiven von 1844 mit dem Anbau von 1856 und den Wasserturm, der gleichzeitig mit der Erweiterung der Montagehalle 1856 entstand. Am rechten Rand der Lithographie erkennt man noch die obeliskenartigen Pfeiler des Hamburger Tores. Das Pferdefuhrwerk und die Personen wurden nachträglich auf den Stein lithographiert.
Die vier Detailansichten der Ziegelarchitektur beschreiben das Konsolgesims unterhalb des Turmkopfes, die netzartige Vermauerung im zweiten Turmgeschoß, das Konsolgesims der Werkstatt für Tischler und das Gesims der Mauer zwischen Modellraum und Turm. Die Ähnlichkeit der Fenster- und Gesimsformen wie auch die Tatsache, daß Strack diese Ansicht der Straßenfassade mit den dazugehörigen Details im »Architektonischen Skizzenbuch« veröffentlichte, läßt die Vermutung zu, daß die gesamte Architektur an der Thorstraße von 1844–61 nach seinen Plänen entstanden ist.

[88]
Ansicht des Eckturmes hinter der Montagehalle und der Tenderwerkstatt

Die zum Hof gewendete Seite der Halle ist durch hohe rundbogige Fensteröffnungen gegliedert. Der Gebäudeteil links auf dem Blatt gehörte zu der neuen Tenderwerkstatt, die eine ähnliche Hoffassade erhielt [79]. Hinter den Hallen steht in der Bildachse der Wasserturm von 1856, der in seinen Proportionen gestreckter wirkt als auf der Lithographie [87]. Im Fabrikhof liegen auf Ständern die Achsschürzen der Tender.

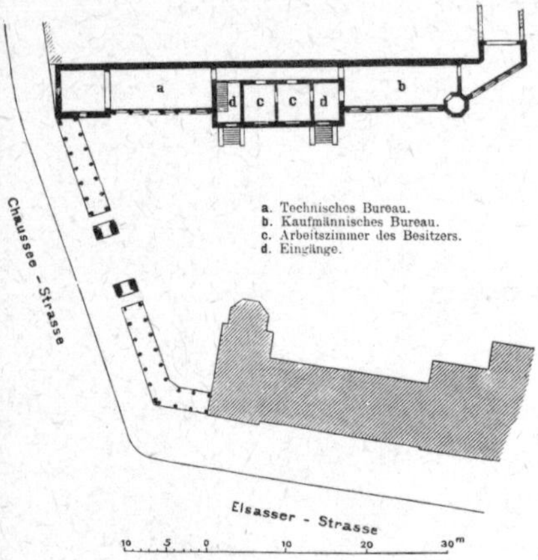

[89]
Grundriß und Lageplan der Arkadenhalle und des Verwaltungsgebäudes

1891 veröffentlichte Julius Kohte seine nach alten Bauzeichnungen angefertigten Bauaufnahmen in der »Zeitschrift für Bauwesen«. Zur Nutzung des erhöhten Mittelbaus schreibt Kohte, es befänden sich dort »der Conferenzsaal, die Bibliothek, die Modellkammer und das Archiv«. Zur Dekoration der repräsentativen Räume weiß er noch aus eigener Anschauung zu berichten: »Die beiden Zimmer Borsigs hatten Stuckdecken, die östliche war durch ein leichtes Rahmenwerk in Felder zerlegt, während die des westlichen als ausgespannter Stoff aufzufassen war, welcher von mehreren gleichlaufenden Fruchtschnüren gehalten wurde. Alle übrigen Räume zeigten Decken mit sichtbarem bemalten Holzwerk. Der innere Ausbau war von seltener Gediegenheit, wie die Fenster und Thüren noch bezeugen, welche bei einem auf der Moabiter Maschinenbau-Anstalt inzwischen erfolgten Neubau wieder verwendet wurden.«

[90]
Ansicht des Verwaltungsgebäudes

1891 widmete Julius Kohte dem Verwaltungsgebäude nebst Arkadenhalle der 1887 abgerissenen Fabrikanlage in der »Zeitschrift für Bauwesen« einen längeren Beitrag. Die dazu angefertigten Zeichnungen entstanden anhand von Unterlagen der Baupolizei. Da die Originalpläne inzwischen verschollen sind, besitzen diese Zeichnungen einen hohen dokumentarischen Wert. Soweit dies an den architektonischen Resten der Arkadenhalle überprüfbar ist, sind Kohtes Angaben äußerst verläßlich.
Der Mittelbau wird in den ersten zwei Geschossen durch je vier gekuppelte Zwillingsfenster gegliedert, die von Fensterarchitekturen aus Terrakotta umrahmt sind. Im dritten Geschoß vermitteln kleinere Rundbogenfenster den Eindruck eines Attikageschosses. Auf der Höhe der Fensterbrüstungen unterteilen breite Gurtgesimse die Geschosse. Ein kräftiges Kranzgesims aus Konsolenfries und Zahnschnitt bildet den oberen Abschluß.
Man betrat das Gebäude über zwei Freitreppen, die rechts und links vor dem Mittelrisalit lagen. Auf Postamenten standen gußeiserne Leuchter auf einem dreifüßigen Sockel. Von der Terrakotta-Architektur der Fenster des unteren Geschosses zeichnete Kohte eine Detailaufnahme [91 (3)]. Die Zwillingsfenster werden von einer kannelierten Säule mit stilisiertem Kapitell unterteilt. Im Bogenfeld befindet sich eine Rosette. Fensterlaibung und Bogen werden von Rundstäben profiliert. Das abschließende Gesims erhält einen Perlstab-, Blatt- und Palmettenfries. Die Zwickel zwischen Gesims und Bogen füllt ein umrahmendes Terrakottafeld mit einem Efeukranz. Das kleinere Fenster im dritten Geschoß zeigt an dieser Stelle eine Rosette [91 (5)].
Die Fensterbrüstung wird von zwei quadratischen Terrakottaplatten verblendet. Ihr Ornament besteht aus einer zentralen Rosette, von der sich vier Palmetten fächerartig ausbreiten. Bei den Seitenflügeln stehen vor schmalen Fensterpfeilern Pilaster aus Backstein mit Terrakottakapitellen, auf denen die Fensterbogen aufsetzen. Die Kapitelle zeigen einen Frauenkopf, der von stilisierten Voluten umrahmt wird [91 (6)]. Auf den Wandflächen oberhalb der Kapitelle liegen Medaillons, die im ersten Geschoß einfache Handwerkszeuge in der Tradition von Zunftwappen aufnehmen [94], im zweiten Geschoß sind sie als Rosetten ausgebildet. Die Seitenflügel werden von einem Konsolgesims mit einer darüberliegenden Balustrade abgeschlossen. (Zum Turm an der Chausseestraße siehe [93]).

[91]
Detailansichten der Terrakotta-Architekturen am Verwaltungsgebäude und der Arkadenhalle der Borsigschen Fabrik

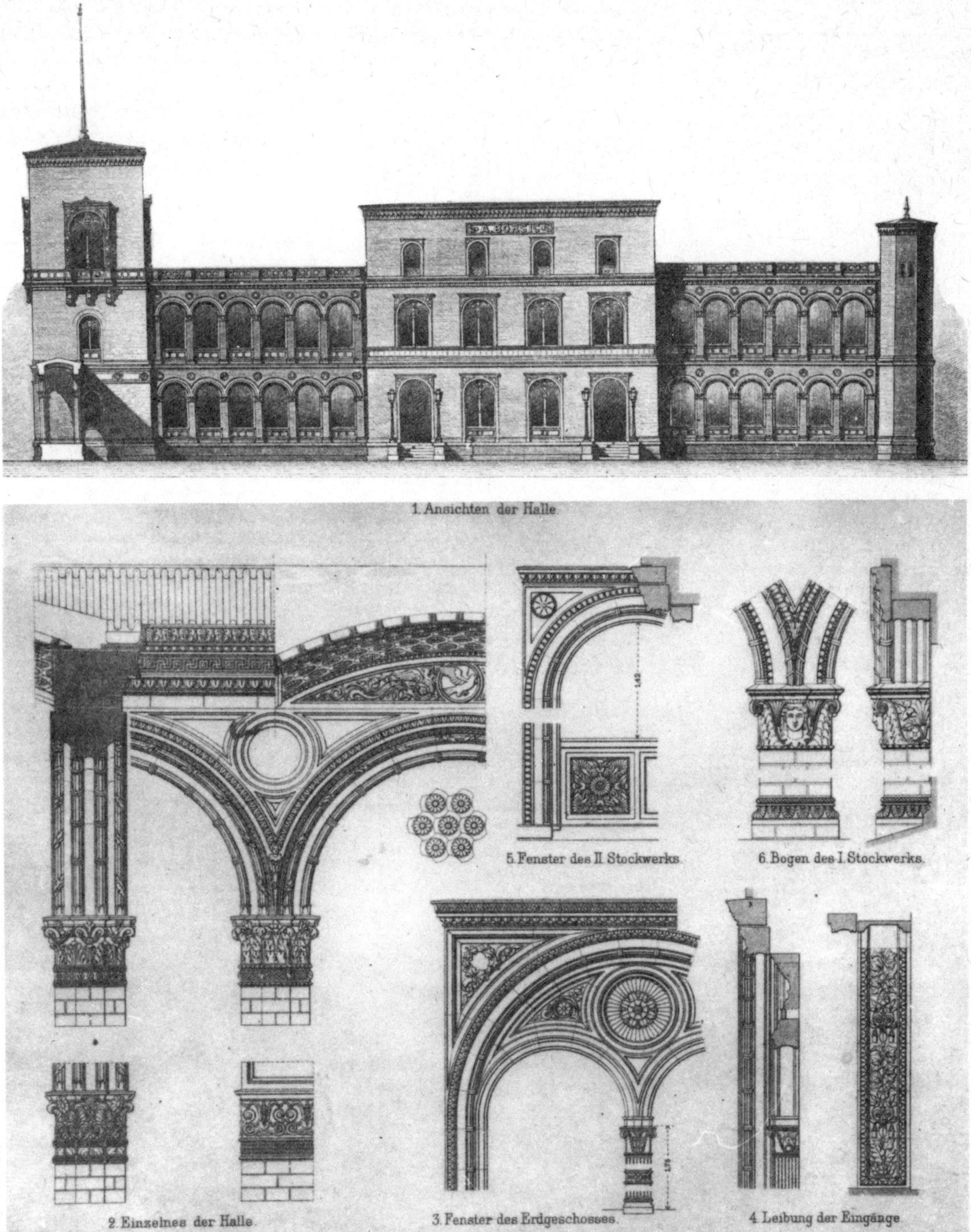
1. Ansichten der Halle
5. Fenster des II. Stockwerks
6. Bogen des I. Stockwerks
2. Einzelnes der Halle
3. Fenster des Erdgeschosses
4. Leibung der Eingänge
H. Strack erf.
J. Kohte u. F. Schultze ges.
1:20
Riegel gest.

[92]
Konsolfigur des Fensters im dritten Turmgeschoß an der Chausseestraße; Aufnahme 1972

Die Konsole wird gebildet aus einer lang auslaufenden Volute, die sich an ihrem unteren Ende zu einer Standfläche ausrollt, auf der vor einem Akanthusblatt der barfüßige Knabe steht. Er hat beide Arme hinter dem Kopf verschränkt und trägt auf einem Kopfring die Deckplatte. Seine Kleidung besteht aus einer Paenula, einem glockenförmigen Mantel mit Kaputze, die von griechischen Sklaven getragen wurde und meist aus Leder bestand. Über dieses antikisierende Gewand ist dem Knaben die Lederschürze des Schmiedes vorgebunden. Den Entwurf führte Gustav Bläser aus.

[93]
»Erkerartige Fenster des Thurmes an der Chausseestraße«

Das Fenster des dritten Turmgeschosses, das den Lokomotivbau präsentieren soll, war entsprechend der Bedeutung dieses Produktionszweiges aufwendig gestaltet. Es zeigt ein Zwillingsfenster, das von einer mehrfach gegliederten Säule unterteilt und von einer Giebelarchitektur umfangen ist. Als Konsolen tragen drei lederbeschürzte Knaben das verkröpfte Gurtgesims, das als Standfläche für die auf Piedestalen stehenden Fensterpfeiler dient. Die Fensterpfeiler treten plastisch aus der Wandfläche hervor und werden an drei Seiten von Terrakottaplatten mit vegetabilem Dekor versehen. Die Kapitelle zeigen einen Kranz von Akanthusblättern, aus dem in der Mitte eine Palmette und an den Ecken Greifen hervorragen. Die Fensterbrüstung wird von zwei Terrakottaplatten verkleidet, die zwischen Pflanzenornamenten das in sich verschlungene Firmenzeichen »ABE« (»A. Borsig's Eisengießerei«) tragen [95]. Das Bogenfeld

schen Unternehmens gesetzt worden, das es sich finanziell erlauben konnte, bedeutende Berliner Künstler mit der Ausstattung der Fabrik zu beauftragen.

Unter den Fassaden der dritten, in den Jahren 1848/49 geschlossenen Hofseite entlang der Thorstraße dominierte die Fensterfront des großen Speisesaales, die sich mit ihren hohen rundbogigen Fensteröffnungen auf die Tor- und Fensteröffnungen der Gießerei bezog. Neben dem Speisesaal lag das zweigeschossige Wohnhaus, in dessen zweitem Geschoß sich die Wohnung des Oberwerkführers befand. Von der Hofseite dieses Gebäudes ist eine Ansicht nicht überliefert.

Für zehn Jahre, bis 1858, blieb die architektonisch relativ gleichgewichtige Bebauung des Fabrikhofes erhalten, wobei dem Gießereigebäude mit dem Uhr- und Wasserturm als Produktionsstätte besondere Beachtung zukam. Der Produktionssteigerung, die sich in der Bebauung des hinteren Geländeteils und der dortigen Randbebauung mit großen Hallen in den Jahren 1856 bis 1858 ausdrückte, folgte das Anwachsen der Verwaltungsaufgaben, so daß schließlich ein Ausbau der kaufmännischen und technischen Büros für die betriebliche Organisation der größten Lokomotivfabrik Preußens erforderlich wurde.

An der Stelle des alten Kontorgebäudes entstand als Ziegelrohbau ein langgestrecktes, mehrgliedriges Verwaltungsgebäude mit hohem, dreigeschossigem Mittelteil und zwei zweigeschossigen Seitenflügeln. An der Chausseestraße endete das Gebäude in einem hohen, dreigeschossigen Turm, der auf quadratischem Grundriß errichtet, den Turm des Vorgängerbaus um ein Geschoß erhöht wieder aufnahm. Zur Fabrikseite wurde die Flügelanlage durch einen achteckigen Treppenturm begrenzt [90]. Hinter dem Achteckturm trat das Fabrikgelände rechtwinklig zurück. Diese mißliche Grundstückssituation verblendete ein zweigeschossiger Anbau über vier Joche, der im Anschluß an den Treppenturm in einer abgetreppten Bauflucht errichtet wurde [89, 102].

Der erhöhte Mittelbau erhielt insbesondere in den unteren Geschossen plastisch hervortretende Fensterarchitekturen aus Terrakotta [90, 91(3)] und schloß mit einem kräftigen Konsolgesims ab. Die Seitenflügel zeigten eine von Rundbogen gegliederte Fensterfront. Die Bogen ruhten auf schmalen Wandpfeilern, deren Pilastern Terrakottakapitelle vorgelegt waren. Auf den Wandzwickeln des ersten Geschosses befanden sich Handwerkerzeichen, die an die Tradition der Zunftwappen anknüpften [94], im zweiten Geschoß waren einfache Ringe an dieser Stelle eingesetzt. Nach Fertigstellung des Verwaltungsgebäudes zeigte sich die linke Hofseite architektonisch dominierend; sie setzte sich deutlich von der gegenüberliegenden Hofbebauung ab und minderte die Bedeutung der Gießerei mit ihrem vorgelagerten Uhr- und Wasserturm für das Erscheinungsbild der Fabrik.

Entscheidend für die Gesamtwirkung waren nun der quadratische Turm und die 1860 errichtete Arkadenhalle [Tafel IV]. Den dreigeschossigen Turmbau, dessen Geschoßhöhe jeweils zunahm, unterteilten breite Schmuckfriese. Über dem schlichten Rundbogenfenster des ersten Geschosses zeigte der Medaillonfries Profilbildnisse bedeutender Unternehmer des Berliner Maschinenbaugewerbes:

zeigt im Medaillon den wichtigsten Produktionszweig neben dem Dampfmaschinenbau (Fliehkraftregler im Bogenfeld des zweiten Geschosses) mit dem Relief einer Lokomotive aus der Serie »Borussia« [122].
Der Entwurf zum Medaillon stammte von dem Bildhauer Wilhelm Kullrich, die anderen Terrakottaarbeiten von Gustav Bläser, der auch die Figur des Schmieds für den Uhrturm entworfen hatte [85].

[94]
Medaillon für die »Zunft« der Tischler in den Bogenzwickeln des ersten Geschosses an den Seitenflügeln des Verwaltungsgebäudes; Aufnahme 1972

[95]
Emblem aus der Fensterbrüstung des dritten Turmgeschosses an der Chausseestraße

[96–99]
Vier Kapitelle aus der Arkadenhalle an der Chausseestraße; Aufnahmen 1978

[100]
Allegorie der Arbeit; Terrakottaplatte vom linken Torbogen zur Borsigschen Maschinenbauanstalt an der Chausseestraße; Aufnahme 1972

Die beiden den Eingang der Fabrik flankierenden Reliefplatten [100, 101] weisen allegorische Darstellungen auf, die für die Ikonographie der Borsigschen Fabrik entscheidend sind. In ihren Mittelfeldern zeigen sie je eine weibliche Gestalt in einem antikisierenden Gewand. Sie sind von antikem Blattwerk umgeben und stehen mit einem Fuß auf einem Akanthuskelch, während der andere Fuß auf einer Blattvolute ruht. Stellung und Körperhaltung sind bei beiden Figuren gleich, so daß sich innerhalb der Ornamente bei beiden Platten ein fast identischer Umriß ergibt.
Die Figuren wenden ihr Haupt zum Eingang und blicken auf den Eintretenden herab. Die Frauengestalt rechts des Eingangs hat ihr Haar unter einer Kapuze verborgen [101]. In der linken Hand trägt sie eine brennende Fackel, während sie mit der rechten eine Tafel hält, die sie auf ihren Oberschenkel gesetzt hat. Auf einem Zahnrad sitzend verkörpert sie die »Technische Wissenschaft« mit der Fackel der Erkenntnis und dem Lehrbuch in den Händen.
Aufrecht steht ihr die Figur »Labor« gegenüber, den Vorschlaghammer zur Seite, dessen Stiel ihre Hand entspannt umfaßt, den linken Handballen hat sie in die Hüfte gestemmt, der Umhang ist ihr von der Schulter auf den rechten Oberarm gerutscht, das Kleid fällt wie die Lederschürze eines Schmiedes. Ihr zu einem Knoten zusammengestecktes Haar ist nicht bedeckt. Auch diese Gestalt wird von klassizistischem Ornamentwerk umfaßt. Aus einem breitblättrig auslappenden Akanthuskelch steigt eine Rispe auf, die kreisförmig eine zwölfteilige Rosette umschließt. Ein aufsteigender Ast

fällt gegenläufig in zwei spiralförmigen Bewegungen zurück. Die untere Rispe endet in einem aufsprießenden Fruchtknoten mit Blätterkranz, die obere in zahlreichen Blatt- und Blütenformen.
Obwohl die Figur »Technische Wissenschaft« auf einem Zahnrad sitzt, erreicht sie die gleiche Kopfhöhe wie die ihr gegenüberstehende »Schwester«. Die fabrikmäßige Herstellung der Terrakottaplatten in der Tonwarenfabrik March förderte das Arbeiten mit Versatzstücken. Auffällig ist bei den Reliefplatten, daß es keine Überschneidungen von Ornament und Figuren gibt. Wahrscheinlich war die Größe des Mittelfeldes von der Ornamentik vorgegeben und wurde nur mit unterschiedlichen Bildinhalten gefüllt. So ergab sich für die Figur »Technische Wissenschaft« eine halb sitzende und halb stehende Haltung. Ungelenk und von unglücklicher Körperproportion zollt sie ihrem industriellen Attribut, dem Zahnrad, und auch der industriemäßigen Herstellung der Terrakottaplatten den Preis ihrer vormaligen Idealfigur. Während ihr Gesicht fast die Züge einer Raffaelischen Madonna trägt, verkümmert ihr Körper abwärts zusehends, was sich kaum unter der Stoffdrapierung verbergen läßt.

[101]
Allegorie der Technischen Wissenschaft; Terrakottaplatte vom rechten Torbogen zur Borsigschen Maschinenbauanstalt an der Chausseestraße; Aufnahme 1972

[102]
Blick über den Fabrikhof auf das Verwaltungsgebäude; Fotografie, um 1862 (?)

Hier handelt es sich um eine Ansicht, die vermutlich vom Wasserturm an der Elsässer Straße (ehemals Thorstraße) aufgenommen wurde. Sie ist möglicherweise Vorlage für die Porzellanmalerei auf der Jubiläumsvase von 1862 gewesen und ein Teil des auf der Vase wiedergegebenen Panoramas vom Fabrikhof (vgl. [Tafel VI]).

C. G. Freund, C. Hummel, F. A. Egells und August Borsig. Das fünfte Medaillon war für Albert Borsig vorgesehen, wurde aber nach dessen Tod (1878) nie angefertigt. Das zweite Geschoß erhielt ein Zwillingsfenster, das von einem Rundbogen überspannt wurde. Im Bogenfeld war ein Medaillon angebracht, das einen Fliehkraftregler zeigte und damit auf Dampfmaschinen- und Kesselbau verwies. Die auffälligste Gestaltung wies allerdings das Fenster im dritten Geschoß auf, dessen plastische Terrakottarahmung, einer Ädikula vergleichbar, aus der flachen Ziegelfläche des Turmes hervortrat [93]. Im Bogenfeld erblickte man hier eine Darstellung der 1000. Lokomotive, die 1858, als man das Verwaltungsgebäude mit dem Turm plante, die Borsigsche Fabrik verlassen hatte [122]. Die wirtschaftliche und zivilisatorische Bedeutung des Lokomotivbaus fand ihre Entsprechung in den ausgeprägten Schmuckformen dieses Fensters.

Die Errichtung der Arkadenhalle als architektonische Begrenzung zwischen Fabrikhof und Straße war unter anderem aufgrund zahlreicher Beschwerden von Passanten veranlaßt worden; diese fühlten sich nämlich von den Borsigarbeitern, die ihre Pausen auf der Straße verbrachten, belästigt [47]. Für eine Arkadenhalle hatte man sich hier, am Berührungspunkt zwischen Fabrik und Öffentlichkeit, entschieden, weil sie den Blick auf die Hofbebauung weiterhin ermöglichte. So entstand 1860 rechts und links einer breiten Durchfahrt diese zierliche Arkadenhalle mit zwei Reihen achteckiger Pfeiler, die unterschiedliche Terrakottakapitelle trugen [96–99]. Zwischen den schlanken Pfeilern waren gußeiserne Gitter angebracht, die einerseits die Passanten vor den angeblichen Belästigungen durch Borsigarbeiter schützten, andererseits aber die Transparenz zwischen Straße und Fabrikhof gewährten. Beidseitig des Eingangs befanden sich Terrakottaplatten, die eine weibliche Gestalt mit Hammer beziehungsweise auf einem Zahnrad sitzend darstellten [100, 101].

Mit dem Jahre 1862, in dem auch die Firma ihr fünfundzwanzig-

[103]
»Giebelgruppe am neuen Comptoirgebäude des Borsigschen Etablissements in Berlin«; Holzstich nach einer Zeichnung von L. Pietsch, 1862

Diese Figurengruppe ist eine der beiden Portalgruppen, die bei den Bildhauern Gustav Bläser und Heinrich Schievelbein in Auftrag gegeben worden waren und zur Feier des 25. Firmenjubiläums 1862 rechts und links der Einfahrt auf Torbogen aufgestellt wurden. Pietsch zeichnete die Figurengruppe von Bläser, die aus Erfinder, Konstrukteur und Arbeiter bestand. Bei Bläser trug der Erfinder ein Dampfmaschinenmodell, während er bei Schievelbein ein Lokomotivmodell in Händen hielt. In diesen hierarchisch geordneten Dreiergruppen sieht Pietsch eine Vereinigung »dieser ganz der Natur und Wahrheit nachgebildeten Gestalten zu einem Ganzen von echt plastischer, einfach großer und bedeutender Wirkung«. Die Gruppe zeige »die Träger der drei Grundthätigkeiten des Maschinenbaus«. Trotz der »Darstellung eines Arbeiters in der Plastik«, meint unser Referent, sei diese »realistische Zeitrichtung mit den ewiggültigen Bedingungen der plastischen Kunst in der glücklichsten Weise versöhnt«. Die Portalgruppe von Schievelbein wurde zur Zeit des Berichtes noch in der Marchschen Tonwarenfabrik gebrannt.

jähriges Bestehen feierte, wurden den beiden Torpfosten Bildwerke aus Terrakotta aufgesetzt, die jeweils eine Dreiergruppe aus Erfinder, Konstrukteur und Arbeiter darstellten. Die rechte Gruppe von dem Bildhauer Schievelbein bezog sich auf den Lokomotivbau, die linke von dem Bildhauer Gustav Bläser auf den Dampfmaschinenbau [103].

Das Jahr 1862 bedeutete zugleich auch den Abschluß der Bau- und Gestaltungsarbeiten auf diesem repräsentativen Hofgelände an der Chausseestraße. 25 Jahre lang war die Firma bestrebt gewesen, in der Architektur nicht nur ein Mittel zur Lösung räumlicher Probleme zu sehen, sondern sie auch der Selbstdarstellung des Unternehmens zugute kommen zu lassen. Als größte Industrieanlage Berlins hatte Borsigs Lokomotivfabrik – wie es in der Festadresse der »Beamten und Meister« an den Firmenchef Albert Borsig 1862 hieß – neben der »inneren Vollendung« des Werkes durch das Verwaltungsgebäude, die Arkadenhalle und ihren figürlichen Schmuck auch ihre »äußere Vollendung« erfahren. Deren Ziel war es, der zivilisatorischen Leistung der Industrie einen architektonisch angemessenen Rahmen zu verschaffen und die Fabrik als ein kulturelles Zentrum auszubauen.

Vorbilder und Architekten

Gießereigebäude (1836–1845)

Die architektonische Entwicklung in den ersten 25 Jahren des Bestehens der Borsigschen Eisengießerei und Maschinenbauanstalt wurde bei einigen exponiert stehenden Bauten von Vorbildern geprägt, die teils zeitgenössischen Fabrikanlagen, teils der Architektur der Berliner Bauschule Schinkels und seiner Schüler entlehnt waren. Für den Grundriß des ersten Gießereigebäudes war die Kupolhütte der Königlich Preußischen Eisengießerei als einer weit über Berlin hinaus bekannten Fabrik dem jungen Unternehmer Borsig ein anzustrebendes Vorbild gewesen [104]. Den oktogonalen Grundriß mit den angrenzenden Flügelbauten veränderte Borsig den räumlichen Erfordernissen seines Unternehmens entsprechend zu einem queroblongen Oktogon, dessen Längsseite genügend Raum bot, die Maschinenbauanstalt daran anschließen zu lassen. In den Darstellungen zu seinem ersten Entwurf der Gießerei [76, Tafel I] steigerte er das Vorbild, indem er den Wandpfeilern zwischen den drei hohen Rundbogenfenstern der apsidial vortretenden Hütte Pilaster vorlegte, das Pyramidendach in einer Laterne enden ließ und hinter das Gebäude zwei gleichhohe Schornsteine stellte. In der endgültigen Ausführung [77] orientierte sich die Fassade an dem Gießereigebäude der königlichen Maschinenbauanstalt der Seehandlung [21]. Bei dem dortigen Fassadenaufriß erschien über hohen Rundbogenfenstern eine Attikazone aus schmalen Schlitzfenstern, die dann auch bei späteren Bauten der Borsigschen Fabrik ein häufig verwendetes Fassadenelement wurde.

Das erst 1836 errichtete Gebäude der königlichen Maschinenbauanstalt fällt zeitlich mit der Planungsphase der Borsigschen Gießerei zusammen und konnte möglicherweise zum Zeitpunkt der Projektzeichnung noch nicht berücksichtigt werden. Ein zweites Beispiel für

[104]
Ansicht des Hüttengebäudes der königlichen Eisengießerei zu Berlin;
Radierung von J. D. Laurens nach F. A. Calau, 1819/20

Die Ansicht zeigt das erst 1819 fertiggestellte Hüttengebäude für Kupolöfen. Die Entwürfe für die Erweiterung der königlichen Eisengießerei nach den Befreiungskriegen stammten von dem Baukondukteur Eckardt, der das neue Hüttengebäude über einem kreuzförmigen Grundriß errichten ließ.

eine von senkrechten Schlitzfenstern gebildete Attikazone an einem technischen Gebäude findet sich beim Maschinenhaus in Glienicke, das Persius ebenfalls 1836 für eine englische Dampfmaschine entworfen hatte. Das Gebäude wie auch die Maschinen werden sicherlich Borsigs Interesse gefunden haben. Die Schlitzfenster an dem Gebäude der königlichen Maschinenbauanstalt hatten auch eine funktionale Bedeutung, nämlich den Abzug der Wärme aus der Gießerei zu bewirken, was auf eine günstigere Belüftung des Arbeitsplatzes hoffen ließ, als die kleine Borsigsche Laterne zu leisten imstande war, auf die dann verzichtet wurde. Erst später fand sie in veränderter Form für einen anderen Zweck ihren Platz auf dem Dach der Borsigschen Gießerei. In der Ansicht des Jahres 1844 erscheint sie noch nicht. Erst nachdem die dreiachsige Fensterfront dem Anbau von 1845 geopfert worden war, wurde sie als zusätzliche Lichtquelle errichtet. 1847 taucht sie auf dem Gemälde von Biermann als weiße, achteckige Laterne mit flachem Zeltdach auf [Tafel II].

Mit dem oktogonalen Grundriß nahm die Borsigsche Gießerei nicht nur Bezug auf die königliche Gießerei, sondern stand auch in der Tradition oktogonaler Kirchen, die von Laternen gekrönt wurden[201]. Ein frühes Beispiel innerhalb der Berliner Bauschule findet sich bei Karl Friedrich Schinkel, der 1828 über einem Oktogon eine Kirche für die Oranienburger Vorstadt entwarf [105]. Dieser Entwurf kann zwar nicht als ein direktes Vorbild für die Borsigsche Gießerei angesehen werden; es deutet sich aber der architektonische Rahmen an, in den auch die Gießhalle eingeordnet werden kann.

Eine größere Ähnlichkeit zwischen dem 1845 erweiterten Gießereigebäude und einem Kirchenentwurf besteht zu einem Blatt des Architekten Carl Ferdinand Busse aus den vierziger Jahren [106]. Es zeigt eine oktogonale Kirchenhalle mit einem freistehenden Campanile, der durch einen offenen Torbogen mit dem Kirchengebäude verbunden ist. Auffällig in diesem Entwurf ist die dekorative Gliederung der Fassade durch helle und dunkle Ziegelstreifen, wie sie auch an zahlreichen Bauten der Borsigschen Fabrik erscheinen. Die Polychromie der mittelalterlichen Ziegelarchitektur hatte Schinkel Anfang der dreißiger Jahre für die Fassadengestaltung der Berliner Bauakademie angewandt. Damit hatte er der Ziegelarchitektur innerhalb der Baukunst neue Geltung verschafft.

In der Nachfolge Schinkels griff zunächst Persius die Farbigkeit der Ziegelarchitektur für Kirchenentwürfe auf. 1841 entstand die Heilandskirche in Sakrow, deren Fassade durch gelbe und rote Ziegellagen gegliedert wurde. Der Kontrast zwischen hellen und dunklen Backsteinstreifen erinnerte zugleich an oberitalienische Baptisterien und Kirchen. Spätestens seit 1840 waren Borsig und Persius miteinander bekannt. Vielleicht hat sich ein persönlicher Kontakt zwischen dem Architekten und dem Faktor der Egellsschen Fabrik schon 1835 bei Errichtung der Egellsschen Dampfmaschine für den Garten zu Sanssouci ergeben oder bei der Aufstellung der englischen Dampfmaschine in dem von Persius entworfenen Maschinenhaus in Glienicke. Die Veränderung der Gießerei zwischen Herbst 1836 und Frühjahr 1837 läßt auf einen persönlichen Kontakt Borsigs zu einem Architekten der Berliner Bauschule schließen. Aufgrund

[105]
Kirchenentwurf für die Oranienburger Vorstadt;
Karl Friedrich Schinkel, 1828

[106]
C. F. Busse, Kirchenentwurf;
aquarellierte Federzeichnung,
um 1850

[107]
»Turm der Winde« in Athen

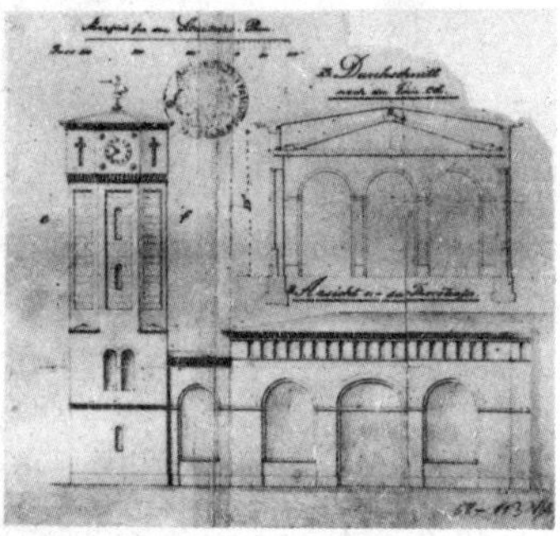

[108]
Zeichnerische Ansicht der Erweiterung des Hüttengebäudes von 1845

Bei dem Entwurf zum Bauantrag fehlen noch das Bassin mit der Löwenfigur, vermutlich auch der Schmied im Turmfenster und die Pausenglocke am Turmkopf. An dieser Stelle findet sich das Kreuzzeichen.

der Ausbildung im Baufach, die Borsig in Breslau erhalten hatte, und seiner langjährigen Erfahrung in einem Gießereibetrieb wird man die Projektzeichnung August Borsig zuschreiben können. Diese Vermutung läßt sich durch eine Bemerkung von Julius Kohte unterstützen, der die Originalakte zu den Fabrikbauten der Chausseestraße bei den Baubehörden 1891 einsehen konnte und darauf hinweist, daß »die ältesten noch von August Borsig eigenhändig verfaßt« seien[202].

Nach Abgabe der Bauzeichnung bei der Baupolizei Mitte September 1836 wird Borsig sich möglicherweise die gerade fertiggestellte Gießerei der Seehandlung angesehen haben, von der er dann die ihm funktional sinnvoll erscheinende Attikazone übernahm. Die polychrome Gestaltung seines Fabrikgebäudes, wesentlicher Bestandteil der Veränderung, ist allerdings ohne die Arbeiten von Schinkel, Persius, Stüler und Strack Mitte der dreißiger Jahre nicht denkbar. Die Fassadengestaltung in der Projektzeichnung, von Biermann 1847 wiederholt, zeigt dementsprechend eine traditionelle einfarbige Backsteinfassade. Im Winter 1836/37 könnte Borsig möglicherweise seine Kontakte zu Berliner Architekten genutzt haben, um sein Fabrikprojekt vorzustellen. Der architektonische Anspruch, den er erfüllen wollte, läßt vermuten, daß er mit Persius oder auch mit Strack, den er seit 1834 kannte, sein Bauvorhaben besprach. Ergebnis dieser Unterredung könnten die farbige Fassadengestaltung und die Veränderung der stumpfen Schornsteinabschlüsse zu obeliskenartig zugespitzten Schornsteinköpfen gewesen sein. Schon der 1836 bei der Baupolizei eingereichte Entwurf zeigt den gelungenen Versuch des Privatunternehmers, an die Architektur großer staatlicher Industrieanlagen Berlins anzuknüpfen. Trotz geringer Eigenmittel investierte Borsig Gelder in die Gestaltung seiner Fabrik, um deutlich zu machen, daß er sich als Privatunternehmer fähig fühlte, mit den staatlichen Betrieben in Konkurrenz zu treten.

Das 1837 aufgeführte und 1845 erweiterte Hüttengebäude mit »Campanile« und Laterne bereicherte die Borsigsche Fabrik um Assoziationen und Anlehnungen an Entwürfe und Bauten bekannter Berliner Architekten. Diese Beispiele stammten zum Teil von Profanbauten, teils aber auch von sakralen Bauten, die diese Fabrik über den technisch-funktionalen Rahmen hinaus als Teil der Baukunst erscheinen ließen. Die Beachtung, die der Anlage in den folgenden Jahrzehnten durch zahlreiche Beschreibungen in Zeitschriften zuteil wurde, bestätigte im nachhinein, daß Borsigs Überlegung, die technische Bedeutung seiner Fabrik auch mit architektonischen Mitteln auszudrücken, richtig war. Gerade die Baugeschichte der Gießerei bis zum Jahre 1845 zeigt den Versuch, die zivilisatorische Bedeutung der Produkte und die Fabrik mit Hilfe der Baukultur gesellschaftsfähig zu machen.

[109]
»Hünerdorfer Thor zu Tangermünde«;
Lithographie von F. E. Meyerheim nach einer Zeichnung von J. H. Strack, 1833

In unmittelbarer Nähe des Stadttores zu Tangermünde befindet sich noch heute dieser wehrhafte Turm aus der zweiten Hälfte des 14. Jahrhunderts, dessen wuchtiges, von Blendarkaden gegliedertes Untergeschoß sich auf quadratischem Grundriß erhebt. Auf halber Turmhöhe trat der Turm an seinen Ecken zurück und wurde auf achteckigem Grundriß weitergeführt. Der Turmkopf trug Zinnen.

Türme (1844/1845)

Die Wassertürme der Borsigschen Fabrik, die baugeschichtlich am Beginn einer neuen Expansionsphase des Werkes standen, erforderten als markante architektonische Gebilde eine besondere Gestaltung, mit der Borsig den Architekten und Schinkelschüler J. H. Strack beauftragte. Als weithin sichtbare Zeichen der Fabrik griffen insbesondere der Turm an der Thorstraße und der Turm vor dem Gießereigebäude auf Vorbilder zurück, die mehrere Aspekte zur Bedeutung der Fabrik beisteuerten.

Der Wasserturm an der Thorstraße konnte sich auf eine Gruppe von Turmbauten beziehen, die schon eine Tradition innerhalb der Berliner Baukunst bildeten. In Potsdam waren zahlreiche Wirtschaftsanlagen entstanden, die sich als Gärtnerhäuser und Fasanerien an dem von Schinkel und Persius entwickelten italienisierenden Villenstil orientierten und meist mit einem Turm versehen waren.

1827 beteiligte sich auch Strack mit einem Entwurf für ein Weinberghaus an der Diskussion um eine gelockerte Bauweise für Landschaftshäuser. Eva Börsch-Supan bezeichnet diesen kleinen Entwurf als das »erste überzeugende Beispiel vom Villenstil der Schinkelschule«[203]. Dem Weinberghaus wird ein viergeschossiger Belvedereturm zur Seite gestellt, dessen dekorative Wirkung aus Bänderputz und offenem Pilastergeschoß herrührt.

Zu Beginn der vierziger Jahre waren schon verschiedenartige Turmbauten in Potsdam ausgeführt, die Strack neben seinen eigenen Entwürfen als Vorbild dienen konnten. Der 1843 an dem Nebengebäude der dortigen Friedenskirche entstandene Turm zeigt eine auffällige Ähnlichkeit mit dem Wasserturm vor der Montagehalle. Gerade der Turmkopf scheint ein direktes Zitat zu sein.

Der Uhr- und Wasserturm vor der Gießerei griff auf ältere Vorbilder zurück. Ein Vorbild des achteckigen Turmes mit einem Fabelwesen als Wetterfahne findet man im Athener »Turm der Winde« [107]. Die Verwendung eines antiken Gebäudes als Vorbild für einen Fabrikturm war in der jüngeren Baugeschichte Berlins eine Neuheit, für die man kaum Vergleichbares wird finden können. Zwar zitierte man seit Langhans' Brandenburger Tor die antike Architektur auch in Berlin in mehr oder weniger freien Nachschöpfungen, wie zum Beispiel bei dem »Lysikrates-Monument« für die »Große Neugierde« in Glienicke. Das »Lysikrates-Monument« wie auch der »Turm der Winde« waren durch die Publikation von Stuart und Revett aus dem Jahre 1789, die der Berliner Architektenschule als Vorlage diente, bekannt.[204] Doch waren die antikisierenden Gebäude meist staatliche Repräsentationsbauten oder Privatbauten des preußischen Adels. Den »Turm der Winde« zitierte Schinkel schon 1820–24 beim Umbau des Humboldt-Schlosses in Tegel bei Berlin: An den vier Türmen ließ er Reliefs, die die antiken Windgötter darstellen, anbringen. Strack wie Borsig werden den Wohnsitz der Humboldts gekannt haben; insbesondere Borsig pflegte freundschaftliche Beziehungen zu Alexander von Humboldt, die über den »Verein zur Beförderung des Gartenbaus in den preußischen Staaten« entstanden sein könnten. In späteren Jahren bereicherte Humboldt häufig die Borsigschen Treibhäuser mit exotischen Pflanzen, die er von seinen Südamerikareisen mitbrachte. Die Verwendung des »Turms der Winde« als Vorbild für die Fabrik zeigt, in welch großem Rahmen sich die Industrie auf der Suche nach Ausdrucksformen bewegte.

Neben dem »Turm der Winde« ist aber auch ein brandenburgisches Baudenkmal als Vorbild für den Turm vor der Gießerei zu nennen. 1833 wurde ein Tafelband mit Darstellungen brandenburgischer Backsteinbauten von Franz Kugler herausgegeben und kommentiert.[205] Auf Tafel 2 der Ausgabe wird das Hünerdorfer Tor zu Tangermünde abgebildet, das von Strack zeichnerisch aufgenommen und von Friedrich Eberhard Meyerheim lithographiert worden war [109]. In unmittelbarer Nähe zum Stadttor befand sich ein wehrhafter Turm aus der zweiten Hälfte des 14. Jahrhunderts, dessen wuchtiges, von Blendarkaden gegliedertes Untergeschoß sich auf quadratischem Grundriß erhob und auf halber Turmhöhe als achteckiger Baukörper weitergeführt wurde. Mit dem Uhrturm der Borsigschen Fabrik zeigt dieser Turm erstaunliche Ähnlichkeit. So könnte sich Strack bei der Bauaufgabe, einen Uhrturm für den Eingangsbereich der Fabrik zu entwerfen, zunächst an die Türme mittelalterlicher Stadtbefestigungen der Mark Brandenburg erinnert haben. Unter diesen Türmen spielte der Turm der Handelsstadt Tangermünde für die nationale Baugeschichte eine bedeutende Rolle. Anfang der vierziger Jahre wurde die Chausseestraße Zentrum des Maschinenbaugewerbes in Berlin, die Gegend vor den Stadtmauern erhielt durch das Nebeneinander zahlreicher Fabriken ihr architektonisches Gepräge. Die Borsigsche Fabrik als größter Bestandteil dieser Industrielandschaft versuchte sich mit ihren Turmbauten auch als architektonisch dominierende Anlage auszuweisen. Der Turm an der Thorstraße dürfte durchaus den Geschmack des seit 1840 regierenden preußischen Königs Friedrich Wilhelm IV. getroffen haben, der sich für die Verbreitung der italienisierenden Villa mit Turm einsetzte und immer wieder Anlässe schuf, diesen Villentypus durch eigene Entwürfe zu bereichern. Mit dem deutlichen Zitathinweis auf die Potsdamer Turmbauten der königlichen Gärten bewies der Borsigsche Wasserturm die Bereitschaft, die architektonischen Wünsche des preußischen Königshauses zu berücksichtigen und die preußische Industrie architektonisch als Bestandteil preußischer Baukultur auszuweisen.

Der Uhr- und Wasserturm fand in den Wehrtürmen mittelalterlicher Handelsstädte ein Vorbild, die einst als Zeichen ökonomischer Unabhängigkeit vom Selbstbewußtsein bürgerlicher Handelsstädte kündeten. Auf dem Borsigschen Fabrikhof stand jetzt an hervorragender Stelle ein »Wehrturm« als Zeichen wirtschaftlicher Macht der Berliner Maschinenbauindustrie. In diesem drückte sich außerdem das Bewußtsein von einer neuen nationalen Stärke aus, die man mittels einer leistungsfähigen Industrie errungen hatte. Der wehrhafte Bau war als architektonischer Auftakt vor die Industrieanlage - sozusagen als »Visitenkarte« des Borsigschen Unternehmens - gestellt worden. Im übertragenen Sinne wies er auch auf die Wehrhaftigkeit preußischer Industrie und auf das Erstarken eines nationalen Bürgersinnes hin.

Die streitbare Nationalökonomie, für die die Borsigsche Fabrik ein Sinnbild geschaffen hatte, zeigte sich aber zugleich in der spielerischen Anlehnung an ein antikes Baudenkmal als humanistisch geläutert und wies über die zivilisatorische Bedeutung der Fabrikstätte auf die ihr zugestandene Funktion, Kult- und Kulturstätte zu sein, hin. Ihre Bedeutung für die Zivilisation hatte die preußische Industrie erst 1844 glanzvoll auf der Gewerbeausstellung erfahren, von deren Erfolgen insbesondere das Borsigsche Unternehmen profitiert hatte, das sogleich mit dem Bau neuer zweckrationaler Produktionshallen und mit der Errichtung »poetischer Wassertürme« reagierte. In den Turmbauten zeigte sich das Verlangen, die Industrie in die abendländische Kultur einzubetten und die moderne zweckrationale Naturwissenschaft mit der antiken Naturmythologie teils zu konfrontieren, teils literarisch zu beschreiben.

Hebewerk (1858)

Die Diskussion um die Verbindung von Rundbogenstil und »Architektur mit gerader Bedeckung« eröffnete Schinkel mit einem Entwurf für ein Schauspielhaus in Hamburg. Er griff dabei auf ein Vorbild aus dem Werk von Stuart und Revett zurück[206], das er für griechisch hielt[207]. In der Wagenremise des Schlosses Glienicke erschien in Preußen zum ersten Mal (1827/28) die Addition isolierter Bogenstellungen aus Pilastern, die Schinkel vom »Agoranomium« übernahm. 1828 benutzte auch Strack in dem Entwurf zum Weinberghaus dieses Motiv. In den folgenden Jahrzehnten fand es häufig Verwendung in der Berliner Baukunst, so zum Beispiel beim Übergangsbau vom Alten zum Neuen Museum auf der Museumsinsel in Berlin (1843–50)[208] und in einem Entwurf von Friedrich Adler zum Halleschen Tor von 1850[209]. In diesen Bauten und Entwürfen der vierziger und fünfziger Jahre finden sich die Vorbilder für die Fassade des Lokomotivhebewerkes [55]. In Adlers Triumphtor-Entwurf für das Hallesche Tor, in der Wagenremise von Glienicke und in dem Verbindungsgang zwischen den musealen Bauten fand der Architekt des hydraulischen Hebewerkes Formen für ein Tor, aus dem die »Zivilisationsgüter« der Maschinenindustrie hinaustraten. Daß es sich hierbei ebenfalls um einen Entwurf von Strack handelt, kann man vermuten, da dieser 1858 auch die Gestaltung der Festarchitektur zur Feier der 1000. Lokomotive übernommen hatte und das Hebewerk anläßlich der Feier errichtet und eingeweiht wurde [123].

[110]
Fenstereinrahmung nach einem Entwurf von Schinkel; Radierung, 1821

Verwaltungsgebäude und Arkaden (1858–62)

Volker Duvigneau nennt als Vorbild für das Verwaltungsgebäude die Bauten des Biggio Rosetti in Ferrara[210]. Jedoch scheint mir ein Hinweis auf Ferrara nur bei den Rundbogenfenstern im dritten Geschoß des Mittelbaus gerechtfertigt zu sein[211]. Ludwig Runge veröffentlichte 1846 in seinem Vorlagenwerk über die italienischen Backsteinbauten ein ähnliches Fenstersystem vom Kastell zu Ferrara.[212] Insgesamt scheint aber die Florentiner Palastarchitektur ein näherliegendes Vorbild zu sein. Betrachtet man noch einmal den erhöhten Mittelteil des Borsigschen Gebäudes [90], so fallen die Betonung der axial übereinander angeordneten Fenster in dem dreigeschossigen Gebäude, die gekuppelten Rundbogenfenster, die durchlaufenden Gesimse unterhalb der Fensterbrüstungen und das stark profilierte Kranzgesims auf. Mit diesen charakteristischen Elementen knüpfte dieser Teil des Verwaltungsgebäudes an die Architektur von Florentiner Stadtpalästen des Quattrocento an. Vergleichbare Bauten wären zum Beispiel der Palazzo Medici-Riccardi (begonnen 1444) und der Palazzo Strozzi (begonnen 1489). Von diesen Bauten werden die kubische Blockhaftigkeit, die horizontale Dreigliederung durch Gurt- und Kranzgesims und die gekuppelten Zwillingsfenster, die von einer Rundsäule unterteilt werden und im Bogenfeld ein Medaillon aufweisen, übernommen. Der Palazzo Rucellai (begonnen 1457) könnte Vorbild für die breiten, von Gurtgesimsen eingefaßten Friesbänder zur Geschoßunterteilung gewesen sein. Der Hinweis von Eva Börsch-Supan auf die Rucellaifenster als Vorbild für das Borsigsche Verwaltungsgebäude läßt sich nicht bestätigen, da die Fenster des Palazzo von einem breiten Fenstersturz unterteilt werden, über dem ein gemauertes Bogenfeld liegt. Bei den Palazzi Medici-Riccardi und Strozzi dagegen sind der Rundbogen und die Fenster nur durch einen schmalen Bogensteg unterteilt und das Bogenfeld ist verglast, wie es auch bei dem Verwaltungsgebäude von Borsig der Fall war.

Für die Arkadenstellung in den Seitenflügeln könnten zahlreiche Florentiner Vorbilder des Quattrocento gedient haben. Mit Sicherheit wird Strack die Bogenhalle des Ospedale degli Innocenti (begonnen 1419) gekannt haben. Hier durchdringen sich die Rundbogen oberhalb des Kapitells und setzen mit einem gemeinsamen Bogenanfänger am Kämpfergesims auf. In den Bogenzwickeln finden sich farbig glasierte Terrakottamedaillons, die emblematisch auf die Funktion des Gebäudes als Findelhaus verweisen. Am Borsigschen Verwaltungsgebäude erschien diese Bogenstellung im ersten und zweiten Geschoß für die Fensterarkaden der Seitenflügel und die vergleichbaren Medaillons erhielten hier Embleme mit Handwerkszeug der Zünfte [94]. Diese Medaillons können aber auch als Fries zwischen zwei Gurtgesimsen erscheinen wie zum Beispiel oberhalb der Arkaden im Innenhof des Palazzo Medici-Riccardi. Beim Verwaltungsgebäude wurde dieses Motiv am Turm zur Chausseestraße aufgegriffen und trug hier die Profilbildnisse der Fabrikanten des

[111]
Reliefplatte am rechten Eingang zur Allgemeinen Bauakademie zu Berlin

[112]
Reliefplatte am rechten Eingang zur Allgemeinen Bauakademie zu Berlin

[113]
Kappensegment von der Arkadenhalle zur Borsigschen Maschinenbauanstalt; Aufnahme 1978

[114]
Wanddekoration der Logen im Vatikan von Raffael; Farblithographie, 1836

Berliner Maschinenbaugewerbes. Für die Fensterarchitektur aus Terrakotta könnten die Fenster im zweiten Geschoß des Palazzo della Cancelleria (Rom, 1483–95) als Vorbild genannt werden.

Bei der Arkadenhalle kommen verschiedene Motive zusammen. Auch hier werden die Arkadenstellungen von öffentlichen Plätzen Italiens Vorbild gewesen sein. Bei der Bogenhalle des Ospedale degli Innocenti füllen die Medaillons den Bogenzwickel aus und auch beim Innenhof des Palazzo Ducale in Urbino (nach 1465) berühren profilierte Ringe in den Bogenzwickeln die Bogen und das Architravgesims. Bei der Arkadenhalle vor der Borsigschen Fabrik wurde die Wandfläche des Bogenzwickels aufgebrochen, so daß nur noch die profilierten Ringe stehen blieben. Eva Börsch-Supan spricht im Hinblick auf Borsigs Arkadenhalle von einer »maßwerkartigen Bogenregion«[213], die sich hier mit dem Rundbogenstil der Neorenaissance verbindet.

Dieser Rundbogenstil wurde in Berlin vornehmlich an Vorhallen zu Kirchenbauten der vierziger bis sechziger Jahre verwendet. Deren Bedeutung darf man für den Zusammenhang mit der Borsigschen Arkadenhalle, dem ersten Berliner »Industriebau im Renaissancestil«, höher einschätzen als die italienischen Vorbilder. Jene waren zwar dem Bildungsbürgertum geläufiger, aber den Borsigarbeitern war das Motiv einer Rundbogenvorhalle durch die Beispiele der Johanneskirche in Moabit und der Jakobikirche in der Oranienstraße vertrauter[214]. Zwischen 1859 und 1861, zur selben Zeit, da die Arkadenhalle errichtet wurde, entstand die Lukaskirche, deren Kapitelle und Friese ähnliche ornamentale Motive aufweisen, wie wir sie von den Borsigschen Arkaden her kennen [118]. Wie die Arkadenhallen vor den Berliner Kirchen Sammelstätte für die Gemeinde vor Betreten des Kirchenraums zur gemeinsamen Andacht sein sollten, war diejenige vor der Borsigschen Fabrik Sammelstätte für die Arbeiter während ihrer Pausen.

Das Verwaltungsgebäude und die Arkadenhalle wurden am »Schaufenster« des Maschinenbauunternehmens errichtet und sollten mit ihrem bildlichen und architektonischen Schmuck zum Ruhme der Borsigschen Fabrik und der preußischen Industrie beitragen. Für die Pflanzenmotive und Ornamentik lassen sich Vorbilder benennen, die in direkter Verbindung zu Schinkels Arbeiten stehen und im zweiten Drittel des 19. Jahrhunderts zum Allgemeingut eines gebildeten Architekten wurden. Eine frühe Anwendung des Ornamentmusters, wie es uns auf den Terrakottaplatten der Eingangstore begegnet [100, 101], zeigt das Humboldtschloß in Tegel nach dem Umbau; die gegenläufig aufsteigenden Akanthusrispen und die Blumenrosetten, die sich für eine dekorative Wandmalerei nutzen ließen, werden hier häufig verwendet. 1836 erschien in den »Vorbildern für Fabrikanten und Handwerker«[215] als gemeinsames Vorbild eine Wiedergabe des Dekorationsschemas einer Wand aus den Logen im Vatikan [114]. Mit dieser Publikation trat das Motiv der Akanthusranke in den Schmuckkanon der Schinkelschüler ein und half fortan aus jeder Dekorationsverlegenheit. Schon der Akanthusfries im Treppenhaus des Humboldtschlosses zeigt eine Vereinfachung des Motives, wohingegen er am Kaminfries als Marmorrelief noch einmal seine kraftvolle Spannung entfaltet. In den Reliefs für den Eingang zur Borsigschen Fabrik verloren die in den »Vorbildern« noch aufrechtstehenden Blätter des Akanthus dann ihre letzte Üppigkeit und glichen hier mehr einem welken Salatkopf als jener südländischen Pflanze, die in den »Vorbildern« dank der Dekorationsfreude der Renaissance ihre ganze Pracht entfalten konnte.

In der Ausgabe der »Vorbilder« von 1821 publizierte Schinkel eine Fenstereinrahmung [110], deren Pilaster die gleiche Ornamentik aufweisen, wie sie beim Fenster im Westturm der Borsigschen Fabrik auftaucht [93]. Auch das zugehörige Kapitell vom Turmgebäude ist in seiner Kombination aus pflanzlichem Ornament und Greifenköpfen einem Schinkelschen Entwurf ähnlich. Die Hinzunahme der »Vorbilder« als Entwurfsvorlage für die Ornamentik am Verwaltungsgebäude der Borsigschen Fabrik stellte einen kanonisierten Rahmen für ornamentale Dekoration bereit. Die Vorlagen - gedacht als ästhetische Orientierung zur Produktgestaltung, als ein staatlich angeregtes, von der »Technischen Deputation für das Gewerbe« herausgegebenes Designprogramm - fanden nun auch Verwendung für die Fabrikanlagen selbst.

Das Verwaltungsgebäude weist Strack als gelehrigen Schinkelschüler aus. Schinkel hatte neben seinen klassizistischen Bauten Gebäudetypen entwickelt, die einem neuen Bausystem zum Durch-

[115]
Detail vom rechten Torbogen zur Borsigschen Maschinenbauanstalt; Aufnahme 1978

[116]
Reliefplatte mit ornamentalem Pflanzenschmuck aus Weinlaub, Akanthus und Ähren mit Blumenschale, Eichhörnchen und Wiesel; Terrakottaplatte vom Wandpfeiler der Arkadenhalle neben dem Turmgebäude; Aufnahme 1978

bruch verhalfen. Sie waren zunächst möglicherweise bestimmt von dem preußischen Wunsch nach sparsamem Bauen. So verzichtete er beim Feilner-Haus (1829), der Friedrichwerderschen Kirche (1825–28), beim Packhof (1828–30) und der Bauakademie (1832–36) auf fremdländische und teure Baustoffe, um durch Verwendung des einheimischen Backsteins und der Terrakotta das preußische Baugewerbe zu fördern.

Nicht nur die Ornamente aus den »Vorbildern« zeigten eine Beziehung zwischen der »Technischen Deputation für das Gewerbe« mit Sitz in der Allgemeinen Bauschule und der größten Gewerbeanlage in Berlin, sondern das Verwaltungsgebäude und die Arkadenhalle der Gewerbeanlage traten auch durch Details der Bauplastik in Beziehung zur Bauakademie. Nicht nur Architektur und Ornamentlehre konnte man auf der Bauakademie studieren; zu ihrem Ausbildungsbereich gehörten auch Wasser-, Brücken- und Maschinenbau. So reichte zum Beispiel Strack 1838 zu seiner Baumeisterprüfung in dem Fach Wasserbau einen Entwurf für eine Brücke und im Maschinenbau eine Zeichnung für eine Wasserförderungsmaschine ein[216]. Es erscheint nur konsequent, wenn Strack die neue Baukunst Berlins, wie sie mit der Bauakademie deutlich wurde, auch in den Dienst der Fabrikanlage stellte. Die Borsigsche Fabrik mußte man als praktische Ausbildungsstätte neben der theoretischen Ausbildung an der Allgemeinen Bauschule und als notwendige Ergänzung im Bemühen um den preußischen Gewerbefleiß sehen. Die Borsigschen Führungskräfte kamen zum großen Teil aus diesem Institut.

In seinem Aufsatz über die Maschinenbauanstalt von Borsig berichtet Julius Kohte von einem Blatt der inzwischen verschollenen Zeichnungen, »welches einen Entwurf zur Front des Verwaltungsgebäudes und daneben das im gleichen Maßstabe gezeichnete System der Bauakademie darstellt«[217]. Da im gleichen Maßstab gearbeitet wurde, sollten wohl beide Fassaden miteinander verglichen werden. Von Bedeutung für das ausgeführte Verwaltungsgebäude war jedoch nicht die Fassadengliederung der Bauakademie, sondern die Verwendung von Backstein und Terrakotta. Vergleichbares ergibt sich darüber hinaus in zahlreichen Zitaten, die in der Ornamentik und den figürlichen Dekors auftauchen. Strack folgte dem durch die Bauakademie gesetzten Vorbild in der plastischen Hervorhebung der Fenster durch Terrakotta zum Teil bis in die ornamentalen Details der Fensterlaibungen und der Akroterien bei der Ädikula am Turmfenster [93] und der Aufteilung der Segmentbogenfelder im Innern der Arkadenhalle [113]. Eine »sinnbildliche Bedeutung«[218], die Schinkel mit den Darstellungen der Arbeitsgeräte für Bauleute in den oberen Stichbogen über den Fenstern verband, wird auch Stracks Bild, eine zwischen Drachen aufsteigende Taube, beizumessen sein.

Ähnlich dem Dekor der Bauakademie hatte das ornamentale Blattwerk auf den Terrakottaplatten der Arkadenhalle nicht nur dekorative Bedeutung. Ein Eichenzweig mit reichen Früchten und die immergrünen Koniferen rankten sich an den Triumphbogen der Borsigschen Fabrik empor und verkündeten Ruhm und Unsterblichkeit der preußischen Industrie [115, 116]. Die übervolle Fruchtschale wird Metapher für die wirtschaftlichen Erfolge der Firma.

[117]
Aloys Krüger und Gottfried Bernhard Loos,
Verdienstmedaille für gewerbliche Leistungen, Bronze, um 1840

Rückseite der Medaille mit einer weiblichen Gestalt als Verkörperung des Gewerbefleißes, umgeben von Teilen kunstgewerblicher und maschineller Art. Das »Blatt« auf der Balustrade unterhalb des Lorbeerzweiges trägt die Aufschrift »DIPLOM«.

[118]
Lukaskirche Berlin, Bernburger Straße, vollendet von G. Möller nach Stülers Entwürfen

Die Terrakottaplatten an den Triumphtoren der Arkadenhalle mit den figürlichen Darstellungen der »Technischen Wissenschaft« und der »Arbeit« bezogen sich auf allegorische Entwürfe für Preismedaillen des »Vereins zur Beförderung des Gewerbfleisses in Preußen«, auf denen sich seit den zwanziger Jahren zum gegenseitigen Ruhme die neue Maschinenwelt mit der Welt der antiken Götter vereinte [117]. Während auf der Medaille die neue Göttin »Industria« Maschinerie, Industriearbeit und Industriedesign unter sich versammelt und zu gleichen Teilen mit Lorbeerzweig und »Diplom« belohnt, stehen sich »Wissenschaft« und »Arbeit« am Tor zur Maschinenbauanstalt ergänzend gegenüber und bilden so die Grundlage des technischen und gesellschaftlichen Fortschritts. In dieser Gegenüberstellung haben die Terrakottaplatten am Eingang zur Borsigschen Fabrik ihr Vorbild in den flankierenden Terrakottaplatten an den Eingängen zur Allgemeinen Bauakademie. Diese stellten die Geschichte der Baukunst und die Eigenschaften des Baukünstlers, die allgemeine Theorie und die persönliche Leistung dar.

Am rechten Portal der Allgemeinen Bauschule befand sich in dem figürlichen Bilderzyklus eine Frauengestalt mit einer brennenden Fackel in der Hand, die ihren Fuß auf ein Kapitell setzt und in der

Linken eine Schriftrolle hält [112]. Paul Ortwin Rave fragt sich bei diesem Sinnbild: Soll man hier »Erleuchtung oder vielleicht besser Gestaltung verkörpert erkennen?«[219] Bei der Maschinenbauanstalt von Borsig erhält die Figur als Attribut ein Zahnrad und verkörpert den technischen Verstand und die Mechanik. Der Figur des »Verstandes« oder der »Erleuchtung« (Rave) stand bei der Bauakademie das Sinnbild der Geometrie mit den einfachen, abstrakten Formen von Kugel, Kegel und Würfel gegenüber[220] [111]. Die Reliefplatte am Eingang zur Maschinenbauanstalt zeigte eine weibliche Figur mit ähnlicher Haartracht als Allegorie der »Arbeit«, mit dem einfachen Handwerkszeug, einem Hammer. »Technische Wissenschaft« oder »Lehre der Mechanik« und die körperliche Arbeit, kurz Kopf- und Handarbeit standen sich am Tor zur Borsigschen Fabrik gegenüber und verlängerten in ikonographischer Hinsicht das Bildprogramm an den Türgewänden zur Allgemeinen Bauschule, als deren praktische Ergänzung man die Maschinenbauanstalt von Borsig ja betrachtete.

Gewerbeinstitut und Maschinenbauanstalt, Peter Beuth und August Borsig, diese Verbindung zum Wohle des preußischen Gewerbefleißes wird Strack bei der 1858 ihm übertragenen Bauaufgabe versucht haben darzustellen. Schon zum Fest der 1000. Lokomotive im August 1858 hatte Strack dieses Thema mit einer behelfsmäßigen Architektur vorgestellt, die durch eine Beschreibung mitgeteilt wird: »Am Eingang erblickte man eine großartige und in ihrer Einfachheit imponierende Ehrenpforte mit Kränzen verziert. An ihrer vorderen Front zeigte sie die Bildnisse der berühmtesten Erfinder und Verbesserer der Dampfkraft, eines Watt, der die Dampfmaschine ihrer gegenwärtigen Vollendung näherführte, eines Stephenson, dem wir im Jahre 1814 den ersten Dampfwagen zu verdanken haben. Die hintere Seite war dagegen mit den wohlgetroffenen Portraits des Geheimraths Beuth und des verstorbenen Commerzienraths Borsig versehen, als Beförderer und Schöpfer unserer heimischen Industrie.«[221] Die Ehrenpforte bekrönte das Modell einer Lokomotive.[222]

Diesem Bildprogramm zu Ehren einer Geschichte der Dampfkraft war nicht nur durch eine temporäre Festarchitektur Ausdruck verliehen, sondern mit der Errichtung des Turmes am Verwaltungsgebäude ein bleibendes Denkmal gesetzt. In den Medaillons erschienen die Ahnväter der Privatindustrie im ersten Geschoß, im zweiten und dritten Geschoß ihre Produkte: die Dampfmaschine und die Borsigsche Lokomotive. Zu besonderen Firmenanlässen wehte über allem auf der Turmspitze die preußische Fahne, unter deren Schutz sich die Privatindustrie in Preußen seit 1820 entwickelt hatte [Tafel IV].

Selbstdarstellung und öffentliche Beachtung des Borsigschen Unternehmens

Jubiläen

Neben der Chronologie, die den Erfolg des Unternehmens nach Jahren zählte, verlief die innere Geschichte der Kapitalakkumulation, meßbar an den Produktionserfolgen, für die nach unterschiedlichen Ausdrucksformen gesucht wurde. Die Architektur als eine Ausdrucksform der wirtschaftlichen Erfolgsgeschichte ist schon vorgestellt, die Firmenfeste und Firmenansichten als weitere Mittel zur Inszenierung eines Firmenbildes sind zu ergänzen durch Produktionsjubiläen im Lokomotivbau, Firmenjubiläen und Arbeitsjubiläen der Beschäftigten, die willkommene Anlässe waren, eigenes Selbstverständnis vorzutragen und öffentliche Beachtung zu erregen. Auf die Suche nach dem Selbstverständnis der Industrie im 19. Jahrhundert werfen nicht nur Bild- und Schriftdokumente zu den Jubiläen ein erhellendes Licht, sondern auch die Zeugnisse von der Trauerfeier des im Jahre 1854 verstorbenen Unternehmers August Borsig.

Daß man unter den vielen Produktionszweigen den Lokomotivbau für wert befand, durch Jubelfeiern markiert zu werden, lag nicht nur an dem in Verkaufszahlen meßbaren Erfolg. Denn auch der Dampfmaschinenbau hätte seine Jubiläen feiern können – zum Beispiel die ersten 1000 PS aller gelieferten Dampfmaschinen (wozu allein die für das Pumpwerk in Sanssouci erbaute Maschine 80 PS beigetragen hätte); aber die Lokomotiven besaßen symbolhafte Bedeutung für den Erfolg der Industrie und den Fortschritt der Gesellschaft. Sie machten die nationalen Fortschritte der preußischen Industrie gegenüber dem Mutterland der Industrialisierung, England, deutlich. Die Lokomotive war mehr als ein beliebiges Industrieprodukt: Nach zeitgenössischen Beschreibungen war sie der »feurige« Vorläufer der nationalen Idee.

Anläßlich der Feiern wurden die Aufgaben der Industrie für Gegenwart und Zukunft formuliert und der Auftrag, den die Borsigschen Produkte dabei erfüllen sollten, näher bestimmt. Daß die Dokumentensammlung des Firmenarchivs zu diesem »Jubelnden Teil« der Firmengeschichte umfangreicher ist als die Dokumentation des Arbeitsalltags, birgt die Gefahr, zu einem verzerrten Bild zu gelangen und anzunehmen, bei Borsig sei mehr gedichtet als reglementiert worden. In diesem einseitigen Blick, der auch Zeitgenossen, die die Fabrik besichtigen konnten, irreführte, zeigt sich die Faszination, die die Industrie mit ihren Produktionsmethoden ausübte und wie sie dabei die Produktionsverhältnisse vergessen machte.

»Die Poesie der Gegenwart ist die Industrie«, stellte 1855 der »Berliner Volkskalender« angesichts der Borsigschen Fabrikanlagen fest.[223] Dies mag bei Kenntnis der nüchternen Fakten zur Lage der arbeitenden Klasse im 19. Jahrhundert überraschen, denn diesen muß man entnehmen, daß die Ausbeutung des Menschen durch den Menschen wenig Zeit für Poesie übrigließ. Aber die Festtage waren für die meisten Arbeiter Ereignisse, bei denen ihre Arbeitsleistung gesellschaftliche Anerkennung fand. Man kann daher diese Feste nicht nur abtun als gekonnte Schauspiele des Kapitals, die das unmittelbare Ziel hatten, dem Industrieproletariat seine Knechtschaft in den Fabriken als Siege des gesellschaftlichen Fortschritts vorzuspielen, denn zum Teil waren die Jubelgedichte von der Belegschaft verfaßt oder von ihr bei einem poetischeren Munde in Auftrag gegeben worden. Ebenso waren die Erinnerungsblätter, die die »Beamten und Meister« ihrem Chef widmeten, keine von oben befohlenen Ausdrucksmittel.

Die Formen, in denen die Industrie besungen und feierlich dargestellt wurde, waren nicht neu. Sie hatten ihre Tradition in der Panegyrik, in Handwerksliedern und in der Gebrauchsgraphik des späten 18. und beginnenden 19. Jahrhunderts. Daß der Umfang der Festlichkeiten zur Zeit des wirtschaftlichen Aufschwungs immer größer, die Formen immer vielfältiger wurden, läßt sich aus einem gemeinsamen Interesse von Kapital und Arbeit verstehen. Für den Maschinenbauer waren es Tage, an denen sich sein Stand vor der Öffentlichkeit gesellschaftlich qualifizieren konnte und er den Bürgern kenntlich machte, wodurch er sich vom städtischen Proletariat unterschied.

Nicht alle »Borsigianer« werden zum Ruhme der Borsigschen Fabriken gesungen haben. Die Beiträge zum Fest der 100. und 500. Lokomotive sind namentlich noch nicht gekennzeichnet. Erst bei späteren Festen traten die »Beamten und Meister« mit ihren Festgaben hervor. Man weiß zu wenig über die innerbetrieblichen Aufstiegsmöglichkeiten vom Handwerker zum Meister oder gar zum Werkführer, zu wenig über die Funktion der Beamtenschaft bei Borsig, ihre Vorteile und Vergünstigungen, und auch zu wenig über das Verhältnis zwischen Verwaltung und Produktion, um die Träger der Borsigschen Jubelfeiern näher zu charakterisieren. Es hat jedoch den begründeten Anschein, daß sich die »Beamten und Meister« unter den »Borsigianern« als tragende Stütze des Unternehmens verstanden und auch als solche vom Unternehmer eingesetzt waren. Dieser ihnen allmählich zuwachsenden Bedeutung, die sich unter anderem in den Erweiterungen des Kontorgebäudes widerspiegelte, kamen sie auf den Festen mit immer üppigeren Darbietungen und Geschenken nach. Die von der Verwaltungsschicht adaptierten Kulturformen ließen den Arbeitern kaum Freiraum, eigene Kulturformen zu entwickeln. Unter Zugzwang gestellt, beteiligten sie sich in späteren Jahren meist mit kleinen, nicht so kostspieligen Druckwerken, die sie unterzeichneten: »Von den Arbeitern Ihrer Fabrik«[224].

Der Reichtum des Borsigschen Unternehmens war die Fähigkeit, Lokomotiven zu bauen und zu verkaufen. Über den benennbaren Wert hinaus besaßen diese kulturschaffende Eigenschaften, die sich zu einem Warenfetischismus »voll metaphysischer Spitzfindigkeiten und theologischer Mucken«[225] entwickelten. Die Lokomotive – die in der Fabrik gemeinsam geschaffene Ware – stand im Zentrum der Kapitalbildung und auf den Festen im Mittelpunkt einer kulturellen

Beschwörung. Hier konnte man zu ihrer kulturhistorischen Bedeutung Stellung nehmen und in Reimen und bildlichen Darstellungen eine Aufwertung des Arbeitsalltags betreiben, das ungleiche Verhältnis zwischen Kapital und Arbeit durch Verkünden gemeinsamer kulturhistorischer Aufgaben in der Industrie stabilisieren. Hier versicherten die »Borsigianer« sich selber und der teilnehmenden Öffentlichkeit, daß sie mit ihrer Arbeit über den bloßen Mehrwert hinaus unschätzbare kulturelle Werte für die Gesellschaft schufen, die den nackten Wochenlohn von vier Talern reichlich vergoldeten. Zur Feier des Produktes fielen die Interessen von Kapital und Arbeit anscheinend zusammen.

Die Feste waren Foren, auf denen das Treueverhältnis zwischen Borsig und den »Borsigianern« den Schwankungen der Konjunktur zum Trotz harmonisierend dargestellt wurde. Aufträge zu haben und arbeiten zu können stand im beiderseitigen Interesse. Für die Einbrüche in den Konjunkturablauf verantwortlich waren - wie man aus der rückblickend verfaßten Rede von Albert Borsig 1862 hören konnte [Anhang III] - die englische Konkurrenz, die 1848er Revolution, die amerikanische Wirtschaftskrise und der preußisch-österreichische Wirtschaftskonflikt. Gegenüber diesen schicksalhaften Rückschritten verwies man anläßlich der Feste immer nachdrücklicher auf den zivilisatorischen Fortschritt, den die Industrie der Gesellschaft gebracht habe. Keiner der Festteilnehmer beabsichtigte, diesen Fortschritt aufzugeben. Denn nicht nur August und Albert Borsig waren innerhalb weniger Jahre dank dieses Fortschritts finanziell und politisch zu den bedeutendsten Industriellen Preußens aufgestiegen, sondern auch die Arbeiter in ihren Fabriken waren wenn auch nicht politisch, so doch wirtschaftlich an dieser Entwicklung beteiligt.

Gerade in den ersten zwei bis drei Jahrzehnten nach Gründung des Unternehmens spiegelten sich die Erfolge der Industrie für die aus dem zunftmäßig organisierten Handwerk kommenden Tischler, Schmiede, Schlosser usw. in einer ansteigenden Entlohnung wider. Gemessen an den immer kümmerlicher werdenden Einkünften des Handwerks waren sie als Industriearbeiter finanziell besser gestellt. Mit einem Jahreseinkommen von 200 bis 400 Taler lagen sie erheblich über dem Existenzminimum, das von abhängigen Handwerkern im Jahresdurchschnitt gerade erreicht werden konnte. Wohlhabend konnte sich schon nennen, wer in den vierziger Jahren 400 bis 500 Taler jährlich verdiente.[226] Dieser Verdienst wurde lediglich von selbständigen Handwerkern, Fleischern, Bäckern und Gastwirten erzielt. Auch Händler und Fuhrunternehmer gehörten in diese wohlhabende Gruppe.

Der Anstieg der Beschäftigten in der Fabrik an der Chausseestraße von 50 im Gründungsjahr auf 1200 nur zehn Jahre später ließ den beschäftigungspolitischen und damit auch sozialen Fortschritt, den die Industrie allen zu bringen versprach, zumindest den Borsigarbeitern als Tatsache erscheinen. Dieser Erfolg läßt den wohl einmütigen Jubel der Borsigarbeiter bei den Produktionsfesten verstehen. Ein großer Teil von ihnen wollte nicht die Rolle eines »Totengräbers« des Kapitals spielen, sondern begnügte sich mit der Rolle eines Verehrers und hoffnungsvollen Teilhabers und sang zum Firmenjubiläum 1862: »Wir sind der Zukunft Heer« [Anhang VII].

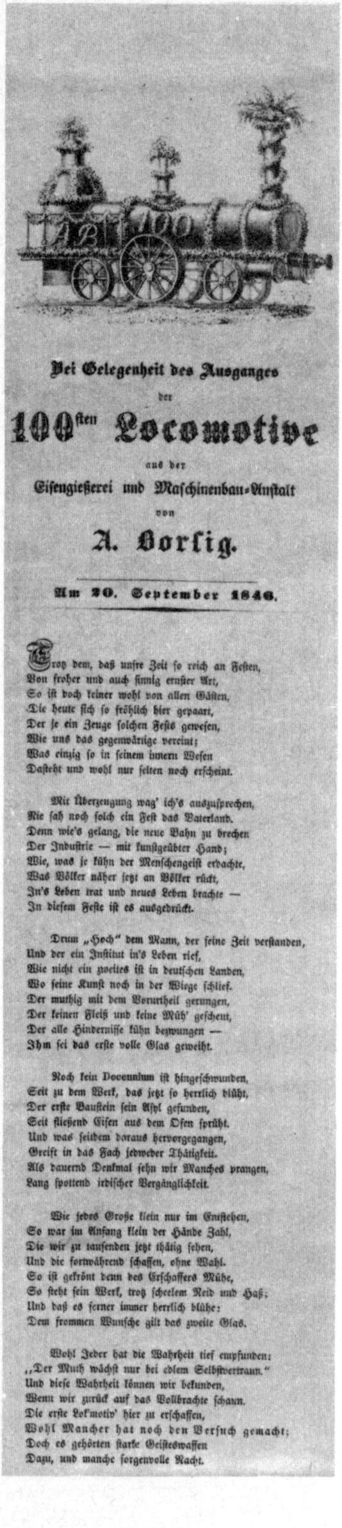

Bei Gelegenheit des Ausganges
der
100sten Locomotive
aus der
Eisengießerei und Maschinenbau-Anstalt
von
A. Borsig.

Am 26. September 1846.

Trotz dem, daß unsre Zeit so reich an Festen,
Von froher und auch sinnig ernster Art,
So ist doch keiner wohl von allen Gästen,
Die heute sich so fröhlich hier gepaart,
Der je ein Zeuge solchen Fests gewesen,
Wie uns das gegenwärtige vereint;
Was einzig so in seinem innern Wesen
Dasteht und wohl nur selten noch erscheint.

Mit Überzeugung wag' ich's auszusprechen,
Nie sah noch solch ein Fest das Vaterland.
Denn wie's gelang, die neue Bahn zu brechen
Der Industrie — mit kunstgeübter Hand;
Wie, was je kühn der Menschengeist erdachte,
Was Völker näher jetzt an Völker rückt,
In's Leben trat und neues Leben brachte —
In diesem Feste ist es ausgedrückt.

Drum „Hoch" dem Mann, der seine Zeit verstanden,
Und der ein Institut in's Leben rief,
Wie nicht ein zweites ist in deutschen Landen,
Wo seine Kunst noch in der Wiege schlief.
Der muthig mit dem Vorurtheil gerungen,
Der keinen Fleiß und keine Müh' gescheut,
Der alle Hindernisse kühn bezwungen —
Ihm sei das erste volle Glas geweiht.

Noch kein Decennium ist hingeschwunden,
Seit zu dem Werk, das jetzt so herrlich blüht,
Der erste Baustein sein Asyl gefunden,
Seit fließend Eisen aus dem Ofen sprüht.
Und was seitdem daraus hervorgegangen,
Greift in das Fach jedweder Thätigkeit.
Als dauernd Denkmal sehn wir Manches prangen,
Lang spottend irdischer Vergänglichkeit.

Wie jedes Große klein nur im Entstehen,
So war im Anfang klein der Hände Zahl,
Die wir zu tausenden jetzt thätig sehen,
Und die fortwährend schaffen, ohne Wahl.
So ist gekrönt denn des Erschaffers Mühe,
So steht sein Werk, trotz scheelem Neid und Haß;
Und daß es ferner immer herrlich blühe:
Dem frommen Wunsche gilt das zweite Glas.

Wohl Jeder hat die Wahrheit tief empfunden:
„Der Muth wächst nur bei edlem Selbstvertraun."
Und diese Wahrheit können wir bekunden,
Wenn wir zurück auf das Vollbrachte schaun.
Die erste Lok'motiv' hier zu erschaffen,
Wohl Mancher hat noch den Versuch gemacht;
Doch es gehörten starke Geisteswaffen
Dazu, und manche sorgenvolle Nacht.

Die Lokomotiven

Das Fest der 100. Lokomotive am 26. September 1846

Das erste, uns überlieferte Fest betraf den »Ausgang der 100sten Locomotive aus der Eisengießerei und Maschinenbau-Anstalt A. Borsig am 26. September 1846« [119]. Auftraggeber und Verfasser des achtstrophigen Gedichtes sind nicht bekannt. Da es aber nicht nur auf Papier, sondern auch auf rosafarbene und weiße Seide gedruckt worden war, zeigte sich schon hier in den unterschiedlichen Materialien eine inhomogene Gruppe von Festteilnehmern, die sich in leitende und ausführende Fabrikangehörige teilte. Der Sprecher des Gedichtes – der meist ein kollektives »wir« benutzte – ist nicht genau zu charakterisieren. Es sind nicht die Arbeiter, die sich zum Lobgesang auf die Industrie versammeln, aber es ist auch nicht die Schar der Berliner Fabrikbesitzer. Der fiktive Sprecher entstammt vielleicht dem Kreise eines an der Industrialisierung interessierten Publikums, das die Borsigschen Leistungen an dem gesellschaftlichen Fortschritt, den die Industrie dem »Vaterland« bisher gebracht hat, mißt.

Das Neuartige eines Industriefestes, das bisher unter den Berliner Festlichkeiten nicht vertreten war, ist auch Thema der ersten zwei Strophen. Und auch der ungewöhnliche Name der Industrieproduktes »Dioskuren« wird begründet. Doch nicht Geschwindigkeit, nicht Kesseldruck und auch nicht das neue Borsigsche Steuerungssystem werden hierfür herangezogen, nein, weit Höheres muß in den Festadressen herhalten: die Industrie sei der Neubeginn des Vaterlandes, die Verwirklichung des kühnen, denkenden Menschengeistes, Weg zur Völkerverständigung und ein neuer Lebensquell.

Die Arbeit selbst erscheint hier in Gestalt der Lokomotive, präsentiert sich wohlverpackt in einem Festkleid aus Blumengirlanden, und aus dem Schornstein quellen Blumensträuße. Als Titelvignette am Kopf des hochformatigen Jubelblattes erscheint die Industrieschöpfung mehr als Erntedankwagen und sinnbildliche Darstellung der »blühenden Maschinenbauindustrie«. Für einen Tag aus dem alltäglichen Produktions- und Verwertungszusammenhang herausgenommen, ist die Maschine nicht mehr ein triviales Ding, sondern Spenderin neuen Lebens, Motor der Zivilisation. Mit dem Fest widerfuhr der Borsigschen Fabrik die öffentliche Anerkennung, gesellschaftlich Bedeutsames geleistet zu haben.

Das Fest der 500. Lokomotive am 25. März 1854

Siebeneinhalb Jahre nach dem ersten offiziellen Fest gab die Fertigstellung der 500. Lokomotive Anlaß, ein weiteres Jubiläum zu feiern. Ein zum Fest erscheinendes Faltblatt stellte zwei Lieder vor, von denen das eine die Firma und deren Lokomotiven besang, das andere die Produktion [120]. Die erste Strophe des ersten Liedes, nach der Melodie »Im Kreise froher kluger Zecher«, weist – wie schon das Lied zum Fest der 100. Lokomotive – auf diese außergewöhnlichen

Jubiläen hin. Die zweite Strophe bezeugt das Bedürfnis der Festteilnehmer, der ganzen Stadt Kunde von den Leistungen der Borsigschen Produkte zu geben, wie es auch die Bereitschaft der städtischen Bevölkerung erwähnt, von diesem Fest Kenntnis zu nehmen:

»Wer fragt wohl noch, aus welchem Grunde
Wir heut die Feier hier begeh'n: –
Die ganze Stadt giebt davon Kunde,
Daß Niegewes'nes ist gescheh'n;
Und was so leicht nicht wiederkehrt,
Das ist gewiß der Feier werth...«

Anschließend werden die Borsigschen Lokomotiven gerühmt, ihre Qualität und Quantität, ihre Verbreitung in den deutschen Staaten – vom Rhein bis zum Ostseestrand – besungen. Gegen Ende verstummt der Jubel angesichts der zwischen den Zeilen auftauchenden Sorge, die Arbeit einmal verlieren zu können, wie es vielen während der Rezession um 1848 geschehen war. Aber um so stärker wird nun die Kollegialität betont und die Unabhängigkeit der Arbeitswelt vom politischen Geschehen beschworen:

»Und so sind fröhlich wir beisammen
Und halten fest in Lust und Noth,
Steht auch der Erdball rings in Flammen,
Uns giebt nur Arbeit Ehr' und Brod,
Und wenn uns dieses nicht gebricht,
Dann kümmert uns das And're nicht.

Und der stets Arbeit uns gegeben,
Ihm wünschen wir im Jubelruf:
Mög' er gesund noch lange leben
Und froh genießen, was er schuf!
Und daß sein Werk mög' fortgedeih'n,
Soll unser letzter Wunsch noch sein.«

In der poetisch vorgetragenen Forderung »Gebt uns Arbeit«, die sich – legt man die Worte aus – mit dem Angebot der Arbeiter verband, sich aus dem politischen Tagesgeschehen herauszuhalten, kann man noch einen Reflex auf das Verhalten der Borsigarbeiter während des Revolutionsjahres 1848 sehen. Es wird aber mit dieser Strophe auffällig, wie sie ihr gesellschaftliches Interesse eindeutig an die Arbeit binden und ihr politisches Bewußtsein für die »Ehre der Arbeit« aufgeben. Die Wechselwirkung von Politik und Wirtschaftsgeschichte wird dabei negiert; ein Garant für die stetige Verteilung von Arbeit zu sein wird ausschließlich der Person des Unternehmers zugebilligt.

Das zweite Lied, nach der Melodie »Heil Dir im Siegerkranz« anzustimmen, besingt die zu erhaltende Harmonie in der Produktionssphäre, wie es auch den Beitrag hervorhebt, den die Arbeiter für das Fortbestehen der Borsigschen Fabrik leisten. Ein neues ständi-

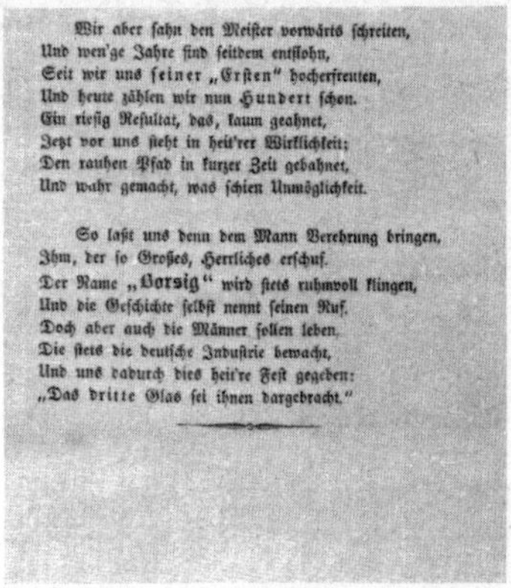

Wir aber sahn den Meister vorwärts schreiten,
Und wen'ge Jahre sind seitdem entflohn,
Seit wir uns seiner „Ersten" hocherfreuten,
Und heute zählen wir nun Hundert schon.
Ein riesig Resultat, das, kaum geahnet,
Jetzt vor uns steht in heit'rer Wirklichkeit;
Den rauhen Pfad in kurzer Zeit gebahnet,
Und wahr gemacht, was schien Unmöglichkeit.

So laßt uns denn dem Mann Verehrung bringen,
Ihm, der so Großes, Herrliches erschuf.
Der Name „Borsig" wird stets ruhmvoll klingen,
Und die Geschichte selbst nennt seinen Ruf.
Doch aber auch die Männer sollen leben,
Die stets die deutsche Industrie bewacht,
Und uns dadurch dies heit're Fest gegeben:
„Das dritte Glas sei ihnen dargebracht."

[119]
»Bei Gelegenheit des Ausganges der 100sten Locomotive aus der Eisengießerei und Maschinenbau-Anstalt von A. Borsig
Am 20. September 1846«

Die Ansicht der geschmückten Lokomotive – sie trug den Namen »Dioskuren« – und das achtstrophige Gedicht waren auf rosafarbene und weiße Seide gedruckt.

Wir feiern heut im frohen Kreise
Ein heit'res und ein selt'nes Fest,
Wo Jeder sich nach seiner Weise
Das Dargebot'ne munden läßt.
Und nach dem Mahl ein muntrer Tanz
Vollendet erst die Feier ganz.

Wer fragt wohl noch, aus welchem Grunde
wir heut die Feier hier begeh'n: –
Die ganze Stadt giebt davon Kunde,
Daß Niegewes'nes ist gescheh'n;
Und was so leicht nicht wiederkehrt,
Das ist gewiß der Feier werth.

Es sind fünfhundert Lok'motiven
Von uns schon auf die Bahn gebracht;
Und daß sie alle wacker liefen,
Versteht sich schon als ausgemacht.
Des Meisters Name bürgt dafür,
Und auch das Uns're thaten wir.

Sie ließen keine Last noch stehen,
Hing man noch so viel Wagen an;
Mag steil und krumm die Bahn auch gehen,
Sie kehren niemals sich daran;
Als ob ein Ungewitter braust,
So kommen sie daher gesaust.

Man kann im ganzen Vaterlande,
So weit nur Eisenbahnen geh'n,
Vom Rheine bis zum Ostseestrande,
Borsig's Lokomotiven seh'n.
Und nicht allein im Vaterland,
Auch weiter sind sie wohl bekannt.

Denn auch durch and're Länder eilen,
Getrieben von des Dampfes Kraft,
Maschinen ohne Rast und Weilen,
Die wir mit rüst'ger Hand geschafft;
Drum Freunde stoßt die Gläser an,
Denn Jeder hat sein Theil daran.

Und so sind fröhlich wir beisammen
Und halten fest in Lust und Noth,
Steht auch der Erdball rings in Flammen,
Uns giebt nur Arbeit Ehr' und Brod,
Und wenn uns diese nicht gebricht,
Dann kümmert uns das And're nicht.

sches Bewußtsein der im Maschinenbau zusammengefaßten Gewerbe drückt sich in der ersten Strophe aus:

»Heil dem Maschinenbau!
Denn so wie Mann und Frau
Zusammen steh'n,
So reichen sich die Hand
Zum innigen Verband
Hier die Gewerbe all';
Heil unserm Stand!«

Das zu diesem Fest erschienene Schmuckblatt zeigt eine Ansicht der Lokomotivfabrik in der Chausseestraße, die, von gußeisernen Stegen eingefaßt, in eine Welt von Allegorien, Sinnbildern und isolierten Arbeitsszenen gestellt ist [121]. Wir blicken über den Fabrikhof auf den Uhr- und Wasserturm vor der Gießerei. Die im Hintergrund liegenden Gebäude gehören zu den weiterverarbeitenden Werkstätten. Rechts im Bild sehen wir den Speisesaal, links das Kontor mit Markise. Die zahlreichen rauchenden Schornsteine verheißen Arbeit wie auch Produktivität. Die Arbeiter auf dem Fabrikhof sind meist mit Transportarbeiten beschäftigt, tragen schwere Setzkästen; einige von ihnen stehen vor der Wasserpumpe. Links im Vordergrund halten sich zwei Arbeiter, in ein Gespräch vertieft, auf. Einer von ihnen hält noch den Hammer in der Hand, um dem Betrachter unmißverständlich zu zeigen, daß sie nicht schwatzen, sondern ihr Gespräch einen Bezug zur Arbeit hat. Vor einem riesigen Dampfkessel stehen breitbeinig zwei Herren in Paletot und Zylinder (oder Hut). Ihr Gesprächspartner gehört sicherlich der oberen Beamtenschaft der Borsigschen Fabrik an. Den offensichtlich am Dampfkessel Interessierten erklärt er gerade die Vorzüge der Borsigschen Produkte. Mit langen Schritten eilt ein Briefträger über den Fabrikhof auf das Kontor zu, um die geschäftliche Korrespondenz, also neue Aufträge und Vorbestellungen, zu bringen. Er ist Vermittler zwischen der Fabrik und ihren Kunden.

Die Personen und die »elementaren Kräfte«, die das »Bild« der Fabrik umrahmen, sind als Kommentar gedacht. Aus einem Ehrenkranz des »Gewerbefleisses« blickt uns im Zenit des Schmuckblattes das Porträt August Borsigs an. Aus dem Gebinde des Kranzes von Eichenlaub wachsen die zwei Putten »Feuer« und »Dampf«. Während der Knabe des Prometheus die brennende Fackel in der Hand hält und auf das glühende Eisen in der Gießhalle blickt, bläst »Hans Dampf« als Neuling unter den antiken Göttern[227] die Maschinen in der Feilerei und dem Drehsaal an. Ergänzend zu diesen den Gewerbefleiß antreibenden Kräften bilden Arbeit (Gießer und Schmied) und Konstruktion (Ingenieur) die Basis des Unternehmens; fast wie Stifterfiguren stehen und sitzen diese Personen vor dem entrückten Andachtsbild ihrer Arbeitsstätte.

Zu Füßen der Arbeiter bezeugt die Mutter-Kind-Idylle mit der Fütterung eines Arbeiterkindes den ausreichenden Broterwerb in den Borsigschen Fabriken. Das die Werkzeuge und den Amboß umrankende Eichenlaub kündet von der Ehre der Arbeit. Zu Füßen des Ingenieurs, an dessen Schemel es sich emporwindet, studieren zwei Knaben eifrig und vertieft technische Konstruktionszeichnungen und nehmen so das »geistige Brot« in sich auf. Unter der Fabrikansicht glänzt, umgeben von einer Lichterscheinung, die geschmückte Lokomotive »Borsig«. In einem Nest aus Palmenzweigen und Eichenlaub thront sie wie eine Henne auf den eiförmigen Fruchtbarkeitssymbolen der Jubiläumsplaketten ihrer im Hunder-ter-Rhythmus gezählten Vorgängerinnen.

Die Botschaft des lehrreichen Blattes ist leicht deutbar. August Borsig, Günstling des Gewerbefleißes, Gebieter über »Feuer« und »Dampf«, stellt die Elemente in den Dienst der industriellen Produktion, gibt die Natur frei zur Aneignung und Umformung in der Industrie. Die wohlgeformten pflanzlichen Arabesken verwandeln sich in gußeiserne, nicht weniger naturhafte Imitationen, die sich mit Schrauben und eisernen Bolzen am Rahmengestänge befestigen lassen. Dieser Metamorphose dienstbar sind Arbeit und Wissenschaft, denen neben dem Broterwerb die Ehre zuwächst, beteiligt zu sein am Prozeß der Zivilisation. In der Komposition des Jubiläumsblattes bestätigt sich die hierarchische, patriarchalische Führungsstruktur des Borsigschen Unternehmens, die aus Subordination unter den Unternehmer wie auch unter die elementaren Kräfte der Industrie bestand. Während August Borsig mit seinem Porträt vor einem zeit- und raumlosen Hintergrund abgebildet wird, sind die Vertreter für »Arbeit« und »Wissenschaft« typisierte Gestalten, die sich in einer idealisierten Arbeitsumgebung befinden. Bei den Arbeitsszenen in den Werkstätten erscheinen die Arbeiter wie »geheimnisvolle Zwerggeister« im Gedränge der Maschinen[228].

Was die Zeitgenossen beim Anblick der Maschinensäle bewegte, bezeichnen die Ausführungen der »Illustrirten Zeitung« nach dem Besuch ihrer Redakteure in der Borsigschen Fabrik im Jahre 1848. Ihr Bericht liest sich wie eine Beschreibung zu dem sechs Jahre später erscheinenden Jubelblatt: »Betäubt von dem dröhnenden Gestampfe der großen Dampfmaschinen, von dem verwirrenden Schnurren und Sausen, Rasseln und Schwirren mehrerer tausend Räder, bleiben wir auf der Schwelle des großen Drehsaales stehen. Wenn je ein Mensch das Recht hätte, sich selbst anzubeten, hier wäre er zu entschuldigen; und wer nie den Begriff eines Organismus hat erfassen können, hier wird er ihn, trotz der Mechanik, verstehen lernen. Jedes Rad, jede Welle, jeder Arbeiter erfüllt genau nur seinen Zweck, scheint nur für sich thätig; und doch empfängt Alles nur aus der Allbewegungskraft seine besondere; jedes Einzelne dient nur dem Ganzen, indem es für sich vollkommen ist; doch ist Jeder abhängig, wie frei er auch für sich dastehen möge und wie wenig wir im Allgemeinen den das Ganze leitenden Plan, den beaufsichtigenden Geist zu erkennen imstande sind, ... stets war uns dieser scheinbare Mangel jeglicher Überwachung auffallend, und daß gleichsam so Alles von selbst sich zu machen schien. Nirgends und doch überall war ein deus ex machina sichtbar ...«

Was den Berichterstatter der »Illustrirten Zeitung« beim Anblick der großen Maschinen so faszinierte, war der anscheinend selbsttätige Produktionsvorgang, eben jener »deus ex machina«, bei dem es dem Betrachter schwerfiel, zwischen der Arbeit des Menschen und der der Maschine zu unterscheiden. In der Borsigschen Maschinen-

Und der stets Arbeit uns gegeben,
Ihm wünschen wir im Jubelruf:
Mög' er gesund noch lange leben
Und froh genießen, was er schuf!
Und daß sein Werk mög' fort-
gedeih'n,
Soll unser letzter Wunsch noch sein.
C.

Heil dem Maschinenbau!
Denn so wie Mann und Frau
Zusammen steh'n,
So reichen sich die Hand
Zum innigen Verband
Hier die Gewerbe all';
Heil unserm Stand!

Der Tischler macht's Modell,
Der Former formt es schnell
Und gießt es ab;
Der Schlosser feilt daran,
Ein And'rer paßt es an,
Der Dreher dreht es glatt,
Bohrt's auch wohl aus.

Der Schmiede große Zahl
In Eisen, Kupf'r und Stahl
Greift wacker ein.
Heut hier ist and'rer Art
Wird auch kein Fleiß gespart,
Ein Jeder ißt und trinkt
Nach freier Wahl.

Meißel und Hammer ruh'n
Bei unserm heut'gen Thun,
die Drehbank steht.
Bei Scherz und Heiterkeit
Entflieht uns schnell die Zeit,
Bis jeder froh vergüngt
Nach Hause geht.

Und wenn wir ausgeruht,
Dann geht's mit frischem Muth
An's Tagewerk.
Doch Allen, alt und jung,
Bleibt die Erinnerung
Gewiß noch lange Zeit
An's heut'ge Fest.
C.

[120]
»Bei der Feier des Ausgangs der Lokomotive No. 500.«
Mel.: »Im Kreise froher kluger Zecker« und »Heil Dir im Siegerkranz«

bauanstalt sah er ein der biblischen Schöpfungsgeschichte vergleichbares Bild hier wiederholte sie sich durch die Kraft des menschlichen Geistes und der von ihm entwickelten Maschinen. Er sah den Anfang einer neuen Welt, die sich der Mensch mittels der Maschinerie errichtete: »Wie der Geist Gottes über den Wassern, so schwebt über diesem Chaos der Geist seines Schöpfers: der Geist der Ordnung. Das Gras haben wir noch nicht wachsen hören, hier aber hörten wir Locomotiven werden und wachsen, was auch wunderbar ist; bei jedem Tactklopfen der Hämmer klopfte auch unser Herz stärker in dem Gefühle ›Solches vermag der Mensch‹ und wie der Dampf sich mächtig in den Kesseln drehte, hob sich auch unsere Brust bei dem Gedanken: Wir Alle sind berufen Menschen zu sein, und jeder Mensch kann mit Gott eine Welt aus sich selbst erschaffen.«[229]

Diese Welt der Industrie mit der ihr eigenen Philosophie des Fabriksystems war auch Thema des Jubelblattes zum Fest der 500. Lokomotive. Nicht so sehr das Jubiläumsprodukt stand im Mittelpunkt der Betrachtung, als vielmehr die ideologische Choreographie des Fabriksystems, die die zu befeiernde Produktivität erst bewirkte. Bei aller Rationalität und gesellschaftlichen Dynamik, bei allem Zukunftsoptimismus und Fortschrittsglauben wurde die Fabrik, wie sie uns auf dem Jubiläumsblatt von 1854 erscheint, in den geschichtslosen Raum der Mythologie und Allegorie gestellt, dem die Dimensionen der sozialen Wirklichkeit fehlten. Nicht der Kampf um den Broterwerb sich körperlich verausgabender, nach Stücklohn bezahlter Arbeiter, die mit einer »Marke« ihre Pünktlichkeit am Arbeitsplatz nachweisen mußten, war Thema des Blattes, sondern es verkündete in seinem programmatischen Entwurf die Kultiviertheit der Industriearbeit. Es strebte mit seiner Form- und Bildwelt die Eingliederung der technischen Zivilisation in eine Gesellschaft an, die sich einem humanistischen Bildungsideal verpflichtet fühlte.

Den zunehmend auseinanderfallenden Arbeitsprozeß in den Industriewerkstätten – »das geisttödtende System der getheilten Arbeit«, wie es das »Osthavelländische Kreis-Blatt« 1855 beschrieb[230] – faßte das Jubiläumsblatt durch kunstvoll gestaltete Arabesken zusammen. Aus den wirkenden Kräften der Industrie entrollt sich der zu Gußeisen gewordene Akanthus und umrankt verschiedenartige Werkstätten. Als übergelegte Zierform bindet er noch einmal harmonisch zusammen, was die Produktion schon getrennt hatte.

Der Blick für das, was hinter dieser vorgelegten Kunstform an sozialem Konfliktstoff existierte, ging nicht nur den Betrachtern dieses Schmuckblattes verloren. Auch der Berichterstatter der »Gartenlaube« blickte durch die Brille seiner an der Antike geschulten Bildung in den Arbeitsalltag der Borsigschen Eisengießerei. Auch unter seinen Blicken verwandelte sich die Industrie in Poesie: »Hier verwirklicht sich die alte dichterische Fabel von den Eingeweiden des Aetna, und die Feueressen, wo Vulcan die Donnerkeile Jupiters schmiedete, gehören fürder nicht mehr in das Reich poetischer Träume. Die dunklen Gestalten der von schmelzender Gluthhitze geschwärzten Männer, der krachende Fall der Riesenhämmer und ihre erschütternden Schläge, das dämonische Aechzen der brausen-

[121]
Ludwig Burger und Theodor Albert, Jubiläumsblatt zur Fertigstellung der 500. Lokomotive in der Maschinenbauanstalt von A. Borsig, 1854

Die Fertigstellung der 500. Lokomotive, die – wie schon die Nummer 1 – den Namen »Borsig« trug, wurde am 25. März 1854 festlich begangen. Neben zwei Festgedichten erschien auch diese Lithographie, für die Theodor Albert die Fabrikanlage zeichnete und Ludwig Burger die Figuren und Ornamente komponierte. Die Ansicht der Fabrik hält sich an das Gemälde von Carl E. Biermann [Tafel II], ergänzt dieses aber um das inzwischen errichtete Gebäude für den Speisesaal (rechter Bildrand). Das Medaillon zeigt das Porträt von August Borsig [1] umgeben von einem Eichenkranz mit Schleifen (Inschrift: Gewerb=Fleiss/J.Aug. Borsig), der von zwei allegorischen Figuren, den Dampf (rechts) und das Feuer (links) darstellend, gehalten wird. Die Figuren stehen in funktionalem Bezug zu den Werkstattszenen aus Gießerei und Schmiede (links), beziehungsweise aus Feilerei und Dreherei. Rechts und links neben der Fabrikverdute finden sich typisierte Vertreter aus den Bereichen der Produktion und technischen Konstruktion. Diese Gegenüberstellung wurde 1860 in zwei Reliefplatten an den Torpfosten zur Borsigschen Fabrik wieder aufgegriffen. Unterhalb des in diese Welt aus Allegorien und Sinnbildern hineingestellten »Gemäldes« befindet sich eine Darstellung der 500. Lokomotive. Die ovalen Plaketten zwischen den Lorbeerblättern bringen die vorangegangenen Produktionserfolge des Lokomotivbaus in Erinnerung.

[122]
Wilhelm Kullrich,
Erinnerungsmedaille zum Fest der 1000. Lokomotive
Vorderseite: Profilbildnisse von August und Albert Borsig, Umschrift: »Johann Friedrich August Borsig/August Julius Albert Borsig«;
Rückseite: Darstellung der 1000. Lokomotive »Borussia«, Umschrift: »Zur Erinnerung/an die Vollendung der/1000sten Locomotive/den 21. August/1858«;

Diese Medaille wurde zum Fest der 1000. Lokomotive an alle Borsigarbeiter verteilt.

den Blasebälge, die Feuerströme flüssigen Metalls, die Milliarden Funken von den gehämmerten Amboßen - alle diese grandiosen Effecte fallen wie Blitzstrahlen in die Seele, geben ein Bild von den Vorstellungen wie sie dem Dichter vom Tartarus vorschwebten, und verwirren und erdrücken die Sinne des Zuschauers zu stummer Bewunderung.«[231]

Vergleicht man die beiden Feste, das der 100. Lokomotive im Jahre 1846 und das der 500. im Jahre 1854, so läßt sich eine »Verfeinerung« der Festlichkeiten bemerken. Nicht nur die Zahl der Festbeiträge und die der Teilnehmer wuchs, auch das öffentliche Interesse hatte gesellschaftliche Kreise hinzugewinnen können, was sich nicht zuletzt durch das Erscheinen des preußischen Handelsministers von der Heydt ausdrückte. Neben dem zu bejubelnden Produkt gewann das Borsigsche Fabriksystem für die Selbstdarstellung der Firma auf dem Feste eine zunehmende Bedeutung. Es hat den Anschein, daß auf den späteren Festen eine Veränderung eingetreten war, da man nun das Produkt allein für die Selbstdarstellung als nicht mehr ausreichend empfand. Sowohl das gemeinsam gesungene »Heil dem Maschinenbau«, das ein neues ständisches Bewußtsein der Borsigarbeiter ankündigte, als auch die Beteuerung der tagespolitischen Abstinenz gehörten ebenso wie die Zustimmung zum patriarchalischen Unternehmertum, wie auch die Betonung der Ehre der Arbeit und die Beschreibung einer konfliktfreien Produktionsgemeinschaft zu den neuen Themen einer erweiterten Selbstdarstellung. Unternehmer und Teile der Arbeiterschaft, die aufgestiegen waren zu »Beamten und Meistern« und sich eng mit den Erfolgen der Firma verbunden fühlten, waren bemüht, auf diesen Festen des Gewerbefleißes ein Beispiel für die Kulturfähigkeit der Industrie zu geben. Das Fest der 500. Lokomotive zeichnete das Maschinenbaugewerbe nicht nur als wirtschaftlich produktiv aus, sondern zeigte dessen Mitglieder auch als sozialpolitisch integrierbar. Darüber hinaus bezeugten das fürstliche Festessen mit mehr als zweitausend Teilnehmern, die Festlieder und das Jubiläumsblatt der Öffentlichkeit, daß die Maschinenbauer durchaus fähig waren, sich dem kulturell vorgegebenen Rahmen anzupassen und sich zugleich als Trägerschicht einer neuen Kultur und Zivilisation auszuweisen.

Das Fest der 1000. Lokomotive am 21. August 1858

Das Fest der 1000. Lokomotive, der »Borussia«, war das aufsehenerregendste Produktionsjubiläum des Lokomotivbaus im 19. Jahrhundert. Es begann mit Taufreden und endete mit einem Festzug durch Moabit [123–125]. Ideologisches Herzstück dieses Festereignisses war eine Rede des zum Kommerzienrat ernannten Albert Borsig, der sich die »kulturhistorische Bedeutung« der Industrie zum Thema gewählt hatte.

Die kulturhistorische Bedeutung der Industrialisierung wurde von deren humanisierenden Resultaten her definiert, an den Fortschritt die Realisierung gesellschaftlicher Utopien geknüpft[232]. So hatte in Preußen Wohlstand und Glück des Volkes in gleichem Schritt mit der Industrie zugenommen »... nicht nur aus den hohen

[123]
Die Taufe der 1000. Lokomotive »Borussia« am 21. August 1858; Lithographie, 1858

Albert Borsig hat soeben die Taufrede beendet. Vor der triumphbogenähnlichen Toröffnung des Hebewerkes steht die von Blumengirlanden umrankte Lokomotive. Von links treten die Vertreter der einzelnen Werkstattabteilungen an den jungen Firmenchef heran. Ihren Heroldsstäben sind Embleme der verschiedensten Arbeitsbereiche aufgesteckt, Werkzeuge wie Hammer, Kneif- und Flachzangen für die Schmiede, ein Pendelregulator für die Vertreter des Kesselbaues und die Lokomotive selbst für die Abordnung aus der Endmontage.

Schornsteinen der Dampfmaschinen stieg der Rauch, nein, sondern auch aus all den Hütten und Häusern der Arbeiter, wohin seine [August Borsigs, d. Verf.] schöpferischen Gedanken Leben, Arbeit, Brot und Wohlstand getragen haben«[233]. Die enge Verknüpfung zwischen Aufbau der Industrie und persönlichem, häuslichem Glück erhob die Maschine zum Fortschrittssymbol einer neuen, durch die »industrielle Kultur« bestimmten und durch die »Ehre der Arbeit« verbesserten Gesellschaft. Zünftlerische Romantizismen waren allerdings bei den Maschinenbauern vom »Feuerland« auch nicht zu erwarten. In der Jubiläumsadresse der Arbeiter und Beamten bedankten sich diese beim Firmenchef ausdrücklich für die »in bedeutendem Maße vergrößerten Werkstätten« und für die »zweckmäßigen Hülfsmaschinen«, welche in den letzten Jahren angeschafft worden seien[234]. Als gesuchte und angesehene Industriearbeiter glaubten sie an den Segen des industriellen Fortschritts, der sich bei ihnen in einem relativ hohen Lohn niederschlug. Gerade die Mechanisierung der Arbeit in allen Gewerbezweigen bedeutete für sie Sicherung der Arbeitsplätze, für die Unternehmer Expansion ihrer Werke. Für das Handwerk und für die im Textilgewerbe Arbeitenden wurde die zunehmende Maschinisierung dagegen zu einer existentiellen Bedrohung. Des ungeachtet galt die Maschine als Spenderin des öffentlichen Glücks, denn – so Albert Borsig – »wer theilt heute noch das Vorurtheil, daß durch die Maschinenkraft die Kraft

[124]
Ludwig Burger,
»Die Wunder des Dampfes«;
Holzschnitt, 1858

Festzug anläßlich der Fertigstellung der 1000. Lokomotive in der Borsigschen Maschinenbauanstalt am 21. August 1858.

des Einzelnen, durch den eisernen Arbeiter die Arbeit des Menschenarmes gelähmt und Armuth erzeugt werde«[235]. Eine deutliche Absage an die Maschinenstürmer und proletarisierten Handwerker, die um den »Kulturwert« ihrer handwerklichen Produkte fürchteten.

Die Versöhnung der Klassen und die Integration der Arbeiter in die bürgerliche Gesellschaft, so wurde argumentiert, seien durch die Verbreitung der Maschine zu erreichen. Das Fest der 1000. Lokomotive, zu dem Gäste aus allen gesellschaftlichen Schichten versammelt waren, eignete sich ganz besonders für die Propagierung dieses Ziels, galten doch die Maschinenbauer als Vorreiter der Industrialisierung. So charakterisierte der Redakteur der »Berlinischen Illustrirten Montags-Zeitung« das Jubiläum als Fest des »Selbstbewußtseins eines Standes [des Wirtschaftsbürgers, d. Verf.], welcher von Tage zu Tage sicher und klarer sich als die Armee des Geistes und der Zukunft fühlen lernt…, deren unermüdet ausdauerndem Fleiß und im höchsten und edelsten Sinne des Worts humanem Streben der Arbeiter seine mehr und mehr zu Ehre und Anerkennung gelangende gesellschaftliche Stellung hauptsächlich verdankt. Die harmonische Vereinigung dieser beiden Momente bildete den Grundton der Stimmung, welche dem Feste den Stempel der heitersten Laune und zugleich der würdigsten sittlichen Haltung gab«[236].

Und die sittliche Hebung des Arbeiterstandes durch Arbeit ging in der kulturhistorischen Gleichung auf, in der sich die bürgerliche Ethik mit der Produktivität paarte – ein Glaubensbekenntnis an die

[125]
Vulkan, »Gott des Feuers und der Berge«.
Bild aus dem Festzug »Die Wunder des Dampfes« durch Moabit; Holzstich nach Loeffler, 1858

»Ehre der Arbeit«, das in der Festansprache nicht fehlte: »Wer muß nicht schließlich bekennen, daß durch die Industrie dem Bürger des Staates Arbeit zugeführt wird, und wo Arbeit ist, da ist auch Sittlichkeit und je mehr Arbeit bei einem Volke, desto höher steht es in seiner Sittlichkeit, in seiner Achtung vor den Ländern und Völkern der Erde.«[237] Die »Gartenlaube« sieht im Überschwang der Festfreude schon den Beginn einer neuen, humaneren Geschichte der Menschheit unter Führung der Industrie: »In der Kulturgeschichte der Menschheit nimmt dieser 21. August des Jahres 1858 eine höhere Stelle ein, als so mancher berühmte Tag der Weltgeschichte, welcher meist nur von blutigen Siegen die Kunde auf die Nachwelt bringt. Auch dies ist ein Sieg, aber kein Tropfen Blut klebt daran, höchstens nur der segensreiche Schweiß der Arbeit, auch dies ist eine Eroberung, die jedoch kein Menschenleben kostete und statt Verwüstung und Schrecken Wohlstand, Segen und Überfluß um sich verbreitet.«[238] Dem Frieden und Wohlstand nach innen entsprach der Friede mit den Nachbarn, der »friedvolle Wettstreit aller Völker«.

Die Firma

1837–1847. Zehn Jahre Maschinenbauanstalt und Eisengießerei von A. Borsig

Während sich die Produktjubiläen vorzüglich dazu eigneten, alle Mitglieder aus den produzierenden und organisierenden Bereichen der Borsigschen Fabrik, Vertreter staatlicher Behörden und – für spätere Feste belegt – die jeweiligen Käufer des Jubelproduktes zum Fest zu laden, schien der Jahrestag der Firma weniger herzugeben, zumindest gab es zu Lebzeiten August Borsigs aus diesem Anlaß keine den Produktjubiläen vergleichbare offiziellen Feste. Man wird jedoch annehmen können, daß ein jährlicher Rückblick im kleinen Kreise stattfand. Die ablesbaren Erfolge der Produktion werden aber auch für den Unternehmer bedeutendere Daten gewesen sein als das automatisch wiederkehrende Gründungsdatum. Neben den selbstredenden Produktionserfolgen hatte Borsig für sich und sein Unternehmen jedoch weitere, von den Jubiläen unabhängige Formen der Selbstdarstellung entwickelt. Sie waren ausgebildet worden bei den zahlreichen Erweiterungen an seinem Wohnhaus in Moabit, konnten aber auch in der Fabrikarchitektur Ausdruck finden.

1847, ein Jahr nach dem Fest der 100. Lokomotive, erreichte das Unternehmen die höchsten Produktionsziffern seit seinem Bestehen. Im selben Jahr begann die Borsigsche Gießerei mit der Herstellung der Kuppelkonstruktion für die Nicolaikirche in Potsdam. Man wird diese Ereignisse als Anlaß dafür ansehen können, daß Borsig im zehnten Jahr der Firma den Maler Carl Eduard Biermann beauftragte, zwei Ansichten der Fabrik auszuführen, die den Beginn des Unternehmens und dessen Gestalt im Jahre 1847 darstellen sollten.

Eine firmengeschichtliche Darstellung in zwei Ansichten, einer quasi »prähistorischen« Anlage und einer gestalteten Industrielandschaft, beschreibt die Dynamik der Produktion, zeigt aber auch das Bedürfnis des Unternehmers, den Prozeß der Industrialisierung an der eigenen Firmengeschichte vorzustellen und sich als dessen Vorreiter auszuweisen. Der Stand der Produktivität von 1837, wie er sich in der kleinen, überschaubaren, zwischen Obstgärten gelegenen Gießhalle darstellt, konnte, verglichen mit der Produktivität zehn Jahre später, nur noch als ein Relikt der eigenen Vergangenheit erscheinen. »Industriearchäologische Forschungen« waren notwendig, um den ersten Zustand oder besser das, was man dafür ausgeben wollte, zu rekonstruieren.

»Borsigs Eisengießerei im Jahre 1837« [Tafel I] zeigt uns die der Chausseestraße zugewandte Westseite. Der Betrachter schaut frontal auf die symmetrische Anlage, hinter deren Seitenflügeln die zwei obeliskenartigen Schornsteine aufragen. Links im Bild erkennt man die flachen Bretterschuppen und ein Göpelwerk, das von einem einzigen Pferd angetrieben wird. Zwischen Göpelwerk und Gießereihalle reihen sich die Obstbäume der angrenzenden Gärtnereien. Durch das sandige, leicht hügelige Gelände vor dem Gebäude bewegen sich zwei Pferdefuhrwerke. Eine Handvoll Arbeiter begleitet die unbeladenen Fuhrwerke. Unmittelbar vor dem Gebäude liegen einzelne Bauhölzer und Kästen; im übrigen bleibt das Gelände leer. Es gibt keine Hinweise auf die Gegenstände, die hier hergestellt werden, wie das bei Darstellungen königlicher Hütten und Eisengießereien üblich ist, auf denen sich katalogartig das Produktionsprogramm im Bildvordergrund ausbreitet [104].

Das Gelände um die Borsigsche Gießerei gibt sich als »tabula rasa« einer noch nicht erwähnenswerten Produktion zu erkennen. Der Wüstenei, aus der sich das Gebäude erhebt, entspricht der sturmdurchtoste Wolkenhimmel. In seiner Farbigkeit erinnert er an das Gemälde der »Alexanderschlacht«, auf dem die Gestaltung des Himmels die kriegerischen Auseinandersetzungen der streitenden Parteien moralisierend kommentiert[239].

Ruhepol in dieser aufgewühlten Landschaft ist die Borsigsche Gießerei, deren Fassade im Licht der untergehenden Sonne erstrahlt, während die Reste der agrarischen Kultur zwischen Sandwüste und schwarzbehangenem Himmel im Dunkel der Landschaft verschwinden. Als Zeichen der industriellen Zivilisation richten sich die beiden Schornsteine senkrecht empor und antworten mit ihrem rauchenden Schwaden der drohenden Gebärde des anstürmenden Gewitters. Nicht der Kampf der Elemente, sondern das Aufeinandertreffen der ungebändigten Natur mit der durch den Menschen angeeigneten Naturkräfte ist Thema dieses Bildes. Das in der Tradition des heroischen Landschaftsbildes stehende Aquarell Biermanns erhält durch die Einführung der Industrie einen neuen Sinn. Die Landschaft wird nicht mehr als Ausdruck göttlichen Waltens in der Natur, durch die sich nur Müßiggänger und Hirten bewegen, verstanden, sondern der Eingriff des Menschen in die Natur wird als eine zivilisatorische Tat zum gesellschaftlichen Nutzen gesehen.

Das Selbstbewußtsein des Unternehmers Borsig, das sich in diesem Bild zehn Jahre nach den Anfängen seines Unternehmens ausdrückt, gründete sich auf das Vertrauen in die Leistungsfähigkeit der Industrie, mit deren Produkten man die Emanzipation der Gesellschaft bewirken und die gestellten Aufgaben der Geschichte bewältigen wollte.

Prometheus, der den Menschen das Feuer bringende Halbgott, war Sinnbild eines überlegenen Selbstgefühls, das in der Industrie den Weg zu einer aufgeklärten, humanen und zivilisierten Gesellschaft sah. Die Darstellung der Borsigschen Fabrik von 1837, am »Vorabend« der vom privaten Unternehmertum getragenen industriellen Revolution, bezeugt dieses Überlegenheitsgefühl, das sich im nachhinein, beim zehnjährigen Bestehen der Firma, als begründet erwies. Die selbstbewußte Haltung Prometheus' gegenüber den Göttern, wie sie Goethe in seinem Gedicht »Prometheus« schildert, liest sich wie eine poetische Umschreibung der Borsigschen Industrielandschaft, die Biermann in seinem Aquarell als Auftakt einer erfolgreichen Unternehmergeschichte inszenierte. Die erste Strophe lautet: »Bedecke deinen Himmel, Zeus/Mit Wolkendunst!/ Und übe, dem Knaben gleich,/Der Disteln köpft,/An Eichen dich und Bergeshöhn! /Mußt mir meine Erde/Doch lassen stehn,/Und meine Hütte,/Die du nicht gebaut,/Und meinen Herd/Um dessen Glut/Du mich beneidest«[240].

Der Zustand der Fabrik zehn Jahre später gibt Rechenschaft über das bereits Geleistete. Der ehemals aufgewühlte Himmel, durch den nun das aufgehende Morgenlicht fällt, hat sich beruhigt. Die ehemalige Wüstenei ist bis zum Horizont mit Werkstätten, Schornsteinen und Wassertürmen zu einer Industrieanlage ausgebaut worden. Die Organisation der Arbeit hat sich ausgebreitet: Ein Hebekran für das Entladen der Materialien und für das Verladen fertiggestellter Produkte, ein Kontorgebäude für die umfangreiche Verwaltung und ein über alles hinausragender Uhrturm für die verbindliche Festlegung der Arbeitszeit.

Die Fabrik tritt dem Betrachter in ihrer Symmetrie nicht mehr starr, frontal und geradezu archaisch gegenüber, sondern vermittelt in der leichten Seitenansicht Dynamik und Produktivität. Die aufgetürmten Gerätschaften, die zahlreichen Beschäftigten und die vielen Gebäude betonen eindringlich das Vorhandensein von Material, Arbeit und Kapital. Der »Ausgang einer Lokomotive«, die poetische Umschreibung für den Beginn des Verwertungsprozesses, zieht sich am vorderen Gartenstück entlang und die Terrasse der Fabrikantenvilla deutet auf den durch Verkauf von Lokomotiven zu erzielenden Gewinn. Anstelle der unwirtlichen Landschaft auf dem Aquarell hat sich die industrielle Zivilisation mit ihren weitläufigen Gebäudeanlagen und ihrer Lokomotivproduktion ausgebreitet.

Das Fest zum 25. Firmenjubiläum (1862)

Das erste öffentlich gefeierte Firmenjubiläum wurde am 22. Juli 1862 auf dem Fabrikgelände an der Chausseestraße eröffnet. Zurückgezogen von der übrigen Arbeiterschaft trafen sich zunächst der Firmenchef Albert Borsig, seine »Beamten und Meister« und der preußische Handelsminister von der Heydt im Konferenzzimmer, um sich gegenseitig ihre Aufwartung zu machen. Der Minister überreichte dem Firmenchef für die Verdienste des Hauses Borsig um die preußische Industrie den Roten Adlerorden[241]. Danach verlas ein Beamter der Borsigschen Fabrik eine Widmungsadresse, in der sich ein kurzer Rückblick auf die Erfolge der Firma mit einem »pflichtgetreuen Dankgefühl« gegen beide Unternehmer verband. Als ein Geschenk von bleibendem Wert und als Erinnerung an diesen denkwürdigen Tag erhielt Albert Borsig von seinen Beamten und Meistern eine kunstvolle Porzellanvase, die eine Ansicht des Borsigschen Verwaltungsgebäudes zeigt [Tafel VI].

Nach Übergabe der Prunkvase, die später den Festsaal der Villa Borsig zierte [46], begab sich die Festgesellschaft in den geschmückten »Restaurationssaal, wo die Arbeiter ihren Chef, der die Rednerbühne bestieg, mit einem Hurra empfingen«[242]. Von dieser Tribüne aus [126] sprach Albert Borsig nicht nur über seine erfolgreiche Firma, mit der er »stets dem Fortschritt huldigen wolle«[243], sondern setzte deren Entwicklung in Zusammenhang mit der preußischen Geschichte: »Denn auch die Vergangenheit dieser Fabrik ist ein Stück preußischer Geschichte, lehrreicher als manch dicker Foliant, den gelehrte Professoren schreiben, lehrreicher als die Geschichte von manchen Kriegen, Notenwechseln, Mobilmachungen und Staatsumwälzungen.« Nach Gründung der Fabrik habe es auch

[126]
»Innenansicht des Speisesaals in Borsig's Fabrik«;
Fotografie, um 1865

Der Speisesaal wurde 1848 auf dem Gelände an der Chausseestraße entlang der Thorstraße errichtet [68]. Der langgestreckte Raum mit seiner einfachen Holzbalkenkonstruktion war zur Thorstraße fensterlos. Zum Fabrikhof wurde er durch hohe rundbogige Fenster geöffnet. An der Schmalseite stand unter einer Tempelnische, deren Gebälk von Koren getragen wurde, die überlebensgroße Büste von August Borsig. Vermutlich handelt es sich bei der Büste um ein Fragment der Festdekoration aus dem Jahre 1858, als man den Ausgang der 1000. Lokomotive feierte. Im Kleinen Tiergarten von Moabit war »nach einer Zeichnung von Strack ein Tempel errichtet, dessen Dach von Karyatiden getragen wurde und der die kolossale von Dankberg gefertigte Büste Borsig's, beschattet... einschloß«. Von den zahlreichen Jubiläumsfahnen, die den Raum ausschmücken, erkennt man links neben der Tempelarchitektur eine Fahne mit dem von einem Lorbeerkranz umrankten Gründungsdatum »22. Juli 1837«.

nicht lange gedauert, »wo die erstaunte Welt zum ersten Mal eine Lokomotive pfeifen hörte, ohne zu ahnen, daß dieser Pfiff das erste Signal sei zur friedlichen Umwälzung des Staats, ja - sagen wir es deutlicher - zu einer friedlichen Revolution aller sozialen und politischen Verhältnisse wurde« [Anhang III].

Die Euphorie über die »friedliche Revolution«, die die Industrie ausgelöst habe, begründete sich durch die ansteigende Maschinisierung in der Produktion, die eine steigende Effektivität ermöglichte. Das immer dichter werdende Streckennetz der Eisenbahn in den deutschen und europäischen Staaten maß der Lokomotive selbst die Rolle eines »Revolutionärs« für die Einheit des deutschen Marktes bei. Nach Albert Borsig war sie »der feurige Vorläufer der Freiheit und Einheit in allen Ländern, sie bringt am leichtesten Bildung, Arbeit und Gesittung zu allen Nationen, sie rückt die Völker näher aneinander, vermittelt den Austausch der weltlichen und geistigen Güter; sie saust über Vorurteile, Zopfwesen, Kleinstaaterei, Paßschererei schon jetzt in Deutschland lustig hinweg - möge sie denn die Deutschen zu einer einigen Nation, ihre Industrie zur Großmacht gestalten«.

Die im Anschluß an diese Rede ausgebrachten Hochs auf König, Vaterland und Maschinenbau vereinnahmten dann auch alle drei für eine friedliche Revolution. So dankte man dem König für die nach Frankfurt einberufene Versammlung der fortschrittlich-nationalgesinnter Parteien, wünschte dem Vaterland durch die »friedlichen« Revolutionäre in Gestalt von Handel und Industrie die deutsche Einheit, damit das Vaterland dem konkurrierenden Ausland ebenbürtig werde. Dem Maschinenbau rief man ein Hoch zum Segen aller aus.

Dieses Jubiläumsfest, das Albert Borsig mehr als Familienfest zu feiern gedachte, war dann doch von allgemeinerer Bedeutung. Für die Festgäste, und dazu gehörten nicht nur die Arbeiter seiner Fabrik, sondern auch die Nobilitäten der Stadt, war von Rudolf Löwenstein ein besonderes Festspiel verfaßt worden, das abends im Victoria-Theater uraufgeführt wurde. Die Plätze im Theater waren »ohne Unterschied der Person nach den Jahren, in welchen die Arbeiter in der Fabrik beschäftigt gewesen, vertheilt«[243].

Schon in vorausgegangenen Zeitungsberichten über die Borsigsche Fabrik hatten die antiken Götter oft zwischen den Zahnrädern der Maschinen und aus den Essen der Schmiedefeuer hervorgeschaut und auch anläßlich dieser Feier wurden Vulkan, Merkur, Minerva, Venus, Wind- und Wassergötter den »Borsigianern« vorgeführt. Im Victoria-Theater erschienen sie zur Jubelfeier als vornehmste Gäste. In Begleitung der Zyklopen und des kraftstrotzenden »Hans Dampf« begaben sie sich auf die Reise nach Moabit, um dort dem »König der Industrie« und dessen schnaubenden »Dampfrössern« zu huldigen. So konnten die Arbeiter bei diesem kulturellen Genuß erfahren, von welch historischer Bedeutung dieser Tag für die abendländische Kulturgeschichte sei und welche zivilisatorischen Kräfte aus ihrer Fabrik hervorgingen.

Damit die Bedeutung des kulturellen Ereignisses von den Zuschauern auch richtig gewürdigt werden konnte, wurde vor dem eigentlichen Festspiel ein Genrebild gezeigt, das die eigens für dieses Fest umgeschriebene biedermeierliche Lokalposse von Louis Angely, »Das Fest der Handwerker«, vorstellte. Der modernen Zeit entsprechend hieß das Stück nun »Das Fest der Arbeiter«[244]. In der Titelveränderung deutete sich ebenfalls die »friedliche Revolution« aller sozialen Verhältnisse an.

Während man sich aber zur Betrachtung der beiden Festspiele auf den Plätzen im Victoria-Theater eingefunden hatte, konnte man diversen Musikstücken lauschen, unter anderem der Ouvertüre zur »Zauberflöte« und zu »Rigoletto«, hörte dann eine »kriegerische Jubel-Ouvertüre«, den Krönungswalzer, »Tannhäuser«, musikalische Metamorphosen und zum Schluß ein »Marschpotpourri«. Erst dann begann das eigentliche Festspiel[245][127].

Das erste Bühnenbild des Spiels führte in den Arbeitsalltag einer weit entrückten Mythenwelt. Vulkan, der »Vorarbeiter« in den Tiefen der Erde, treibt den Chor der Zyklopen an, der jeweils die letzten Zeilen der Rede des Meisters wiederholt, bis – unerlaubterweise – das Ertönen der Arbeitsglocke die Arbeitszeit vom Feierabend trennt. Der repetierende Chor beendet daraufhin eilig sein Tagewerk und ruft, dem Rhythmus der Hammerschläge entweichend: »Die Feierglocke! Hurra, Feierabend!« Dies findet jedoch nicht die Billigung Vulkans, der als Herr der Bodenschätze die Gesteine beschwörend beim Namen anruft und zu den Zyklopen gewendet diese sogleich mit der unvollendet liegengebliebenen Arbeit in ihrer leiblichen Existenz bedroht: »Ein glühend Eisen fahr' Euch in den Leib.«

Doch diesmal ist sein Zorn ungerechtfertigt. Merkur, Gott des Handels – und dies entschuldigt alles –, zog die Glocke, um Vulkan zum Festtage einer Werkstatt einzuladen, die noch mehr vermag als die altertümliche Wirkungsstätte Vulkans. Nichtsahnend von der Existenz und von der titanenhaften Gewalt seines Sohnes »Hans Dampf«, den er vor hundert Jahren mit der dem Wasser verbundenen Venus gezeugt haben soll, zeigt sich Vulkan sichtlich beeindruckt von der Beschreibung neuzeitlicher Dampfrosse, denen der Festtag gilt und die er noch nicht kennt: »Potz Blitz! Wie muß solch'

Riesenpferd nur wiehern? Das klingt sogar für Götter wunderbar.« Merkur, mit der Neuzeit vertrauter, preist die Taten der neuen Götter als denen der antiken überlegen: »Ja größ're Wunder wirkt die Gegenwart, als wir dereinst in jener Welt verrichtet. Die Rosse Diomedes', die Herkules bezwungen einst, - was sind sie gegen Borsig.«

Merkur klärt Vulkan auch über den Anlaß des Festes auf: »Schau' Freund, dort droben in der sand'gen Stadt, wo einst die Wüstenei des Elends starrte, dort baute Egells seine Feuerheerde, um Friedens-Waffen in der Gluth zu schmieden. Und sieh'! Es reih'te bald sich Heerd an Heerd, und Borsig kam vor fünfundzwanzig Jahren, und auf dem Grundstein, den er dort gelegt, erhob sich eine Stadt von Friedensheerden!« Vulkan soll nun die Elemente zum Fest versammeln - »Zu Borsig's Fest, zum Fest - der Elemente!«.

Inzwischen ist Venus auf der Bühne erschienen und begegnet zum ersten Mal seit hundert Jahren ihrem Gemahl Vulkan. Zwischen beiden entbrennt erneut der Streit. Wasser und Feuer gehen aufeinander los - aber da steigt plötzlich »Hans Dampf«, auf einer Lokomotive reitend, aus der Versenkung auf. Dem überraschten Vulkan erklärt Venus, daß dies ihr gemeinsamer Sohn sei, worauf sich die widerstreitenden Elemente versöhnen: »Er wuchs empor zum Gott der Gegenwart. Ja, ja, Vulkan, der Dampf beherrscht die Welt, und Du und ich sind ihm jetzt unterthänig. Er ist der Hauch, der in den Rossen lebt, die Seele jener erzbeschuppten Fische, die jetzt von Pol zu Pole schwimmend schnauben, die Kraft, die jedes Element besiegt und Wunder thut mit starken Eisenarmen.« Die Industrie zwingt die gegensätzlichen Elemente zu friedlicher Koexistenz, vereint zum Nutzen der Gesellschaft, was nach der alten Mythologie getrennt wurde. Der drei Jahrtausende alte Streit - so das Festgedicht - findet in den Borsigschen Werkstätten seinen Frieden.

Minerva, die Göttin des Handwerks und der Kriegskunst, taucht nun auf der Bühne des Victoria-Theaters auf. Sie ist es, die die Aufträge an die Werkstatt des Vulkan vergibt. Als zwielichtige Gestalt tritt sie in den Kreis der Elemente. Teils als Friedensengel, teils als Kriegsgöttin spricht sie Vulkan in ihren Versen an, der ihr seine treuen unparteiischen Dienste aufzählt: »Für Dich nur schürfen wir das Erz der Tiefe, und schmieden, was Dein Wille uns gebeut. Des Todes Waffen wie des Schnitters Sense, des Helden Lanze und des Friedens Pflug, des Sclaven Kette und der Hoffnung Anker, Despoten-Schwerter, freier Bürger Hammer - Wie Du befiehlst, so schafft es uns're Werkstatt, denn Du entscheidest über Krieg und Frieden!« Minerva - sie versichert, diesmal zu einem Friedensfest zu erscheinen - gibt das Zeichen für den Aufstieg aus dem Reich des Vulkan ins Licht der Industrielandschaft Berlins, die als Bühnenprospekt im Hintergrund erscheint. Vor diesem steht in einem Tempel die Büste des Menschensohnes August Borsig, der - wie Vulkan eifrig bestätigt - vor acht Jahren (1854) in die göttliche Schmiede hinuntergestiegen sei.

Der Festzug führt an der Büste August Borsigs vorbei, an der Spitze Merkur und die mit ihren kriegerischen Attributen versehene Minerva. Es folgen die »elementaren« Kräfte der Industrie: Venus, die vier Winde, Gnomen, Knappen und »vier Mohren« (Bergbau), das »Reich des Eisens« und schließlich Vulkan. Ihnen folgen die

VICTORIA-THEATER.
Dienstag, den 22. Juli 1862.

Zur Feier des 25jährigen Jubiläums der Maschinenbau-Anstalt
von
A. Borsig in Berlin.

Festspiel
in 1 Akt von Rud. Löwenstein. Musik von Th. Hauptner.

Minerva . . . . Frau Milarta.
Vulcan . . . . Hr. Grobecker.
Venus . . . . Frl. Götz.
Mercur . . . . Hr. Tietz.
Hans Dampf . . . . Hr. Guthery.
Chor der Cyklopen.
Nymphen, Gnomen, Gottheiten der Winde, Ritter.
Landleute, Arbeiter u. a. m.

Vorher:

Das Fest der Arbeiter.
Genrebild in 1 Akt, mit freier Benutzung von Angely's: „Fest der Handwerker," von Dohm.

Pickenbach, Bierwirth . . . . Hr. Grobecker.
Frau Pickenbach, seine Gattin . Frau Müller.
Lenchen, seine Tochter . . . . Frl. Götz.
Wilhelm Kind, Arbeiter . . . . . . Hr. Mittell.
Stehauf, Schlesier, Arbeiter . . Hr. Guthery.
Kluck, Berliner, Arbeiter . . * * *
Hähnchen, Sachse, Arbeiter . . . . . . Kr. Tietz.
Herr von Proppenberg . . . . Hr. Scholz.
Ein Bettler . . . . Hr. Hänsel.
Arbeiter.

*** Kluck: Hr. Haase, als Gast.

Nach dem ersten Stück:
Violin-Concert der Geschwister Dellépierre.

Großes Concert.
Vor der Vorstellung:
ERSTER THEIL.
*Ouvertüre zu: „Die Zauberflöte," von Mozart.
Schiller-Marsch von Meyerbeer.
*Praeludio und Introduction aus: „Rigoletto," von Verdi.
Kriegerische Jubel-Ouvertüre von Conradi.
*Krönungs-Walzer von Anna Jonas.
Pilgerchor aus: Tannhäuser, von Wagner.
*Lied ohne Worte (Glaube, Liebe, Hoffnung), von Alb. Lorenz.
Metamorphose. Marsch-Potpourri von Braun.
ZWEITER THEIL.
Ouverture triomphale von Rehfeld.
*Cavatine und Rondo aus: „Il Colonello," von Ricci.
Echo aus dem Neckarthal, Walzer von P. Rüthling.
*Ouvertüre zu: „Czaar und Zimmermann," von Lortzing.
Salon-Polka-Mazurka von Schütz.
*Venetianer Quadrille von A. Leutner.
Potpourri aus: „Rigoletto," von Urbaneck.
*Revue de la polca, Potpourri von Alb. Lorenz.
Nach der Vorstellung:
*Borsig-Fest-Marsch von Alb. Lorenz.
Réveil du lion, von A. v. Kontski.
*Il baccio, valse brillante von Arditi.
La belle amazone, von Löschhorn.
La sonnambule, Polka von Anna Jonas.
Manon-Galopp von Rehfeld.

Anzeige.
Mittwoch, den 23. Juli. Mit Allerhöchster Genehmigung. Zu Ehren der Anwesenheit der Japanesischen Gesandtschaft: **Monstre-Concert**, von den vereinigten Musikchören sieben Königlicher Garde-Regimenter, dirigirt vom Königlichen Musikdirector Herrn **Wieprecht**, unter Mitwirkung der Demoiselles **Julie** und **Juliette Delépierre.** Sämmtliche Plätze im Parquet und ersten Rang beider Zuschauer-Räume sind bereits bestellt.
Preise der Plätze: Fremdenloge 2 Thlr. 15 Sgr. Orchesterloge 2 Thlr. Erster Rang Loge 1 Thlr. 15 Sgr. Erster Rang Balkon 1 Thlr. 15 Sgr. Parquet 1 Thlr. Zweiter Rang Prosceniums-Loge 1 Thlr. Zweiter Rang Loge 1 Thlr. Zweiter Rang Balkon 20 Sgr. Dritter Rang Prosceniums-Loge 20 Sgr. Dritter Rang Balkon 15 Sgr. Parterre 15 Sgr. Gallerie 10 Sgr. Garten-Entrée 15 Sgr.

Anfang 6½ Uhr. Eröffnung des Gartens 5 Uhr.

[127]
Programmzettel zum 25. Jubiläum 1862

Industrieprodukte für Krieg und Frieden: Pflugscharen und Sicheln, Schiffspanzer und Kanonenrohre. Die nächsten Bilder zeigen Eisenwerkzeuge, wie sie schon im Festzug der 1000. Lokomotive 1858 erschienen waren [124]. Mit dem letzten Bild des Zuges ist das Ziel des »Vereins zur Beförderung des Gewerbfleisses in Preußen« erreicht: »Hans Dampf« reitet auf »Borussia«, der 1000. Lokomotive, über die Bühne. Seine verändernde Kraft und Wirkung wird zum Abschluß des Festspiels in zwei Bildern anschaulich vorgeführt. »Das Voigtland vor dreißig Jahren« und »Das Voigtland im Jahre 1862« lauten die Unterschriften zu den Bildern, die von »Maschinen-Bauern« über die Bühne getragen werden und den gestaltenden Einfluß des »Gottes der Gegenwart« nachhaltig belegen. Während man auf dem ersten Bild eine Wüste – la terre moab – sah, zeigte sich auf dem zweiten der gesellschaftliche Fortschritt in einer Darstellung des »Waldes von Dampfschornsteinen«. Diese Gegenüberstellung von Einst und Jetzt, die Verwandlung von Armut, Elend und Unfruchtbarkeit in Reichtum, Zivilisation und Produktivität knüpfte an die beiden Ansichten Biermanns aus dem Jahre 1847 an. Während aber Biermann die Industrie als schöpferischen Prozeß menschlicher Arbeit definierte, verwandelte sich der Prozeß der Industrialisierung in dem Festspiel von 1862 zu einer märchenhaften und mythologischen Nationalökonomie.

[128]
Wilhelm Kullrich, Verdienstmedaille für fünfundzwanzig Jahre Arbeit in der Borsigschen Eisengießerei und Maschinenbauanstalt
Vorderseite: Doppelbildnis von August und Albert Borsig, Umschrift: »Johann Friedrich August Borsig/August Julius Albert Borsig«;
Rückseite: Darstellung der Lokomotivfabrik in der Chausseestraße, Umschrift: »Für 25jährige Arbeit/dem Zeugschmied Julius Pitschke/am 22. Mai 1886«

Die zum 25. Firmenjubiläum 1862 erstmals geprägte Medaille wurde an alle Arbeiter nach fünfundzwanzigjähriger Tätigkeit für die Firma verliehen.

[129]
»Borsigianer«; Kohlezeichnung, um 1870

Die Personen

Am 12. Januar 1862 feierte der Oberwerkführer Friedrich Hermes sein 25. Dienstjubiläum[246]. Er gehörte zu den ersten 50 Mitarbeitern, die August Borsig 1837, vor Fertigstellung der Werkstätten, anstellte. Hermes trug in den vierziger Jahren wesentlich zum Ruhme der Borsigschen Lokomotiven bei und rückte schnell zur Arbeiteraristokratie der Borsigschen Fabriken auf. Zu seinem Jubiläum, das ein halbes Jahr vor dem offiziellen Jubiläum der Firma lag, wurde ihm von Albert Borsig in Anerkennung seiner Verdienste im Lokomotivbau eine silberne Lokomotive überreicht [130].

Seit dem Jahre 1862 wurden die Jubiläen der Werkführer gefeiert, bei denen es immer etwas zu besingen gab[247]. Als die Firma 1862 ihr 25. Jubiläum feierte, konnte Albert Borsig elf Mitarbeitern die silberne Medaille aushändigen, die fortan bei Personenjubiläen verteilt wurde [128]. Eine Liste vom Jahre 1865 verzeichnet bereits 46 Jubilare, von denen allein zehn schon im Gründungsjahr der Firma eingestellt worden waren[248]. An die Jubilare verteilte man, je nach Stellung in der Firma, eine goldene Uhr oder größere Geschenke, wie zum Beispiel an den Oberwerkführer Hermes.

Nachdem König Wilhelm die Fabrikanlagen in Moabit und an der Chausseestraße am 8. Februar 1867 besichtigt hatte, erreichte Albert Borsig tags darauf ein Schreiben, das die Nachricht überbrachte, der König habe beschlossen, dem Werkführer Hermes, dem Oberingenieur Flöringer und dem Dirigenten Waltz den königlichen Kronenorden IV. Klasse zu verleihen. Der Brief fährt fort: damit habe der König anerkennen wollen »die hohe Bedeutung Ihrer Werke für die vaterländische Industrie und insbesondere die wohlwollende Beachtung..., welche bei der Verwaltung Ihrer Anlagen, an der die genannten Herren nunmehr seit länger als 25 Jahre mitwirken, der Stellung der Arbeiter zutheil wird«[249].

[130]
Modell einer Lokomotive, beschriftet: »Dem Oberwerkführer Herrn Friedrich Hermes am 12t. Januar 1862«

Geschenk von Albert Borsig an den Oberwerkführer der Lokomotivfabrik an der Chausseestraße, Friedrich Hermes, zu dessen 25. Amtsjubiläum. Das Lokomotivmodell war zugleich Schreibtischgarnitur mit Tintenfaß, Streusanddose, Brieföffner, Schubfächern und einer Glocke für den Boten. Lokomotiven dieser Art wurden um 1860 in den Borsigschen Werkstätten erbaut.

Tod des Unternehmers August Borsig (1854)

Am 25. März 1854 hatte die Maschinenbauanstalt in der Chausseestraße das Fest zur Fertigstellung der 500. Lokomotive mit zukunftsfrohen Weisen gefeiert und den Fortschritt der Menschheit durch die Industrie beteuert. Als dann einige Monate später, am 8. Juli, August Borsig verstarb, gab dies erneut Anlaß, über die Industrie und ihre Unternehmer nachzudenken.

Während in den Berichten über die Borsigsche Fabrik seit 1844 hauptsächlich die Werkstätten, die Arbeitsorganisation und die Produkte im Vordergrund standen, begann mit dem Tode August Borsigs die Glorifizierung eines Unternehmers. Als »Genie« und als »König der Industrie« wurde er gefeiert[250]. In seinem Nachruf führte der »Berliner Volkskalender« 1855 aus: »Nur das Notdürftigste hatte die Schule gegeben… er sollte sich Alles selbst erarbeiten. Dies ist aber das wahre Kennzeichen des Genius, von allen Hilfsmitteln entblösst, wirft dasselbe alle Hemmnisse von sich, bricht sich durch alle Mängel in nie rastender Tätigkeit Bahn, bewußt oder unbewußt vom Innern getrieben, das noch nicht Dagewesene zu erreichen«[251] und auf die Geschichtsschreibung der preußischen Industrie kommend, führt der Verfasser aus: »Die Kulturgeschichte wird seinen Namen hinzufügen zu denen der Heroen, die sich um die selbständige Entwickelung des Vaterlandes verdient gemacht haben: – Borsig ist das erste Genie deutscher Industrie.«[252] Er sei »im ganzen Sinne des Wortes ein genialer Charakter« und habe für die Zukunft »rein aus sich selbst gewirkt«[253].

Die Schritte zum Erfolg der Borsigschen Werke sind aber aus der Biographie und aus den Zeitumständen benennbar und hier noch einmal in Erinnerung zu rufen. Nach Erlernen des Zimmerhandwerks und der Ausbildung auf der Bau- und Handwerksschule zu Breslau erhält er ein Stipendium für das Gewerbeinstitut in Berlin. Er verläßt es ohne Zeugnis und entschließt sich zu einer praktischen Ausbildung in der größten privaten Maschinenbauanstalt Berlins und wird 1827 Leiter der dort angeschlossenen Eisengießerei. Die Entscheidung, sich selbständig zu machen, war bei der gestiegenen Nachfrage nach Maschinen aller Art 1837 kaum ein Risiko. Zusammen mit der Freundschen Eisengießerei, die schon 1836 gegründet wurde, besaß Berlin nun drei Privatgießereien für Großaufträge. Die Baugeschichte der ersten Jahre zeigt, wie das Geschäft florierte und daß es selbst die Erwartungen Borsigs übertraf.

Der Regierungswechsel im preußischen Königshaus förderte die Unternehmungen des liberalen Bürgertums. Die Leidenschaft des neuen Königs für die Verwirklichung großer Bauaufgaben eröffnete für August Borsig die Chance, seine beiden Ausbildungswege, den des Bauhandwerkers und den des Maschinenbauers, zu verbinden. Hierbei kamen Borsig die Prinzipien der staatlichen Gewerbeförderung zugute, die ihm nicht nur eine Drehbank zukommen ließ, sondern auch die an die Privatwirtschaft vergebenen Aufträge durch ihren technisch geschulten Beamtenstab unterstützte[254]. So lieferten die staatlichen Stellen die Berechnungen für Dampfmaschinen[255], ließen bei Baukonstruktionen die Unternehmen durch die

Oberbaudeputation beraten, setzten die im Aufbau befindliche Privatwirtschaft in den Genuß des staatlich organisierten Technologietransfers und bildeten am Gewerbeinstitut Fachkräfte für die Privatwirtschaft aus.

Diese Angebote zu nutzen war Borsigs Bestreben. Obendrein werden ihm die zahlreichen Verbindungen, die er sicherlich als Faktor der Egellsschen Fabrik zu staatlichen Behörden geschlossen hatte, beim Aufbau seiner Fabrik nützlich gewesen sein. So wird zum Beispiel der Fabrik-Kommissionsrat Adolf Brix seinen Teil dazu beigetragen haben, die Borsigsche Fabrik mit Aufträgen zu versehen. Die Korrespondenz zwischen Brix und Borsig war von Anfang an freundschaftlich, ebenso wie die mit Persius. Brix bearbeitete auf der Seite des Auftraggebers die Fontänenanlage in Sanssouci, lieferte die ersten Leistungsberechnungen des Pumpwerkes und schrieb das abschließende Urteil über die Dampfmaschine, die der erste Meilenstein zum Erfolg und schließlich zum Ruhme des Borsigschen Dampfmaschinenbaus wurde. Den Anfang des Briefwechsels über das Kuppelprojekt der Nicolaikirche in Potsdam machte ebenfalls ein Brief von Brix.

Bevor bei Borsig die erste Lokomotive konstruiert wurde, hatte die Werkstatt zwei Jahre Gelegenheit, amerikanische und englische Modelle der Berlin–Potsdamer Eisenbahn bei Reparaturen kennenzulernen. Die erste Borsigsche Lokomotive war der Nachbau eines ausländischen Modells mit einer von Borsig vorgenommenen Verbesserung des Lenkungs- und Antriebssystems. Damit gebührte ihm der Ruhm, in seiner Werkstatt als erster eine ausländische Maschine erfolgreich nachgebaut zu haben. Der Nachruf erinnert an dieses Ereignis: »Im Frühjahr wurde der Triumphzug auf der Anhalter Bahn mit der Lokomotive ›Borsig‹ gefeiert; die erste deutsche Lokomotive setzte den Zug in Bewegung, der das Maschinenwesen von England losriss, der Deutschland emanzipierte. Diese Tat ist eine historische für unser Vaterland, denn durch sie hat sich dasselbe eine neue Seite der Selbständigkeit errungen und Borsig ist der Erringer!«[256]

Diese Erfolge ließen sich jedoch nur erreichen durch ein gut geschultes Arbeiterteam. Insbesondere die in der Firmenhierarchie aufgestiegenen Werkführer wußte Borsig vielseitig zu fördern und nahm sie, wie den Oberwerkführer Friedrich Hermes, auf seine Auslandsreisen mit, oder schickte sie auch allein nach England, damit sie dort Maschinen für die Werkstätten einkauften. 1849 baute er einen Unterrichtsraum auf dem Werkgelände in der Chausseestraße, um einen eigenen Facharbeiternachwuchs heranzubilden.

Das Unternehmen Borsig entstand nicht »rein aus sich selbst« und unabhängig von den Zeitumständen durch den Tatgeist eines »Genies der Industrie«, sondern stand im Zentrum der industriellen Entwicklung Preußens und vielfältiger Förderungsmaßnahmen, die der Staat den privaten Unternehmern angedeihen ließ. Daß die Firma Borsig sich in dieses Zentrum stellte, ist zum größten Teil den ehrgeizigen Unternehmungen des Inhabers zu verdanken. Genausoviel Anteil hatten aber die Helfer innerhalb der aufgeschlossenen preußischen Beamtenschaft um die Minister Beuth und dessen Nachfolger von der Heydt, die die industrielle Entwicklung nach

[131]
»Leichenbegängniß des Geh. Commerzienraths Joh. Carl Friedrich August Borsig in Berlin am 10. Juli«, Holzstich 1854

Der Holzstich zeigt den Kopf des Trauerzuges auf dem Fabrikgelände der Eisengießerei und Maschinenbauanstalt von A. Borsig in der Chausseestraße. Nach zeitgenössischen Berichten (»Illustrirte Zeitung« 1854; Hintze, 1855) gingen zahlreiche Arbeiterzüge des Berliner Maschinenbaugewerbes mit ihren Bannern dem Trauerzug voran; die Fahnen links im Bild mögen zu diesen Abordnungen gehören. Direkt neben dem Leichenwagen schritten die Berliner Maschinenfabrikbesitzer gefolgt von dem Prediger Vater, dem Oberbürgermeister Krausnick, preußischen Beamten, Direktoren der Eisenbahngesellschaften und zahlreichen Kunden und Honoratioren des Berliner Gewerbelebens, unter ihnen auch Alexander von Humboldt. Die Personenwiedergabe in der »Illustrirten Zeitung« ist allerdings so weit typisiert, daß es schwerfallen würde, einzelne Personen zu identifizieren.
Hinter dem Trauerzug ragt das zweigeschossige Kontorgebäude aus dem Jahre 1838 empor [59]. Ein zweigeschossiger, fast quadratischer Turmbau, der von breiten Korbbogenfenstern belichtet wird, steht an der Chausseestraße. Hinter diesem Turm erstreckt sich das zweigeschossige, durch ein doppeltes Gurtgesims unterteilte Bürogebäude, das mit einem breiten Konsolgesims abschließt. Hinter den neun Fensterachsen befanden sich die Kontorräume für das technische und kaufmännische Büro. Auf der Ansicht in der »Illustrirten Zeitung« wird die Oberfläche des Gebäudes einheitlich hell wiedergegeben. Es handelt sich also wohl um einen Putzbau. Dem zweiten Geschoß des Turmes wird eine aufgeputzte Rustizierung vorgelegt, und der Fries des Turmkopfes trägt zur Chausseestraße hin die Inschrift »Maschinenbau-

ihren Möglichkeiten förderten, wie auch die Arbeiter, die ihr technisches Wissen und ihre handwerklichen Fähigkeiten in das Unternehmen einbrachten. Für die Industrie war der Tod August Borsigs durchaus kein existenzbedrohender Verlust, nur das Ende eines Kapitels ihrer Personengeschichte. Der Nachruf endete deshalb auch mit der Feststellung: »Borsig ist tot, aber die Industrie lebt!«

Für die hierarchische, auf eine Vaterfigur zugeschnittene Firmenstruktur bedeutete dieser Tod allerdings den Verlust der Führung und des Inhabers der Herrschaft. Noch zum Fest der 500. Lokomotive wurde er in einem Gedicht als »Meister« angesprochen und auf der Festlithographie [121] erschien er als Beherrscher von »Feuer« und »Dampf« und als Herrscher seines Industrieimperiums. Die gegenseitige Verpflichtung zwischen »Meister Borsig« und seinen Handwerksgesellen erklärt vielleicht einerseits die relativ frühe Einführung der Kranken- und Unterstützungskassen in den Borsigschen Fabriken, zum andern aber auch die Bereitschaft der Belegschaft, die Verklärung des »Meisters Borsig« nach dessen Tod mitzutragen und die schon verinnerlichte Herrschaftsstruktur aufrechtzuerhalten. Für die Arbeiter bedeuteten die Erfolge des Unternehmens zunächst ihre Existenzgrundlage, dann aber auch Anerkennung durch die Öffentlichkeit. Der Tod des Unternehmers schien bei ihnen tatsächlich die Furcht zu nähren, Arbeit und Brot zu verlieren. Und es scheint nicht nur Legende zu sein, was Hintze 1855 im Nachruf schrieb: »Die Kinder, Frauen und Männer weinten nicht umsonst an seinem Grabe – sie wußten, wen sie verloren hatten – die Arbeiter hatten recht mit ihrer Namensgebung, und sie wußten recht gut, was sie meinten, wenn sie ihn ›Vater Borsig‹ nannten.«[257]

Von »Vater Borsig« hatten sie doch seit Jahren Arbeit erhalten, und sie dankten es der Person Borsig und nicht dem allgemeinen Gewerbefleiß in Deutschland, der eine vermehrte Nachfrage nach Industriegütern erreichte und das Borsigsche Unternehmen erst groß machte. Als Borsig starb, bedeutete dies einen Identifikationsverlust für einen großen Teil der Belegschaft, eine Lücke, die nicht sogleich von dem erst 24 Jahre alten Albert Borsig gefüllt werden konnte.

Am 7. Juli, einen Tag nach dem Tode, trauerten nach Augenzeugenberichten große Teile Berlins und es schien, daß nicht nur die Menschen zwischen Oranienburger Tor und Moabit betroffen waren, sondern sich sogar die Industrielandschaft, wo noch zuvor »lustig die tausend Essen loderten«[258], in eine Trauerlandschaft verwandelte. Im Nachruf heißt es hierzu: »Den Tag darauf gewährte die ganze Gegend vor jenem Tore einen höchst überraschenden Anblick, ... man war umgeben von einer unheimlichen Stille: kein Rauch entstieg den Schornsteinen, kein Hammer regte sich, schwarz und öde waren die Essen, das Feuer war verglimmt, der Dampf der Maschinen verschwunden – und auf den Türmen der ruhenden Fabrikstadt wehte das große Trauerbanner – die titanenhafte Gestalt des angestaunten Mannes erblickte man aber nicht mehr – Borsig war tot!«[258]

Das zum Tode von Borsig in der »Nationalzeitung« erschienene Gedicht romantisierte die Dingwelt der Industrielandschaft. Es will nicht nur, angesichts des Todes eines Industriellen, die Poesiefähig-

Anstalt von A. Borsig«. Auf der Seite zum Vorplatz, und damit zum Oranienburger Tor gewendet, lesen wir: »Eisengießerei v. A. Borsig«. Die Turmecken sind zinnenartig ausgeführt, das Dach dient auch als Terrasse. Der hinter dem Gebäude aufragende Schornstein gehört zur Maschinenbauanstalt von Egells. Am rechten Bildrand erhebt sich der mit einer Trauerfahne versehene Uhr- und Wasserturm von der Gießerei. In der Turmnische erkennt man - hier viel größer wiedergegeben - das Standbild des Schmiedes (vgl. [85], [Tafel II]).

keit der Industrie belegen, sondern mobilisiert zunächst auch Ängste, um letztlich die Solidarität der »Borsigianer« mit dem Juniorchef zu bewirken. Es beginnt mit einer Beschreibung augenfälliger Zeichen, die in dem Tod des Unternehmers eine unheilvolle Vision sehen:

»Was zaudert dort der Rauch, emporzusteigen
Zu seinem Ebenbilde in der Luft?
Sagt mir, warum die Eisenhämmer schweigen
Und die Maschine, die so laut sonst ruft?
Die Öfen speien nicht, wie sonst, der Flamme Gluten,
Sie treiben nicht mit Macht des Dampfes Fluten, -
Und jene schwarzen, markigen Gestalten,
Was zeigt ihr Blick des herben Leids Gewalten?
Was sie beseelte, ist dahingegangen,
Gehemmet ihres Lebenspulses Schlag,
Der Odem fehlt, der alles hielt umfangen,
Und rief das tote Erz zum Leben wach;
Der Geist ist still geworden, der sonst überwachte
Mit seiner hohen Kraft, was er erdachte.
Und leitete die Hand der Kerngestalten,
Die jetzt den Blick gesenkt zur Erde halten.«[259]

Das, was Maschine und Arbeitsmann bewegte und vorwärts trieb, sie zu einem produktiven Organismus zusammenfügte und eine Ordnung für die Fabrikwelt schuf, scheint nach dem Tode des Schöpfers unrettbar auseinanderzufallen. Doch die Kontinuität im Fortschreiten der Produktion wird in diesem poetischen Nachruf schon wenige Zeilen später garantiert, indem das Borsigsche Erbe neuen Trägern überantwortet wird. Das Gedeihen der Firma und das Ingangsetzen der Maschinen liege nun - so das Gedicht - in den Händen der Arbeiter. Der Verfasser tönt: »Doch Männer wollet Ihr sein Angedenken ehren,/So tut es nicht allein durch Eure Zähren;/

Durch Fleiss und Redlichkeit gebt zu erkennen,/Dass Borsig's Geist sich nie von Euch kann trennen.«[259] Die Maschinerie, erst einmal in Gang gesetzt, läuft auch nach dem Tode ihres Erfinders fort, solange sie von den Arbeitern bedient wird und dabei die Prinzipien der Herrschaft und der Arbeitsorganisation nicht verlassen werden.

1854 erscheint anläßlich des Todes von August Borsig ein Gedenkblatt, das ebenfalls – wie schon das Jubiläumsblatt zum Fest der 500. Lokomotive – von Ludwig Burger und Theodor Albert ausgeführt wurde und die Aussage des Gedichtes in Bilder umsetzt [132]. Dieses Blatt zeigt eine bemerkenswerte Ähnlichkeit mit dem Jubiläumsblatt und vermittelt schon in seiner äußeren Erscheinung die angestrebte Kontinuität des Unternehmens. Auch hier steht als Bild im Bilde auf eisernen Pfosten eine Fabrikansicht, diesmal das Walzwerk in Moabit. Dort, wo bei dem Jubelblatt das Porträt August Borsigs das Schmuckblatt zierte, finden wir nun die Inschrift: »J. F. Aug. Borsig/geb. in Breslau d. 23. Juli 1804/gest. in Berlin d. 6. Juli 1854«. Der Ehrenkranz des Gewerbefleißes hat sich nun zu einem Trauerkranz aus Eichen- und Weinlaub mit Reben verwandelt. Dort, wo »Feuer« und »Dampf« ihre elementaren Kräfte entfalteten, knien die Trauergenien neben Kandelabern. Gußeiserne Arabesken umranken auch hier Ansichten der Produktionsstätten in Moabit. Der Kandelaber auf dem Schornstein an der Spree bläst schon wieder seinen Rauch aus. Schon sammeln sich die Kräfte für die Produktion in den die Fabrikansicht umrahmenden Szenen, um das Werk der Industrie im »Geiste Borsigs« fortzuführen. Ein jugendlicher Tischler führt einen älteren Schmied – wohl noch ein Vertreter der Zunft – an das Bild der neuen Industrie heran. Unterhalb der Fabrikvedute setzen die »Zyklopen« im Inneren des Walzwerkes die Produktion fort. Vertreter verschiedener Werkstätten hängen gemeinsam das Porträt des Nachfolgers Albert Borsig auf. Die Solidarität mit dem Juniorchef und die Unterstützung aller Werkstätten bei der Fortführung des Werkes – so will diese Szene uns zeigen – ist ein Angebot der Arbeiterschaft. Auch Albert Borsig hat sich der Hierarchie zu unterwerfen. Er ist in der Bildkomposition tiefer plaziert als die Inschrifttafel für seinen Vater und damit der Arbeitswelt näher. Dies erleichtert die Solidarisierung mit dem neuen Chef; zugleich ist jedoch seine Person durch das gerahmte Bildnis, obwohl es in den Händen der Arbeiter ruht, entrückt. Der persönliche Zugang zu ihm ist versperrt.

Der Arbeitsalltag kehrt in die Produktion zurück; auf dem Fabrikhof überreicht ein Werkführer einem Arbeiter einen Auftragszettel; Arbeiterfrauen bringen die »Brotzeit«. Ein Schmied steht, anscheinend unbeschäftigt, vor einem Leiterwagen, aber auf diese Weise zeigt er sich umso denkmalhafter dem Betrachter: aufrecht stehend, vergleichbar der Statue am Uhrturm der Chausseestraße [Tafel II], präsentiert er sich mit ungebrochener Arbeitskraft.

Wie schon das Blatt zur 500. Lokomotive mehr zeigen wollte als eine Ansicht des Jubelproduktes, teilt auch dieses Gedenkblatt mehr als den Tod des Unternehmers mit. Es setzt diesen Tod in Beziehung zum Arbeitsalltag, dem eine neue Bedeutung zuwächst. Der unverrückbare Kopf des Blattes und der Firma bleibt August Borsig, sein Porträt ersetzt eine Grabinschrift, die den Geist des

[132]
Ludwig Burger und Theodor Albert,
Gedenkblatt zum Tode von August Borsig, 1854

Gründers im Bewußtsein wachhalten und der Arbeit einen »Borsigschen« Sinn geben will. War auf dem Jubelblatt das Produkt der Firma, das den Ruhm tragende und Kapital bildende Fundament, ist es nun die Arbeit, von Handwerkszeug und Eichenlaub umrankt. Nur sie bringt Ehre und sichert das Fortbestehen der Firma: »Durch Fleiß und Redlichkeit gebt zu erkennen,/Dass Borsig's Geist sich nie von Euch kann trennen.«[259]

Wie eine Botschaft gegen die aufkommende Agitation kommunistischer und sozialistischer Arbeiterführer klingt auch eine Beschreibung dieses Treueverhältnisses im Nachruf auf August Borsig von 1855: »Und wie so für das augenblickliche Auskommen jedes Einzelnen gesorgt war, so wusste er die ganze Masse der Arbeiter als eine grosse Familie zusammenzufassen... Wo aber sind die Rechnungen, welche nachweisen, wieviel Geld invalide Arbeiter, trauernde Witwen, verlassene Waisen und unverschuldet in Not Gekommene erhalten? Die Nachweise stehen nicht in den Büchern, aber zu erzählen wissen die Unterstützten, wieviel Tränen er getrocknet, wieviel

[133]
Wilhelm Kullrich,
»Gedenkmedaille auf den Tod von August Borsig im Jahre 1854«;
Vorderseite: Reliefbildnis des August Borsig mit der Umschrift »Iohann Friedrich August Borsig/ Geb. 23. Juni 1804/ Gest. 6. Juli 1854«.
Rückseite: Darstellung einer weiblichen Figur mit dem Modell einer Lokomotive in der Hand und den Borsigwerken im Hintergrund sowie die Umschrift »Gegründet zu Berlin 1836. Zu Moabit 1847«;
Bronze, 1854

Die Rückseite zeigt eine sitzende weibliche Gestalt, die in ihrer rechten Hand eine Lokomotive und in ihrer linken einen Lorbeerkranz hält. Ihr Gewand weist sie als antikisierte »Germania« aus, in der Körperhaltung ähnelt sie der Germania auf der Medaille der Gewerbeausstellung von 1844. Das Gewand schützt eine Lederschürze, wie sie auch wenige Jahre später an den Terrakottafiguren des Borsigschen Verwaltungsgebäudes erscheint [92].
Vor ihren Füßen lagert eine Flußgöttin mit Ruder und Sumpfkolben in den Händen. Als Allegorie des Wassers ist ihr das Feuer gegenübergestellt, das unterhalb des Sitzes der »Germania« vor einem Zahnrad emporlodert. Feuer und Wasser verwandeln sich unter dem Zugriff des Menschen, worauf der Vorschlaghammer hindeutet, zu Dampf beziehungsweise zur fertigen Lokomotive.
Im Hintergrund flankieren die beiden Borsigschen Fabriken die Allegorie der Industrialisierung. Links deutet der kandelaberartige Schornstein das Eisenwalzwerk in Moabit an, während rechts der Uhr- und Wasserturm als architektonisches Merkmal für die Eisengießerei und Maschinenbauanstalt an der Chausseestraße erscheint. Der Symmetrie der Anlage wird durch die rhythmisierte Reihung der Schornsteine Ausdruck verliehen.

stillen Kummer er verscheucht, und in wievieler Not er der einzige Retter gewesen, ... das Band der Liebe und der Hochachtung umschlang ihn und seine Arbeiter. Neben seinen grossen Plänen hatte der Wunsch jedes Einzelnen Platz, und die Entwürfe grossartiger Einrichtungen wurden gekreuzt durch Ratschläge, die dem bittenden Arbeitermann zuteil wurden... Daneben aber übte er ein Regiment unerbittlicher Strenge, wo es sich um Rechtlichkeit und Pflichterfüllung handelte; Pünktlichkeit, Fleiss und Redlichkeit waren die einzigen Fürsprecher bei ihm; das Gegenteil hatte augenblickliche Entlassung ohne Ansehen der Person zur Folge,... Borsig war ein Vater seiner Arbeiter.«[260]

Borsigs Grabstätte auf dem Dorotheenstädtischen Friedhof entwarf sein Freund Strack (1857). Eine Farblithographie aus dem »Architektonischen Skizzenbuch« von 1860 zeigt den ursprünglichen Zustand [135]. Umzäumt von einem gußeisernen Gitter erhebt sich auf einem zweistufigen Podest ein kleiner Tempelbau. Kannelierte dorische Säulen tragen das Gebälk, das von einem Dreiecksgiebel bedeckt wird. Im Zentrum des quadratischen Tempelgrundrisses steht auf einem hohen Sockel die Büste August Borsigs. Nach dem Tod der Witwe Louise Borsig 1887 erhielt die Grabstätte eine Bronzeplakette mit dem Profilbild der Verstorbenen. Zwei Knaben aus Bronze halten diese Plakette am Fuß des Sockels.

Das Motiv des Tempels über einer Büste von August Borsig fand seither in verschiedenen Variationen bei den Borsigschen Firmenjubiläen Verwendung. Schon zur Feier der 1000. Lokomotive 1858 erschien es auf einer Wiese des Kleinen Tiergartens bei Berlin. Dort war »nach einer Zeichnung von Strack ein Tempel errichtet, dessen Dach von Karyatiden getragen wurde und der die kolossale von Dankberg gefertigte Büste Borsigs, beschattet von frischem Grün und Blütendolden, fernhin sichtbar einschloß. Eine mächtige Tribüne umgab halbkreisförmig den Tempel«[261]. Dieser Teil der temporären Festarchitektur wanderte nach dem Fest in den Speisesaal an der Chausseestraße und umrahmte dort an der Stirnseite des Saales dekorativ die Rednertribüne [126]. An der rechten Längsseite des Saales befanden sich die »Siegesfahnen« zur Firmengeschichte, die anläßlich herausragender Ereignisse angefertigt wurden und Zeug-

[134]
Franz Krüger,
»August Borsig (1804–1854)«, 1855

1855, ein Jahr nach dem Tode August Borsigs, malte Franz Krüger ein Porträt des Industriellen, das ihn in der privaten Sphäre seines Gartens in Moabit zeigt. Bildnisse von ihm gab es zu seinen Lebzeiten kaum. Fast alle entstanden nach seinem Tode und benutzten als Vorlage die fotografische Ansicht [1]. Auch Franz Krüger wird diese Fotografie für sein Gemälde zu Rate gezogen haben, das Borsig als Privatmann vorstellt: ein anerkannter Bürger (am Revers erkennt man den Roten Adlerorden) und reicher Fabrikant. So ist die Fabrikanlage des Walzwerkes mit dem aufragenden Schornstein am Horizont als Zeichen seiner Tätigkeit noch erkennbar, doch ist er ihr bereits weit entrückt und in die Stille seines Gartens versetzt. Auf einer Parkbank sitzend, blickt er den Betrachter an, seine linke Hand hält ein Schriftstück. Ob es sich dabei um ein die Nachkommen ermahnendes Testament handelt, läßt sich aus der Fotografie nicht erkennen. Seine rechte Hand liegt auf dem Fell eines Hundes, der mit treuem Blick den Betrachter fixiert.

nis von den Sternstunden der Firma ablegten. Der mahnende Geist Borsigs unter dem antikisierten Baldachin und der Willkommensspruch aus handwerklichen Zeiten über der Tür zum Speisesaal, »Zum guten Werk ein guter Trunk,/Hält Meister und Gesellen jung«[262] wird die Arbeiter während der Mahlzeiten zwischen dem festlichen Pathos Schillerscher Lyrik und sakraler Stimmung in der Schwebe gehalten haben.

Von der Tribüne im Speisesaal hielt 1862 Albert Borsig seine Festrede anläßlich des fünfundzwanzigjährigen Bestehens der Firma, in der er immer wieder auf die Pionierleistungen seines »seligen Vaters« hinwies, der als Vaterfigur für die Belegschaft zu gelten hatte: »Meine lieben Beamten und Arbeiter, seit ich diese Werke leite, durch Sie alle unterstützt, war es meine Aufgabe, im Sinne meines seligen Vaters zu wirken. Und ich bin überzeugt, wenn er heute, an diesem Festtage, unter uns treten könnte – er würde sich des Geschaffenen freuen. Ich könnte ihm mit freudigen Augen zurufen:

[135]
»J. F. A. Borsig's Erbbegräbniss auf dem Dorotheenstädtischen Kirchhofe bei Berlin«; Farblithographie nach einem Entwurf von J. H. Strack, 1865

In unmittelbarer Nähe der Grabstätten von Beuth und Schinkel entstand 1857 die Grabstätte der Familie Borsig. Von einem gußeisernen Gitter umzäunt, erhebt sich über einem zweistufigen Podest auf quadratischem Grundriß ein kleiner Tempelbau mit vier dorischen Säulen. Im Zentrum steht auf einem hohen Sockel die Büste August Borsigs, die von Christian Daniel Rauch angefertigt wurde. Ein Bronzeabguß der Büste, der zur Feier des 100. Geburtstages von August Borsig 1904 angefertigt wurde, befindet sich auf dem Werksgelände in Berlin-Tegel.

Sieh', Vater, ich habe Deine Erbschaft angetreten und sie zu Deiner Ehre bis heute erhalten« [Anhang III]. Und noch einmal wird der Geist des Verstorbenen an diesem Festtage beschworen, als im Schlußbild des Festspiels die Tempelarchitektur mit Borsigs Büste erscheint, die Minerva mit einem Ehrenkranz schmückt, während sie die Worte spricht:

»Es wuchs sein Werk, sein Wille war wie Eisen,
Sein Leben war aus edlem Erz geschweißt. -
Er selber schied aus seiner Werke Kreisen,
Doch lebt und webt darin noch heut - sein Geist.
Nimm, Vater Borsig, denn die Silberblätter,
Nimm hin die Krone der Unsterblichkeit,...«

Das gesellschaftliche Ereignis um den Tod bestätigte das Borsigsche Unternehmen noch einmal - wie schon zum Fest der 500. Lokomotive - als bedeutendstes Werk für die Entwicklung des preußischen Maschinen- und Lokomotivbaus. Das Begräbnis, wie auch das vermutlich von den »Beamten und Meistern« in Auftrag gegebene Erinnerungsblatt kamen einer Solidaritätskundgebung der Angestellten mit der Familie und dem Hause Borsig gleich. In späteren Jahren wurde der um August Borsig angelegte Mythos häufig bemüht, den »Borsigianern« ein Gefühl des Auserwähltseins gegenüber den Industriearbeitern Berlins zu vermitteln. Einerseits mystifizierte und stilisierte man den Verstorbenen zu einem »Genie« und zum »König der Industrie«, andererseits räumte man der Arbeiterschaft ein, an Borsigs »Geiste«, wie auch an der legendären Entwicklung des Unternehmens zu partizipieren und zusammen mit dem Sohn Albert ein verantwortungsvolles historisches Erbe anzutreten. Dieses sich zum Arbeitsethos steigernde Gefühl, eine besondere historische Leistung zu vollbringen, hatte sich schon seit Mitte der vierziger Jahre mit den Produktionserfolgen verbunden. Mit Borsigs Tod emanzipierten sich die »Beamten und Meister« innerhalb der Betriebsorganisation. August Borsig soll, folgt man den legendären Erzählungen, zuweilen ein zwiespältiges Verhältnis zu seiner Technikerelite gehabt haben[263]. Mit dem Tod des Unternehmers trat die Person August Borsig jedoch aus der unmittelbaren Produktion samt ihren Widersprüchen heraus und stand somit zur uneingeschränkten Glorifizierung des Borsigschen Unternehmens und zur Ideologisierung der Produktion bereit, was den Sohn im unmittelbaren Produktionsalltag entlastete.

Die Architektur

Der Anspruch, nicht nur durch die Produkte, sondern auch durch die Architektur der Fabrik auf die zivilisatorische und kulturhistorische Leistung der Industrie aufmerksam zu machen, bestimmte von Anfang an die Gestaltung der Eisengießerei und Maschinenbauanstalt von A. Borsig. Mit dem ersten Gebäude stellte sich das Privatunternehmen in die Bautradition königlicher Industrieanlagen, die als staatlich geförderte Musterbetriebe den privaten vorangegangen waren. Das erste Borsigsche Gießereigebäude zeigte einerseits die noch vorhandene und akzeptierte Vorbildfunktion staatlicher Betriebe, andererseits aber schon das sich entwickelnde Selbstbewußtsein bürgerlicher Unternehmer in Preußen, die sich anschickten, die Tätigkeit des Staates auf dem industriellen Sektor zu übernehmen. Die überdurchschnittlichen Erfolge der Borsigschen Fabrik im Dampfmaschinen- und Lokomotivbau und die Kontakte zu staatlichen Behörden seit Beginn der vierziger Jahre bekräftigten nicht nur den mit der Architektur verbundenen Anspruch, sondern setzten für jene auch neue Maßstäbe. Die Dreiflügelanlage mit Seitenrisaliten entstand und dokumentierte gegenüber der Öffentlichkeit ein gesteigertes Selbstbewußtsein.

Durch ihre Architektur unterschied sich die Borsigsche Fabrik nicht nur von den zahlreichen Gewerbeanlagen der Chausseestraße, sondern sie hob sich deutlich von allen bestehenden Anlagen ab. Neben dem Ruf, den sie durch die industrielle Produktion erfuhr, erwarb die Firma Borsig durch ihre Lage Bekanntheit, durch ihre Architektur Anerkennung und Beachtung. Über ein Vierteljahrhundert entstanden im Hofbereich an der Chausseestraße Gebäude unterschiedlicher Funktion, die sich durch einprägsame Architekturen in der Industrielandschaft Berlins zunehmend behaupten konnten und das Industriegebiet vor dem Oranienburger Tor bestimmten.

Die Reihenfolge der Grundstückskäufe zeigte schon das Bestreben, Anschluß an das Gelände der Chausseestraße 1 zu erlangen. Die Gießerei mit ihren Flügelbauten, den obeliskenartigen Schornsteinen und dem später errichteten Uhr- und Wasserturm nahm eindeutig Bezug zur Straße und repräsentierte vor der Öffentlichkeit den Bereich der Produktion [Tafel I u. II, 121]. Mit dem ersten Kontorgebäude (1838; [131]) rückte neben die Produktion der Bereich der Verwaltung und Organisation direkt an die Straße. Charakteristisches architektonisches Element war der zweigeschossige Turmbau, der von nun an den ersten Blickfang der Fabrik bildete, wenn man das Oranienburger Tor durchschritten hatte, um das Industriegebiet im Norden Berlins zu besichtigen. Mit den Bauten sozialpolitischen Charakters im Jahre 1848 war die Funktionsaufteilung des vorderen Hofbereiches abgeschlossen [68].

Die rückwärtig gelegenen Werkstätten nahmen zunächst im Grundriß eine annähernd symmetrische Figur ein, die dann im Zuge der Industrialisierung von einer Architektur prozessualen Charakters verdrängt wurde. Weitgehend der Öffentlichkeit entzogen, konnte sie sich von Gestaltungsfragen unabhängig machen. Bezeichnenderweise haben sich von diesen Gebäuden kaum Ansichten erhalten. In dem Maße, wie sich im vorderen Hofbereich ein mit der Baukultur verbundener architektonischer Anspruch verstärkt niederschlug, entwickelte sich das hintere Gebiet zu einem reinen Funktionsgelände. Von der Randbebauung fest umschlossen, erschien es nach außen als fensterlose Fassadenarchitektur zwischen turmartigen Eckbauten.

Was war das Besondere der Borsigschen Industrieanlage, das die »Gartenlaube« 1867 in dem Satz zusammenfaßte: »Ganz sicher gehörten die Borsigschen Maschinenfabriken zu den imposantesten Sehenswürdigkeiten in Berlin.«[264]

Das erste Mal wurde der Borsigschen Fabrik im Jahre 1844 ein Bericht gewidmet, in dem die »Allgemeine Bauzeitung« zwei Bauaufnahmen mit einem kurzen beschreibenden Text verband. 1847 verfaßte die Redaktion des »Berliner Kalenders für das Jahr 1848« einen kleinen Rückblick auf die Geschichte der Firma und veröffentlichte die beiden Ansichten der Fabrik von Carl Eduard Biermann als Stahlstiche. Diese Beiträge waren vom bau-, firmen- und produktionsgeschichtlichen Standpunkt aus sachbezogen geschrieben worden.

Im Jahre 1848 eröffnete die »Illustrirte Zeitung« mit einem zweiteiligen Aufsatz, dem sie fünf Ansichten beilegte [78, 80-82], eine kulturhistorische Betrachtung über Borsig im besonderen und die Industrie im allgemeinen. Von nun an folgten in größeren Abständen zahlreiche Berichte über das Unternehmen, die bis in das Jahrzehnt des Abrisses der Anlagen in der Chausseestraße reichten, sich aber im wesentlichen den Ausführungen der ersten Berichte und Beschreibungen, die zur Jahrhundertmitte entstanden waren, anschlossen.

Zur Lage und zum Hofbereich der Borsigschen Fabrik, wie auch zur Industrielandschaft vor dem Oranienburger Tor äußerten sich fast alle Berichterstatter. Nach einer mehr oder weniger ausführlichen Betrachtung der Architektur widmeten sie sich dann dem Innenleben der Werkstätten und entfalteten dabei so recht ihre Theorien über Fabrikwesen und dessen kulturgeschichtliche Leistung.

Als charakteristische Elemente der Industrielandschaft nannte der »Berliner Volkskalender« von 1855 Schornsteine, herrschaftliche Wohnhäuser und schwarze Wolken: »Berlin zerfällt jetzt in zwei Städte; das eigentliche Berlin und die Oranienburger Vorstadt; diese letztere aber wächst von Tag zu Tag immer mehr, der Wald von Fabrikschornsteinen wird immer dichter und dazwischen reihen sich palastähnliche Wohngebäude, überwölbt von den schwarzen Wolken der Industrie – die Oranienburger Vorstadt ist das Birmingham der Mark.«[265]

Auffällig sind zur Mitte des 19. Jahrhunderts Beschreibungen, in denen sich die Industrielandschaft zu einer mythologischen Szenerie verwandelt. Das »Osthavelländische Kreis-Blatt« sah die Landschaft in der Nähe der Borsigschen Fabrik 1855 als dämonisch-mythologischen Schauplatz einer neuen Produktivität, die neue Daseinsformen schuf. Es schrieb, es sei »die dämonische Dampfkraft, der Feuergeist in riesigen Eisenkörpern, der diesen Theil der Stadt zu

[136]
Carl Eduard Biermann
»Die Eisengießerei und Maschinenbauanstalt von A. Borsig im Jahre 1847«; Aquarell (verschollen)

Dieses Aquarell entstand wohl gleichzeitig mit dem Ölgemälde [Tafel II] und muß als Vorstudie angesehen werden, da die Gebäude und ihre Architektur wie auch die szenischen Darstellungen identisch sind mit denen des großformatigen Gemäldes. Eine Ausnahme bildet der linke Seitenflügel des Hüttengebäudes, in dem sich die Masseformerei befand. Hier gibt die Vorstudie den Bauzustand des Jahres 1847 wieder und zeigt die für viele Bauten der Borsigschen Fabrik typische Attikazone mit ihren schmalen Schlitzfenstern. Im Gemälde erscheint dieser Seitenflügel mit dem Fassadenaufriß aus der ersten Planungsphase [Tafel I], der nicht ausgeführt wurde [77]. Die Bezeichnung des Gebäudes mit der Markise als »Comptoir« fehlt in dieser Vorstudie noch, auch ist die Aufsicht auf die Terrasse im Vordergrund stärker als in dem ausgeführten Gemälde. Diese Indizien bestärken die Vermutung, daß es sich bei der Ansicht um eine nach Bauzeichnungen entstandene Atelierarbeit handelt. Erst nach Fertigstellung des Aquarells wird sich Borsig entschlossen haben, den aktuellen Zustand seiner Fabrik mit einem repräsentativen Ölgemälde zu dokumentieren; der bescheidene Anfang des Unternehmens schien mit dem kleinformatigen Aquarell angemessen dargestellt zu sein.

seiner Werkstätte, zum Schauplatz seiner rastlosen lärmenden Thätigkeit erwählt hat ... Wohin man das Auge richtet, erblickt man thurmhohe, zugespitzte Schornsteine; ein weites Gebiet, bedeckt mit Obelisken, die der Pharao der Industrie erbauet hat. Der berliner Volkswitz nennt daher diese Gegend das ›Feuerland‹, denn jene Essen sprühen Funken und athmen schwarzen Rauch aus, wie die Feuerstätten des Vulcans.«[266] Die obeliskenartigen Schornsteinköpfe verfehlten nicht ihre Wirkung und wurden als Herrschaftszeichen wohl verstanden; ihre rußigen Wolken waren nach der »Illustrirten Zeitung« die »Siegesfahne des Dampfes«[267]. Ein frühes Beispiel für die Interpretation von Schornsteinen als Wahrzeichen der Industrie bot 1840 die »Spenersche Zeitung«: »Wenn wir einen hochgelegenen Punkt in der Nähe Berlins betreten, so gewährt der Anblick der obeliskenartigen Schornsteine mit ihren hoch emporwirbelnden Rauchsäulen einen eigentümlichen Anblick. Diese merkwürdigen Colosse sind ein Erzeugnis der neuesten Zeit und, wie sie itzt im Norden, Süden, Osten und Westen die Residenz umgeben, erscheinen sie gleichsam als der Sitz der Cyklopen, welche den Eingang in die Stadt verteidigen wollen.«[268]

Unter den »Feuerstätten des Vulcans« fiel die Borsigsche durch ihre Lage und Architektur als erste auf. Als 1855 der Redakteur des »Osthavelländischen Kreis-Blattes« das Industriegebiet Berlins besuchte, schrieb er: »Die bedeutendste dieser Maschinenbauanstalten, diejenige, welche bereits einen europäischen Ruf erlangt hat, ist die von Borsig auf dem ersten Grundstück, rechter Hand vom Thore aus.«[269] Dieser fast adressenartige Hinweis auf die Lage der Borsigschen Fabrik bestätigt die exponierte Lage unmittelbar hinter dem Stadttor, die Borsig rechtzeitig erkannt hatte und für Darstellungszwecke seiner Firma zu nutzen wußte. Noch 1867 schrieb die »Gartenlaube«: »Dicht vor dem Oranienburger Tor in Berlin, und zwar zur Rechten von der Stadt aus, liegt die grosse Borsigsche Eisengiesserei und Maschinenbauanstalt.«[270]

Ähnlich, aber äußerst poetisch, beschrieb die »Illustrirte Zeitung« Bedeutung und Lage der Borsigschen Fabrik: »Berlin ist aus den Kleidern gewachsen,... vor dem Oranienburger Thore streckt sich aus dem engen Aermel desselben seine kräftige, rußgeschwärzte Arbeitshand, in der als tiefe Furchen die Geleise der Stettiner und Hamburger Eisenbahn verlaufen, und wo jeder Finger, jedes Glied eines Fingers eine Maschinenbauanstalt, eine Eisengießerei ist. Den Daumen bildet die Anstalt von Borsig.«[271] Auch hier nimmt Borsig wieder eine Sonderstellung unter den Fabrikanten der Chausseestraße ein [137].

Viele Berichte fielen in die Zeit vor Errichtung des renaissanceartigen Verwaltungsgebäudes, das dann nach 1858/59 architektonischer Blickpunkt des Fabrikhofes wie auch seiner Beschreibungen wurde. Bis dahin war der Uhr- und Wasserturm prägendes Element der Hofgestaltung. Mit ihm war der Produktion architektonisch Ausdruck verliehen worden.

1847 beschrieb ein Besucher der Borsigschen Fabrik den Hof und teilte die einzige überlieferte Aussage des Bauherrn bezüglich des Turmes mit: »Beim Eintritt in den Hof sieht man zuerst einen großen Turm, worin eine Nische eingemauert ist, in welcher ein Schmied aus

[137]
Briefkopf der Firma Martin Hirtz; Lithographie, um 1849

Die Firma gehörte Mitte des 19. Jahrhunderts zu den kleineren Maschinenbauanstalten der Chausseestraße. Das auf dem Hofgelände errichtete Fabrikgebäude, dessen giebelbekrönter Mittelrisalit architektonische Ansprüche geltend machen möchte, nimmt sich im Vergleich zur Borsigschen Anlage bescheiden aus. Hirtz' Fabrik lieferte mechanische Hilfsmaschinen »von allen Arten«.

Bronce gegossen steht. Borsig wurde aufgefordert, die Statue unseres Königs dorthin zu stellen, er soll aber gesagt haben: ›Hier paßt kein König her, hier ist der Schmied der König!‹«[272]

Die doppelte Aufgabe des Turms, sowohl technischer Zweckbau wie auch erzählerischer, fast symbolhafter »Schmuckbau« zu sein, reflektierte die »Illustrirte Zeitung« 1848 und bemerkte unter anderem auch die Rhythmisierung des Fabrikgeländes durch Turmbauten: »Beim Eintritte in den inneren Hof erblickt man zuerst einen schönen Ausgangs- und Endpunkt der ganzen Fabrikanlage, einen massiven Thurm, welchem am entgegengesetzten Endpunkte ein anderer entspricht und in denen beiden 20 Fuß über den höchsten Maschinengebäuden Wasserbehälter aufgestellt sind... Damit das Schöne sich dem Nützlichen verbinde, hat der Besitzer von dem als vorzüglichsten Thiermodelleur hieselbst bekannten Bildhauer Wolff einen Löwen im Sprunge formen lassen und in seiner eigenen Fabrik gegossen, aus dessen Rachen sich in einem breiten Strahle das heiße Wasser der großem Dampfmaschine in ein steinernes Becken ergießt; über diesem Bassin ist in einem Durchbruche des Thurmes die überlebensgroße Figur eines Arbeiters aufgestellt, welches treffliche Bildwerk, von unserem berühmten Bläser modellirt, in seiner vollen Kräftigkeit einen ungemein erfreulichen Eindruck auf jeden Fremden wie auf die in der Fabrik Thätigen hervorzubringen wohl geeignet ist, indem es eine plastische Darstellung des großen Wortes zu sein scheint: ›Ich lebe von meiner Arbeit‹.«[273] Beide Äußerungen zur Figur des Schmiedes dokumentieren bürgerliches Selbstbewußtsein, wie es sich aus der geistigen Haltung des politischen »Vormärz« vor 1848 erklärt: antifeudal und auf bürgerlichem Arbeitsethos gegründet.

Das Kontorgebäude der frühen Jahre war – bis auf den Turm, in dem vermutlich das Büro von August Borsig lag – ein unbedeutender Bau. Im Gegensatz zu der großes Interesse erzeugenden Produktion war das entsprechende Gebäude für die technische Elite eher zurückhaltend gestaltet. Die »Illustrirte Zeitung« konnte deshalb 1848 bedenkenlos vermerken: »Wir lassen das Gebäude für die

Zeichner und Comptoiristen links liegen...«[274] Mitte der fünfziger Jahre, nach der Revolution, legte das »Osthavelländische Kreis-Blatt« bei der Beschreibung des Hofes die Schwerpunkte anders: »Betritt man den großen Hof der Anstalt, so erblickt man in der Mitte des Vordergrundes ein thurmartiges Gebäude, unter dessen Giebel eine große Uhr angebracht ist... Linker Hand, in einem zweistöckigen Hause, befindet sich das Comptoir, wo man Herrn Borsig selbst zu bestimmten Tagesstunden antraf; gegenüber arbeiten die Techniker, die intelligenten Kräfte des Instituts, über Plänen, Karten und Rissen.«[275] Von hier aus, so schrieb das Blatt weiter, dringe zuweilen »ein belebender Gedanke unter die mechanisch beschäftigten Proletarier; sie haben das Bewußtsein, den neuesten Erfindungen des Menschengeistes dienstbar zu sein...«[275]

Die Selbstdarstellung des Unternehmens durch seine Gebäude, zum Beispiel der Gießerei, der als repräsentativer Gebäudeanlage mit »schönem Turm« die größte Sorgfalt in der Planungs- und Baugeschichte zwischen 1836 und 1845 widerfahren war, verlagerte sich nun von den eigentlichen Fabrikgebäuden auf die Verwaltung. Nicht nur die sich verschärfende Trennung zwischen geistig und körperlich Arbeitenden, sondern auch die veränderte Wertschätzung, die diesen Gruppen nach 1848 entgegengebracht wurde, führte schließlich auch architektonisch zu Konsequenzen.

Mit Errichtung des Verwaltungsgebäudes 1858/59 erhielt das »Fabrikbild« eine neue Dominante, erst dann kam der »schöne Turm«. Die Fabrikbauten wurden nun selten oder überhaupt nicht mehr beachtet [Tafel IV]. Bezeichnenderweise rühmten die »Beamten und Meister« in der Gratulationsadresse 1862, daß nun der »inneren Vollendung« des Werkes die »äußere Vollendung« gefolgt sei[276] und meinten letztlich damit, daß ihrer innerbetrieblichen Stellung nun endlich ein würdiger architektonischer Rahmen Ausdruck verleihe. 1867 – der architektonisch aufgewertete Verwaltungsbereich bestand bereits seit einigen Jahren – beschrieb die »Gartenlaube« das Hofgelände, wobei die eigentliche Fabrik, unverändert durch die Gießerei und den »schönen Turm« von 1845 vertreten, bei der Betrachtung kaum noch ins Gewicht fiel. Für die gesamte Industrielandschaft der Borsigschen Fabrik fand sich nur noch ein Nebensatz: »... ein ganzes weitverzweigtes und von sechs oder sieben Türmen gekröntes System von Gebäuden, in Rohbau ausgeführt...«[277] Bedeutender waren ihr verständlicherweise die Neubauten von 1858 bis 1862: »Erst im Jahre 1862 haben diese Baulichkeiten durch den Flügel für Bureauräume, zur Linken des Einganges, und eine die ganze Front begrenzende Veranda (ein Meisterwerk des Professors Strack) ihren Abschluß erhalten. Durch jene Veranda treten wir in den Vorhof, welcher von einem Bassin und einer daran stehenden Turmuhr begrenzt zu sein scheint. Die beiden Säulen des Eingangs zieren zwei Gruppen, zur Rechten des Eintretenden einen Maschinenbauer darstellend, welcher eine Lokomotive hält und von zwei Gehülfen umgeben ist; zur Linken, dementsprechend, drei Arbeiter, von welchen der mittelste eine Dampfmaschine trägt [Erfinder, nicht Arbeiter; vgl. 103, d. Verf.]. Dem Eintretenden zur Linken liegt das erwähnte stattliche Gebäude, welches im Erdgeschoß kaufmännische und technische Bureaux, die Empfangszimmer des Chefs und im ersten Stock den Conferenzsaal enthält, dessen sinnige Zierde die Darstellung der Anstalt in ihren verschiedenen Entwicklungsstadien bildet«[278] [Tafel I, II, IV]. Aus dieser »sinnigen Zierde« verschiedener Entwicklungsstadien der Fabrik sprach aber nicht nur die ablesbare architektonische und wirtschaftliche Veränderung des Unternehmens, sondern mit diesen Bildern waren auch die drei entscheidenden Phasen der architektonischen Selbstdarstellung getroffen.

Beim Aufbau der Produktion war es zunächst das Produktionsgebäude gewesen, das der Selbstdarstellung diente und bewiesen hatte, daß sich Unternehmergeist durchaus mit ästhetischem Anspruch verbinden ließ, das Nützliche durchaus dem Schönen nicht entgegenstand. Die Steigerung der Produktivität Mitte der vierziger Jahre beim Übergang zur fabrikmäßigen Massenproduktion rückte die Gießerei in den Vordergrund. Sie selbst war zwar nicht unmittelbar von der neuen Produktionsweise betroffen worden, bot sich aber wegen ihrer exponierten Lage an, gestalterische Ansprüche eines gesteigerten Selbstbewußtseins zu übernehmen. Das architektonische Spektrum der Bedeutungen war mit dem brandenburgischen Wehrturm und dem »Turm der Winde« weit gesteckt. Es umfaßte einerseits nationales Bewußtsein, bürgerliche Kultur und wirtschaftliche Macht und andererseits mit dem griechischen Windgott die antike Mythologie. Mit dem Biermannschen Gemälde von 1847 erschien die Fabrikarchitektur - beherrscht von dem Uhr- und Wasserturm - zum letztenmal als Mittel der Selbstdarstellung.

Die fabrikmäßige Produktion von Industriegütern eröffnete eine neue Phase für das Selbstbewußtsein und für die Siegesgewißheit preußischer Industrie, der auf der Gewerbeausstellung 1844 im Zeughaus ein Forum gegeben worden war. Von nun an verlor die Fabrikarchitektur, insbesondere ihre Fassade, als Bedeutungsträger für das unternehmerische Selbstverständnis an Interesse und fand zu keinen neuen Lösungen. Die Gießerei blieb bis zum Abriß unverändert, die Fassade der Montagehalle erfuhr keine Modifizierung; zwischen 1844 und 1858 wurde sie unverändert für verschiedene Werkstätten übernommen. Nach 1850 trat der Verwaltungsbereich - zunächst in den Beschreibungen der Redakteure, dann durch architektonische Tatsachen - ins Blickfeld. Als neue naturwissenschaftliche und verwaltungstechnische Eliten hatten sich die kaufmännische und die technische Abteilung innerhalb der Fabrik qualifiziert und ihre Entscheidungsbefugnis zur Machtposition ausgebaut. Insbesondere nach 1854, als sie von Albert Borsig zur Mithilfe in der Verwaltung und beim Ausbau der Werke aufgerufen waren, vergrößerte sich der Abstand, durch den sich die Vertreter der geistigen Arbeit von den »mechanisch beschäftigten Proletariern«[279] abhoben.

Die Anlage der Borsigschen Eisengießerei spiegelte in ihrer baugeschichtlichen Entwicklung nicht nur den Prozeß der Industrialisierung wider, sondern in der Sprache der Architektur auch den sozialen Differenzierungsprozeß, der sich unter den Beteiligten vollzog.

Industrie und ihre Kultur

Der erste Entwurf für das Gießereigebäude der Borsigschen Fabrik war gekennzeichnet durch das Selbstbewußtsein des privaten Unternehmers. Nach jahrelanger Praxis in der Egellsschen Fabrik, in der er zunächst eine handwerkliche Ausbildung im Maschinenbau erhielt, dann als Faktor unternehmerische Fähigkeiten erproben konnte, hatte Borsig genügend technisches Wissen und Kenntnisse von wirtschaftlichen Prozessen erworben. Sein erstes Gebäude zeigte die Zuversicht, sich mit staatlichen Gewerbeanlagen messen zu können. Nach anfänglichen finanziellen Schwierigkeiten erwies sich sein Vertrauen in die industrielle Produktion als gerechtfertigt. Seit 1840 wurden die Produkte seines Unternehmens zu einer soliden Basis dieses Selbstbewußtseins. Stationäre und »rollende« Dampfmaschinen begründeten den Ruf der Firma weit über Berlin hinaus. Mit der Borsigschen Produktion verbanden sich die Fortschritte der preußischen Industrie überhaupt. Borsig und seiner Fabrik war es zu verdanken, daß sich die »vaterländische Industrie« von der ausländischen emanzipierte. Er baute die leistungsfähigsten Dampfmaschinen, die erste brauchbare preußische Lokomotive, führte gewagte Bauvorhaben erfolgreich zu Ende und entwickelte neben bekannten und berühmten Einzelleistungen Prinzipien für eine bis dahin in Preußen unbekannte Massenproduktion.

Während in den ersten Jahren die unzureichenden und nur in geringer Zahl vorhandenen Arbeitsmaschinen den Aufbau der »großen Maschinerie« verzögerten, erlangte die Fabrik seit Mitte der vierziger Jahre insbesondere durch ihre Maschinensäle eine legendäre Berühmtheit. Die immer öfter anzutreffenden Besucher sahen in den Borsigschen Produktionsmitteln und Produktionsmethoden das Fortschrittliche und geradezu Revolutionäre der fabrikmäßigen Produktion. Im Innern der Werkstätten bestätigte sich für sie, was sie von außen nur erahnt hatten. Das Befremden, das sie in der neuen, ihnen sogar unheimlichen Industrielandschaft empfanden, steigerte sich zu einem pathetischen Fortschrittsmanifest, wenn sie in die Produktionshallen eintraten. In den Beschreibungen drückten sich Maschinenkult und Humanismus, gesellschaftlicher Fortschritt und Zweckrationalität, Naturereignis und Kultur gleichermaßen aus.

Von innen heraus, aus der Maschinerie, dem Herzstück der Produktion, entwickelte sich die Philosophie des Fabriksystems. Vom Zwang der körperlichen Arbeit sollten die Maschinen den Menschen befreien und ihm die Gestaltung eines sinnvolleren, humaneren Lebens ermöglichen. Auch bei Borsig sollen die Dampfmaschinen, glaubt man den Beschreibungen der Augenzeugen, den Arbeiter von der Mühsal körperlicher Arbeit erlöst haben: »Jetzt [nach Aufstellung der Dampfmaschine, d. Verf.] war das mühselige und ungleiche Treiben beseitigt und jener wunderbare Koloß wirkte in ungestörter stiller Gleichmäßigkeit an Stelle der Menschen und keuchenden Rosse.«[280]

Während des Übergangs von der manufakturmäßigen zur fabrikmäßigen Produktion wächst unter den körperlich arbeitenden Menschen die Hoffnung, daß das Ende der Plackerei bevorsteht. Die Arbeit, nun von Maschinen ausgeführt, läßt allen, so scheint es, genügend Zeit und Kraft zur Entfaltung humaner gesellschaftlicher Fähigkeiten, gibt ihnen die Möglichkeit, sich als kulturfähige, sittliche Wesen in der neuen Gesellschaft zu erweisen.

Aber der Ausbau der Maschinerie bringt kein Mehr an Freiheit, nicht einmal ein Mehr an Freizeit, im Gegenteil. Nach dem Ausbau der Produktion werden die Arbeitermarken bei Borsig eingeführt, zahlreiche Bestimmungen zur Fabrikordnung erlassen, die im Dienste der »ungestörten stillen Gleichmäßigkeit« stehen.

Maschine bedeutete Herrschaft. In den zeitgenössischen Beschreibungen war sie Zeichen menschlichen Erfindungsreichtums, wurde Symbol für die Machbarkeit der Dinge, für die menschliche Verfügungsgewalt über die Natur. Die Riesenhaftigkeit der produzierenden Maschine war Beleg für die »Riesenhaftigkeit menschlicher Fähigkeit«, die jedoch auch eine Unsicherheit im Umgang mit den technischen Möglichkeiten implizierte. Die »Illustrirte Zeitung« beschrieb 1848 menschliche Furcht und menschlichen Triumph angesichts der neuen Produktivkraft: Wenn »wir uns einerseits geängstigt fühlen gegenüber den gewaltigen, Vernichtung drohenden Kräften des Dampfes, des Feuers, so stärkt uns andrerseits doch um so mehr das Bewußtsein der Uebermacht des deren Kräfte gleichsam spielend und sorglos benutzenden Menschengeistes...«[281] Die Verfügungsgewalt über die Elemente, die Anwendung der Naturkräfte für die Produktion in einem bisher nicht gekannten Ausmaß bestimmten das Industrieerlebnis der Betrachter, die am Beginn einer neuen Menschheitsgeschichte zu stehen glaubten. Plötzlich erschien der Mensch als Beherrscher seiner Welt und damit auch seiner Geschichte und die Industrie als Gestalter eines neuen, sittlichen Staates. Der produktive, fast selbstschöpferische Vorgang der Maschinerie bestätigte das Prinzip göttlicher Ordnung in der Natur. Mit diesem standen die durch Geist und Menschenhand erschaffenen Maschinen in einer innigen Verbindung, da sie die Natur reproduzierten, die Natur zum Nutzen der Menschheit umformten. Die »Illustrirte Zeitung« meinte: »Wenn je der Mensch ein Recht hätte sich selber anzubeten, hier wäre er zu entschuldigen; und wer nie den Begriff eines Organismus hat erfassen können, hier wird er ihn, trotz der Mechanik, verstehen lernen... Nirgends und doch überall war ein deus ex machina sichtbar... wie der Geist Gottes über den Wassern, so schwebte über diesem Chaos der Geist seines Schöpfers: der Geist der Ordnung. Wir Alle sind berufen Menschen zu sein, und jeder Mensch kann mit Gott eine Welt aus sich selbst erschaffen.«[281]

Die prosaische Naturwissenschaft und Technik, die nur der nackten Nützlichkeit dienenden »Künste«, sollten nicht losgelöst von der Gesellschaft ihre Triumphe feiern, sondern auch Teil der bestehenden Kultur und sittlichen Maßstäben gerecht werden. In der Geschichte hatte bisher noch kein Produktionsmittel die Humanisierung der Gesellschaft als so greifbar in Aussicht gestellt wie die erweiterte Maschinerie: »Der Grundsatz, alles durch Maschinenkräfte besorgen zu lassen, was durch sie besorgt werden kann und dann die Menschenkraft, die edle, für solche Geschäfte zu verwenden, wohin keine Maschinenkraft reicht, ist ein durchaus humaner. Die Maschinen sind Mittel in der Hand Gottes zur Erlösung der Menschheit, dazu, das Bewußtsein ihrer Würde zu wecken und sie stets daran zu erinnern, daß sie die Statthalter Gottes auf der Erde sind«, schrieb in durchaus ernstgemeinter Absicht der unbekannte Verfasser des Artikels »Die Not im Riesengebirge« 1844. Er hoffte, daß soziale Katastrophen, wie die der schlesischen Weber, in Zukunft durch die humanisierende Wirkung der Maschine verhindert werden könnten, wenn nur das erwirtschaftete »Mehr« gerechter verteilt würde.[282]

Aber zunächst einmal entdeckte man in der Maschinerie der großen Industrie, im neuzeitlichen Fabriksystem, im »Wirbeltanz« der Räder, Stangen, Riemen und Kolben die Gesetzmäßigkeit der Natur. 1852 beschrieb der Herausgeber des »Deutschen Kunstblattes«, Friedrich Eggers, beim Anblick der Borsigschen Fabriken die industrielle Produktion als einen Prozeß, der die Natur nachahme: »..wie sich in dem Ganzen eine Welt voll Arbeit aufthut, welche, wie von einem gigantischen inneren Organismus ausgeübt, einmal in Bewegung und Leben entlassen, nun selbständig wie eine Werkstatt der Natur fortzuexistieren scheint...«[283]

Daß man in den Maschinensälen der Borsigschen Fabrik eine »Werkstatt der Natur« sah, machte es dann auch nicht mehr notwendig, sie zugleich als »Werkstätte« gesellschaftlicher Zustände zu betrachten. Indem man die Produktionsmittel als Verwandlungsapparate begriff, deren Tätigkeit darin bestand, Natur in Kultur umzuformen, waren auch die Produktionsverhältnisse diesem Veredlungsprozeß unterstellt. Neben dem »rastlosen Wirbel der Maschinengestalten« erhielten die Industriearbeiter ihre ästhetische Aufwertung, indem sie nun als »geheimnisvolle Zwerggeister« ihre Bildwürdigkeit der Maschinerie verdankten.

In seinem Beitrag erkennt Eggers folgerichtig in den Borsigarbeitern nur noch bildwürdige Genrethemen, die malerische Effekte in diesem Produktionsprozeß bilden: »Ich wollte nur von dem riesenhaften malerischen Bilde reden, das sich da ausbreitet und welches wie ein Kaleidoskop 100 und aber 100 kleine Genrebilder in dem mannigfachen Wechsel dem erstaunten Auge vorüberführt... Welche Mannigfaltigkeit der Gruppierungen und Stellungen. Begreiflicherweise müssen zur Nachtschicht, – denn ein einziger Tag ununterbrochener Arbeit ist hier eine Woche lang – noch ganz andere Effekte zum Vorschein kommen. Hier ist wirklich eine reiche Fundgrube zu den schönsten Bildern aus dem Arbeitsleben und das alles ohne ›Tendenz‹, lauter kräftige und nahe liegende lebensvolle Natur.«[284]

Aber nicht nur Genreszenen konnte man hier finden, sondern aus der Industrie und ihren Fabriken ging eine neue Kultur hervor, die sich im Einklang mit der Natur, in Übereinstimmung mit der bürgerlichen Gesellschaft wußte. Eggers stellte für die Firma Borsig, der fortschrittlichsten Maschinenbauanstalt Preußens, fest: »Diese Fabrikwelt ist in der That die Natur der Cultur, die Cultur in ihrer natürlichen Erscheinung. Der menschliche Geist ersinnt nur die Bedingungen, er denkt den Schöpfungsprocess dessen, was seine Hand vollbringen kann, er weist beherrschend den elementaren Kräften nach ihrer Natur ihre Aufgabe zu und dahin sausen die gewaltigen Räder, ein jedes in seiner Bahn und es ist, als schwebe der Geist, der sie erschuf, unsichtbar durch ihre Schwingungen.«[285] Die umgestaltende Kraft dieses »Kultivierungsprozesses« verspürte Eggers auch in der entstehenden Industrielandschaft, die er als eine »durch Cultur charakterisierte Gegend« bezeichnete.

Diese an die Industrie herangetragene Kultivierungsaufgabe wurde von ihr aufgegriffen und, wie das Beispiel der Firma Borsig zeigt, reagierte sie darauf mit vielfältigen Erscheinungsformen. Die aus der Produktion hervorgehende »Cultur« hatte sich, wie die ersten 25 Jahre des Unternehmens belegen, zahlreicher Mittel der Darstellung bedient. Sie alle beschreiben den Prozeß, die davonlaufende Entwicklung der Technik auch bewußtseinsmäßig einzuholen, den technischen Fortschritt als ein sinnvoll gestaltendes Element der Gesellschaft zu definieren und die Industrie in die Gesellschaft zu integrieren.

Der Übergang zur Massenproduktion förderte die Trennung von körperlich und geistig Arbeitenden. Bestanden hatte sie freilich schon zuvor, aber bei den vielfältigen Anforderungen - sowohl in praktischer wie auch in technischer Hinsicht - erlebten die qualifizierten Handwerker der ersten Jahre nach Gründung der Firma noch eine relative Einheit zwischen technischer Planung und handwerklicher Ausführung. Erst nach 1844/45 und verstärkt nach 1848, als das Bürgertum selbst eine Modifizierung seines politischen Standpunktes vornahm, wuchs auch innerbetrieblich die Bedeutung der technischen und kaufmännischen Angestellten. Als partielle Machtinhaber des Unternehmens verkörperten sie Unternehmensinteressen, indem sie, wie zum Beispiel die Werkmeister, im Interesse der Maschinerie die »Zwerggeister« entlassen konnten, wenn sich diese nicht nach der »Fabrikordnung« verhielten. Nach dem Tod des Gründers der Firma war der Juniorchef verstärkt auf die Solidarität der Elite aus Verwaltung und Konstruktion angewiesen, die sich bei steigender Produktivität und fortschreitender Arbeitsteilung so weit emanzipierte, daß ihr auch ein architektonisches Äquivalent für ihre innerbetriebliche Stellung errichtet wurde. Der »inneren« Vollendung des Fabriksystems mit seiner Trennung von geistig und körperlich Arbeitenden war 1858 auch die »äußere« Vollendung gefolgt. Das »Bild« der Lokomotivfabrik an der Chausseestraße bestimmte von nun an der im Renaissancestil errichtete Verwaltungspalazzo.

Dem Borsigschen Unternehmen und den mit ihm verbundenen Hoffnungen und Erwartungen kann man kulturelle Ideen und gesellschaftliche Entwürfe nicht absprechen. Zwischen 1830 und 1870, als Dampfmaschine und Lokomotive die Motoren der industriellen Entwicklung Preußens wurden, sah sich die größte und produktivste Maschinenfabrik veranlaßt, ein gestalterisches Konzept zu entwikkeln, das dem Verlangen nach Poetisierung der Arbeitswelt Genüge tat und der Maschinenwelt ein ästhetisches Korsett gab. Zur Überraschung aller Vertreter einer idealistischen Ästhetik, die dem Häßlichen der modernen Welt die Kraft zur Poesie absprachen, rief der »Berliner Volkskalender« 1855 - mit Blick auf die Borsigschen Fabriken - aus: »Die Poesie der Gegenwart ist die Industrie, jeder Lokomotivzug ist ein Triumphzug des menschlichen Geistes, die Zeit der Romantik ist vorbei...«[286]

Neue Techniken gaben immer Anlaß, sie mit einer gesellschaftlichen Theorie zu verbinden, ihre Anwendung mit einem gesellschaftlichen Nutzen und mit sozialem Fortschritt zu begründen. Die Elektrizität als neue Technik, die allmählich die Dampfkraft ablöste und deren verblassende Utopien mit neuem Fortschrittsglauben belebte indem sie eine Reform der Industriegesellschaft im Kapitalismus erstrebte, brachte bezeichnenderweise ein ebenso umfassendes ästhetisches Gesamtkonzept, das sich am deutlichsten und überzeugendsten in der Tätigkeit Peter Behrens' für die AEG ausdrückt. Die Vergessenheit, in die bis vor wenigen Jahren das »AEG-Behrens-Experiment«[287] geraten war, traf auch das »Unternehmen Borsig«. Dieses »Stück preußischer Geschichte« ist ähnlich der preußischen Geschichte zunächst demontiert und dann vergessen worden, lediglich ein bisher unbeachtetes Archiv und ein »abenteuerliches Fragment«[288] im Garten der Technischen Universität Berlin sowie der Name Borsig sind Zeugen einstiger Utopien der Industriekultur.

Anmerkungen

Bei Größenangaben Höhe vor Breite, nähere Angaben zu den Abbildungen im Abbildungsnachweis.

Archiv der A. B. V. = Archiv der A. Borsigschen Vermögensverwaltung, Berlin (aufgelöst 1982). Das Archiv befindet sich z. Zt. beim Museum für Verkehr und Technik in Berlin; zwischen der ehemaligen Vermögensverwaltung und dem Land besteht ein Dauerleihvertrag.

Borsig-Archiv = Ehemaliges Borsigsches Firmenarchiv bei der Babcock & Wilcock AG, Berlin. Dieses, aus Fragmenten bestehende Archiv enthält hauptsächlich Kopien und Reproduktionen aus Beständen vor dem Zweiten Weltkrieg und aus Kopien der Bestände des Archivs der A.B.V. Bedeutend ist hier die Fotosammlung.

1 Julius Kohte, Die ehemalige Maschinenbau-Anstalt von A. Borsig in Berlin, Chausseestraße 1, in: Zeitschrift für Bauwesen, Jg. 41 (1891), Sp. 19–26; Sp. 26.
2 »Eisengiesserei und Maschinenfabrik des Herrn Borsig in Berlin«, in: Allgemeine Bauzeitung, Jg. 8 (1844), S. 15.
3 Vgl. Anhang III.
4 Eva Börsch-Supan, Berliner Baukunst nach Schinkel, München 1977, S. 45.
5 Dieter Vorsteher, Alta slesia: nascita di un paesaggio industriale, in: Casabella, 483 (1982), S. 42–49.
6 Zur Gleiwitzer Hütte vgl.: Eva Schmidt, Der preußische Eisenkunstguß, Berlin 1981, S. 34–45; dort auch Literaturangaben.
7 Ilja Mieck, Der Staat und die Anfänge des Maschinenbaus in Berlin, in: Kat. Berlin I, S. 97–110; S. 98.
8 Ilja Mieck, Preußische Gewerbepolitik in Berlin 1806–1844 (Veröffentlichung der Historischen Kommission zu Berlin beim Friedrich-Meinecke-Institut der FU-Berlin), Berlin 1965, S. 12.
9 Zit. n. Hermann Cramer, Geschichte der Königlichen Eisengießerei zu Berlin, in: Zeitschrift für Berg-, Hütten- und Salinenwesen im preußischen Staate, Bd. 23 (1875), S. 164–187.
10 Schmidt (wie Anm. 6), S. 48; zur Königlich Preußischen Eisengießerei zu Berlin vgl. dort S. 46–69.
11 Hermann Schmitz, Berliner Eisenkunstguß, Berlin 1917, S. 12.
12 Zum Produktionsprogramm der Berliner Eisengießerei auf den Neujahrsplaketten siehe W. Arenhövel, Eisen statt Gold, Berlin 1982 (Kat.), S. 27–44.
13 Wilhelm Treue, Preußen und die Förderung der nützlichen Künste, in: Kat. Berlin I, S. 59–95; S. 67.
14 »Vorbilder für Fabrikanten und Handwerker« (Textband 1863), S. IV; zit. n. Brigitte Stamm, Vorbilder für Fabrikanten und Handwerker, Zur preußischen Gewerbeförderung in der 1. Hälfte des 19. Jahrhunderts, in: Karl Friedrich Schinkel, Architektur – Malerei – Kunstgewerbe, Berlin 1981 (Kat.), S. 333–348; S. 333.
15 Karl-Robert Schütze, »Der Vorsitzende gab ferner eine Idee von einer Maschine…«, in: Karl Friedrich Schinkel, Werke und Wirkungen, Berlin 1981 (Kat.), S. 91–105.

16 Mieck (wie Anm. 7), S. 97.
17 »Fabrik der Berliner Aktiengesellschaft für Eisengiesserei und Maschinenfabrikation (vorm. J. C. Freund & Co.) in Charlottenburg bei Berlin«, in: Berlin und seine Bauten 1877, S. 124–128. – »Berliner Aktiengesellschaft für Eisengiesserei und Maschinenfabrikation (vorm. J. C. Freund & Co.) Charlottenburg«, in: Berlin und seine Bauten 1896, S. 549. – Wirth (wie Anm. 25).
18 Mieck (wie Anm. 7), S. 101.
19 Ebenda, S. 100.
20 Berlin und seine Bauten 1877, S. 128
21 Mieck (wie Anm. 7), S. 105–106.
22 »Märkisch-Schlesische Maschinenbau- und Hütten-Aktiengesellschaft (vorm. F. A. Egells), Chausseestraße No. 2–3«, in: Berlin und seine Bauten 1877, S. 128–130.
23 Eine Darstellung dieser Lokomotive mit Zahnradantrieb befindet sich auf der Neujahrskarte der Königlich Preußischen Eisengießerei zu Berlin aus dem Jahre 1816 (siehe Arenhövel [wie Anm. 12], S. 31, Kat. Nr. 13).
24 Mieck (wie Anm. 7), S. 100.
25 Irmgard Wirth, Die ehemalige Maschinenbauanstalt von J. C. Freund in Charlottenburg, in: Berlinische Notizen, 1979 (H. 12), S. 17–20.
26 Die Maschinenbauanstalt der königlichen Seehandlung an der Spree, Aquarell um 1840 von Eduard Gärtner (verschollen); als Foto erhalten in: Borsig-Archiv, Fotonummer 3926-VA. – Akten zur Maschinenbauanstalt der Seehandlung im Geheimen Staatsarchiv, Berlin/West.
27 »Aktiengesellschaft für Fabrikation von Eisenbahnbedarf Chausseestraße No. 11 (vorm. F. A. Pflug und Zoller)«, in: Berlin und seine Bauten 1877, S. 147–150. – C. Atzpodien, Eisenbahn-Wagen-Bau-Werkstatt des Herrn F. A. Pflug zu Berlin, in: Zeitschrift für Bauwesen, 1854, S. 346–352 und Tafel 40–41. – Verwaltungsgebäude der Aktiengesellschaft für Eisenbahnbedarf, in: »Architektonisches Skizzenbuch«, 101 (1870), Bl. 5 (Ansicht von der Chausseestraße).
28 »Maschinenfabrik von G. Sigl«, in: Berlin und seine Bauten, S. 136.
29 Zahlen aus: Lothar Baar, Die Berliner Industrie in der industriellen Revolution, Berlin (DDR) 1966, S. 89; die Zahlen beziehen sich nur auf Maschinenbauanstalten, die innerhalb der Stadtgrenze lagen. Da die größten Fabriken des Maschinenbaugewerbes außerhalb Berlins errichtet worden waren, geben diese Zahlen nur eine Tendenz wieder. 1837 arbeiteten in 3 Betrieben 72 Beschäftigte; 1840 in 6 (518); 1843 in 11 (1002); 1846 in 33 (2821); 1849 in 29 (675); 1852 in 30 (893); 1855 in 42 (1268); 1858 in 68 (5395). Bei Borsig arbeiteten 1847 bereits 1200 Mann. – Berlin und seine Bauten 1877 nennt für 1820: 200, für 1830: 500 und für 1840: 3.000 Beschäftigte in der Eisenindustrie (S. 119).
30 »F. Wöhlert'sche Maschinenbau-Anstalt und Eisengießerei-Aktiengesellschaft, Chausseestraße No. 36«, in: Berlin und seine Bauten 1877, S. 136–138.
31 »C. Hoppe, Maschinenbau-Anstalt, Eisengießerei und Dampfkesselfabrik, Gartenstraße No. 9–12«, in: Berlin und seine Bauten 1877, S. 113. – »Maschinenbau-Anstalt, Eisengiesserei und Dampfkessel-Fabrik C. Hoppe«, in: Berlin und seine Bauten 1896, S. 552–554.
32 Heinrich Eduard Kochhann, Mitteilungen aus den Jahren 1839–1848; zit. n. Johann F. Geist/Klaus Kürvers, Das Berliner Mietshaus, München 1980, S. 113.
33 »Die deutsche Gewerbeausstellung in Berlin vom Jahre 1844«, in: Illustrirte Zeitung, Jg. 3 (1844), S. 298–301; 298.
34 Karl August Varnhagen von Ense, Tagebücher; zit. n. Geist/Kürvers (wie Anm. 32), S. 113/114.

35 Vgl. Anm. 29.

36 »Berliner Maschinenbau-Aktiengesellschaft (vorm. L. Schwartzkopff), Chausseestraße No. 20 und Ackerstraße No. 96«, in: Berlin und seine Bauten 1877, S. 140–145 (dort auch zwei Ansichten: Eisengießerei und Hammerwerk). – »Berliner Maschinenbau-Actiengesellschaft vorm L. Schwartzkopff«, in: Berlin und seine Bauten 1896, S. 557–559. – Geringe Restbestände des Archivs im Museum für Verkehr und Technik (Berlin/West), u.a. ein Fotoband der Fabrikanlage in der Chausseestraße 20 von 1870 mit Aufnahmen des Fotografen A. Schwartz; s. auch Anm. 196.

37 »Aktiengesellschaft für den Bau landwirtschaftlicher Geräthe und Wagenfabrikation, H. F. Eckert, Kleine Frankfurter Straße und Eckertsberg vor dem Frankfurter Thore«, in: Berlin und seine Bauten 1877, S. 145. – »Actiengesellschaft H. F. Eckert, Fabrik landwirthschaftlicher Maschinen und Geräthe«, in: Berlin und seine Bauten 1896, S. 554–555.

38 »W. Wedding's Maschinenbau-Anstalt, Ackerstraße No. 76«, in: Berlin und seine Bauten 1877, S. 145–146.

39 Siehe Kapitel: Kauf der königlichen Maschinenbauanstalt in der Kirchstraße, S. 47.

40 Lehrbrief für August Borsig von dem Zimmermann Georg Ihle aus Breslau vom 12.3.1823; Archiv der A.B.V., Mappe: August Borsig.

41 Nach der Lehrzeit bei Ihle arbeitete er in Breslau bei einem Zimmermeister Kiesewetter bis zum 23.9.1823, dessen Gutachten über Borsig sich erhalten hat; Archiv der A.B.V., Mappe: August Borsig.

42 Im Archiv der A.B.V. befinden sich zu den Familienangehörigen angelegte Mappen. Sie bestehen teils aus Originaldokumenten, teils aus zeitgenössischen Druck-Erzeugnissen.

43 Deutscher Maschinenbau 1837–1937 im Spiegel des Werkes Borsig (hrsg. von der Rheinmetall-Borsig Aktiengesellschaft), Berlin 1937, S. 13.

44 Angabe aus: »Groß-Berlin, Bilder von der Ausstellungsstadt« (hrsg. von Albert Kühnemann), Berlin 1896, S. 29/30. – Von mehr anekdotischem Wert ist eine Aussage von Max Maria von Weber, der in den vierziger Jahren eine Zeitlang bei Borsig gearbeitet hat und aus dieser Zeit zu berichten weiß, daß Beuth häufig mit Schülern des Gewerbeinstitutes die Fabrik besuchte. Eines Tages soll Borsig seinen Arbeitern zugerufen haben: »Da kommt er, der grobe Alte, der mir gesagt hat, ich soll Schuster, aber nicht Mechaniker werden, und will seinen Jungens bei mir zeigen, wie eine ordentliche Fabrik aussieht«; zit. n. Archiv der A.B.V., Mappe: Schriftstücke über A. Borsig.

45 E. Hintze, August Borsig, in: Berliner Volkskalender, Berlin 1855; zit. n. Archiv der A.B.V., 1004, S. 6.

46 Zeugnis von F. A. Egells über A. Borsig vom 15.3.1827; Archiv der A.B.V., Mappe: August Borsig. – Darin wird erwähnt, daß Borsig nach einem Lehrjahr bereits die Aufstellung einer großen Dampfmaschine von Egells anvertraut worden sei (s. auch das Attest der Gebrüder Alberti aus Waldenburg vom 12.2.1827, das sich auf die erwähnte Aufstellung der Dampfmaschine bezieht [Archiv der A.B.V., ebenda]). Das Zeugnis von Egells fährt fort: »... alles was er bis jetzt bei mir in Metall gearbeitet, modelliert und gezeichnet, hat [er] zu meiner vollkommenen Zufriedenheit ausgeführt«.

47 Vertragsentwurf zwischen »den Besitzern der Neuen Berliner Eisengießerei C. Woderb, F. A. Egells und F. W. Schulze einerseits und dem A. Borsig andererseits« vom 23.4.1827 mit einer Gültigkeit vom 1.7. 1827 bis 1.7.1835, 4 Seiten; Archiv der A.B.V., Mappe: August Borsig.

48 Anstellungsvertrag »... zwischen F. A. Egells und C. Woderb einerseits und A. Borsig andererseits« vom 12.5.1827, (§ 3); Archiv der A.B.V., Mappe: August Borsig.

49 Der Vertrag setzte auch die Höhe der Tantieme fest. Danach bekam Borsig bis 4.000 Zentner 1 Silbergroschen (Sgr.), von 4.000–6.000 Zentner 1 Sgr. 3 Pfg., von 6.000–9.000 Zentner 1 Sgr. 6 Pfg. pro gegossenen und verkauften Zentner Eisen. Über 9.000 Zentner erhielt er eine Sonderzulage von 100 Taler. Zusätzlich erhielt er einen halben Haufen Holz und einen halben Haufen Torf als Brennmaterial für seine Wohnung; Archiv der A.B.V., ebenda. – Die Festschrift »Deutscher Maschinenbau...« (wie Anm. 43, S. 14) bezieht fälschlicherweise diese Angaben auf jede gegossene Tonne Eisen, was einen zwanzigfach geringeren Zuschlag bedeutet hätte.

50 Anstellungsvertrag (wie Anm. 48, § 8): »Ist das Werk in Thätigkeit und bringt Nutzen soll es von dem Borsig abhängen, sich eine von den größeren Wohnungen im Vorderhaus zu erwählen [und] zu beziehen.«

51 Diese Tafel ist verschollen, zuletzt erwähnt in: »Verzeichnis der im Zentralbüro befindlichen Bilder, Reliefs und Büsten«; Archiv der A.B.V., o. Nr., S. 3. – Gemeint ist das ehem. Zentralbüro in der Chausseestraße 13. Das Verzeichnis stammt aus dem Jahre 1931.

52 »Mieths-Kontrakt« vom 3.4.1829 zwischen F. A. Egells und A. Borsig über eine Drei-Zimmer-Wohnung in der Chausseestraße 3. Das Dokument verzeichnet Mietzahlungen bis zum I. Quartal 1834; Archiv der A.B.V., Mappe: August Borsig.

53 Das Archiv der A.B.V. besitzt u.a. die Jahresabrechnungen zwischen Egells und Borsig von 1830 bis 1836. Danach hat Borsig auf einem Firmenkonto bei Egells gespart: 5.781 Taler, die zusammen mit etwa 3.000 Taler Barvermögen ein gesamtes Vermögen von fast 9.000 Taler ausmachten. Die Angaben in der Sekundärliteratur schwanken zwischen 5.000 und 11.000 Taler, die er bei Egells erspart hätte. Die Jahresabrechnungen zeigen, wie bedeutend sich die Tantieme in den Gehaltszahlungen auswirkte: 1829 verdiente er insgesamt 995 Taler, 1830 schon 1.890 Taler, 1832 insgesamt 2.788 Taler, 1834 etwa 2.840 Taler; Archiv der A.B.V., Mappe: August Borsig.

54 Originale Baupläne haben sich nach der bisherigen Forschung nicht erhalten. Die Spurensicherung und Ausbreitung der sekundären Quellen zur Baugeschichte siehe S. 87-152.

55 Bürgerbrief für Johann Friedrich August Borsig für die Haupt- und Residenzstadt Berlin vom 20.12.1836; Archiv der A.B.V., Mappe: August Borsig. – Siehe auch [5].

56 Vertragsentwurf (wie Anm. 47), §2.

57 Grundlage für die Ankaufsgeschichte der Grundstücke in der Thor- und Chausseestraße und deren Bebauung zwischen 1837 und 1874 ist ein Dokument aus dem Jahre 1931. Der unbekannte Verfasser hat dieses Dokument nach den Akten der Baupolizei im Stadthaus Klosterstraße und denen des Amtsgerichtes Berlin-Mitte erstellt und die Situationspläne zu den jeweiligen Bauvorhaben der Chausseestraße auf Pergamentpapier übertragen. Erweiterungen des Werkes sind durch rote, Abrisse durch gelbe Flächen markiert. Auf 40 Seiten werden die Grundstückskäufe und die Geschichte der Bebauung, beginnend im Jahre 1836 bis zum Abriß 1887 auf diesem Gelände verfolgt und in vereinfachten Grundrissen dargestellt. Da sie Übertragungen von den Originalplänen sind, besitzen sie ein hohes Maß an Authentizität; Archiv der A.B.V., Nr. 231. (Die Entwicklung der Werksanlagen der Eisengießerei und Maschinenbau-Anstalt A. Borsig am Oranienburger Tor 1836–1887.)

58 Ebenda S. 38.

59 Das Hauptbuch der Firma Borsig (wie Anm. 107) nennt unter der Rubrik »Häuser-Contor« (S. 327) den 1.11.1836, während das Dokument von 1931 (wie Anm. 57, S. 1) den 5.11.1836 als Tag des Erwerbs nennt.

60 Zeichnung in: »Die Entwicklung der Werksanlagen...« (wie Anm. 57); S. 39. – Ein schmaler Geländestreifen hinter dem Wohnhaus in der Thorstraße 52 wird in diesem Plan vom Januar 1835 als »jetzt Seeger gehörig« eingezeichnet; er muß aber schon 1836 dem Tierarzt Bitter gehört haben (vgl. auch [57]; Kauf vom Nov. 1836).

61 Vgl. Hauptbuch der Firma Borsig (wie Anm. 107).

62 Der Kaufpreis für das erste von Dückert erworbene Gartenstück (Thorstraße 53) betrug 1.220 Taler für 1.230 qm (vgl. Angaben in: Hermann Schöler [wie Anm. 63], S. 6). Mit dem Grundstück von Bitter waren 19.800 qm für 10.000 Taler erworben, mit dem Stooffschen Grundstück 4.700 qm für 14.000 Taler. Das kleine Dückertsche Gelände kostete 4.300 Taler für nur 600 qm. Diese Preisunterschiede der Grundstücke zwischen einem halben Taler (Bitter, 1836) und sieben Talern (Dückert, 1840) hängen einerseits mit der unterschiedlichen Lage (Straßengrundstück – Hinterland; Thorstraße – Eckgrundstück an der Chausseestraße) der Grundstücke zusammen, andererseits wird sich auch die Bodenspekulation in der Nähe des Berliner Maschinenbaugewerbes gerade bei dem zweiten Grundstück von Dückert, 1840, ausgewirkt haben. Als Borsig 1836 zunächst den schmalen Gartenstreifen von Dückert erwarb, wird er diese Entwicklung vorausgesehen haben. So konnte er sich von dem spekulierenden Geist Dückerts unabhängig halten bei der sicherlich schon 1836 geplanten Zusammenlegung der durch den Gartenstreifen getrennten Anwesen von Bitter und Stooff.

63 Vgl. Angaben in: Ein Held der Arbeit, Der Werdegang des Hauses A. Borsig, o.O.o.J.; S. 5–6; (Sonderdruck aus: Hermann Schöler, Helden der Arbeit, hrsg. v. Gröbler, o.O.o.J.); Archiv der A.B.V., Mappe: Schriftstücke über August Borsig.

64 Vgl. »Ein Held der Arbeit...« (wie Anm. 63, S. 6) und das Hauptbuch der Firma Borsig (wie Anm. 107, S. 327).

65 Kosten für Grundstücke und für den Aufbau der Fabrik (zusammengestellt nach H. Schöler [wie Anm. 63] und dem Hauptbuch [wie Anm. 107]): Kosten für Grundstücke: 1220 Taler (T) an Dückert (1836); 1000 T an Bitter (1836, Anzahlung); 9000 T Darlehn von Gustine für das Grundstück von Bitter (1836); 10000 T Darlehn von Stooff für sein Grundstück Chausseestraße 1; 4300 T an Dückert (1840) – insgesamt: 28520 T. Kosten für die Fabrik: 40000 T Darlehn von Freytag (1837); 20000 T Darlehn von Freytag (1842; für Moabit ?) – insgesamt: 60000 T. Bei nur etwa 10000 T Eigenmittel entspricht diese Aufstellung etwa 80000 T Fremdmittel. – Diese Aufstellung kann nur die Tendenz der Finanzierung andeuten, da detaillierte Kosten- und Finanzierungspläne nicht vorhanden sind, ebenso fehlen Angaben zur Verzinsung, zu Löhnen und Materialkosten. Eine Unterscheidung zwischen Bau- und Anschaffungskosten für die Maschinen ist nicht möglich.

66 Archiv der A.B.V., Nr. 73.

67 Die Festschrift »Deutscher Maschinenbau...« (wie Anm. 43, S. 16) kommentiert dieses Bild: »Allerdings rauchten in Ermangelung einer Kesselanlage damals die Schornsteine noch nicht.«

68 Diese Gußeisentafel ist im »Verzeichnis...« (wie Anm. 51) erwähnt, muß aber heute als verschollen angesehen werden. Abgebildet ist sie in: »100 Jahre Borsig Lokomotiven 1837–1937« (hrsg. von den Borsig Lokomotiv-Werken GmbH), o.O. 1937, S. 100.

69 Archiv der A.B.V., Mappe: August Borsig.

70 Brief von Adolf Brix an August Borsig vom 5.8.1840 mit Angaben zur Leistungsanforderung der Pumpen. – Die Akte betrifft den Zeitraum vom 5.8.1840 bis zum 18.12.1845. Die Schriftstücke sind unnumeriert in chronologischer Reihenfolge gebunden. Die Akte enthält zahlreiche Skizzen in Feder und Bleistift zu den Maschinenteilen, den Dekorationen des Maschinenhauses und zum Röhrensystem; etwa 30 kleinere Skizzen sind von August Borsig siehe [7, 8]; Archiv der A.B.V., a 527 R.

71 In dem Archiv der A.B.V. sind Akten folgender Aufträge zu Bauvorhaben erhalten: Fontänenanlage zu Sanssouci, Eisenkonstruktionen und Kuppel im Neuen Museum in Berlin (Stüler), Kuppel der Nicolaikirche in Potsdam und Kuppel des Stadtschlosses in Berlin.

72 Entwurf für einen Kostenvoranschlag zur Fontänenanlage in Sanssouci vom 10.11.1840 mit 12 Federzeichnungen; Archiv der A.B.V., a 527 R.

73 Vertrag zwischen Friedrich Ludwig Persius und August Borsig »wegen Erbauung einer Dampfmaschine und entsprechenden Wasserhebungs-Druckwerkes« für die Fontänenanlage in Sanssouci vom 24.1. 1841; Archiv der A.B.V., a 527 R.

74 Ebenda, § 5.

75 Vertrag zwischen dem »Königlichen Wirklichen Geheimen Rath und Intendanten der Königlichen Gärten Herrn von Massow« und August Borsig »wegen Lieferung eines Theiles der zu den Fontainen Anlagen in Sanssouci erforderten gußeisernen Wasserleitungsröhren« vom 15.2.1841; Archiv der A.B.V., a 527 R.

76 Brief von Martin Gottgetreu an August Borsig vom 2.11.1841; Archiv der A.B.V., a 527 R.

77 »Gutachten über die Leistungsfähigkeit der Dampfmaschine, welche zum Betrieb der Wasserkünste in Sans-souci aufgestellt ist« vom »Königlichen Fabriken-Commissions-Rath« Adolf Brix am 16.7.1843 verfaßt, 12 S.; Archiv der A.B.V., a 527 R.

78 »Das Dampfmaschinenhaus für die königlichen Fontainenanlagen bei Potsdam«, in: Illustrirte Zeitung, 1844, Bd. 1, S. 52; zit. n.: Archiv der A.B.V., Nr. 1031.

79 Die Akte geht über den Zeitraum vom 25.9.1843 bis zum 11.4.1851 und enthält 289 numerierte Seiten, die chronologisch gebunden sind; Archiv der A.B.V., a 528 R.

80 Hans Kania, Die St. Nicolaikirche, Vollendung 1843–1849, in: H.K., Potsdam, Staats- und Bürgerbauten, Berlin 1939, S. 52–60.

81 Brief vom Baukondukteur Emil Prüfer an August Borsig vom 12.1. 1846; Archiv der A.B.V., a 528 R, Nr. 123.

82 Brief von Prüfer an Borsig vom 18.3.1846; ebenda, Nr. 129.

83 Brief von Prüfer an Borsig vom 15.4.1846; ebenda, Nr. 134.

84 Brief von Prüfer an Borsig vom 17.12.1846; ebenda, Nr. 147.

85 Siehe Anhang V.

86 Die Akte umfaßt den Zeitraum vom 1.4.1847 bis zum 4.12.1852 und enthält Briefwechsel mit den Architekten Hermann Friedrich Waesemann, Albert Dietrich Schadow und Friedrich August Stüler (chronologisch gebunden); Archiv der A.B.V., a 526 R.

87 Brief von Adolf Brix an August Borsig vom 12.5.1847; ebenda (o. Nr.).

88 Brief von Adolf Brix an August Borsig vom 7.11.1851; ebenda (o. Nr.).

89 Zu weiteren Geschäftsbeziehungen in den Jahren 1840–45 vgl. das Hauptbuch (wie Anm. 107).

90 Bei der wiedergegebenen Ansicht der Lokomotive »Borsig« [18] handelt es sich um eine später angefertigte Rekonstruktionszeichnung nach der Abbildung in »Dingler's Polytechnischem Journal« (1842)

zu dem Bericht: »Norris' Dampfwagen mit den Verbesserungen des Mechanikers Borsig in Arbeit«. Schon 1841 war Borsigs Lokomotive im Berliner Gewerbe-, Industrie- und Handelsblatt (dort Tafel II) vorgestellt worden. Bei beiden Abbildungen wird später deren technische Ungenauigkeit und mangelhafte Skizzenhaftigkeit beklagt (vgl. A. Wolff, Die erste Borsig-Lokomotive, in: »100 Jahre...« [wie Anm. 68]; S. 32–42). Wolff weist darauf hin, daß man mit Originalzeichnungen aus diesen Jahren nicht zu rechnen habe, da meist die Stücke »in den Werkstätten unmittelbar auf die Bleche, die Schmiedeblöcke und Modellhölzer aufgezeichnet wurden« (S. 33).

91 Patent zur Verleihung des Roten Adlerordens an August Borsig vom Herbst 1841; Archiv der A.B.V., Mappe: August Borsig.

92 Zu den Verbesserungen an den Lokomotiven der Reihe »Beuth« siehe auch Bericht in den »Verhandlungen des Vereins zur Beförderung des Gewerbfleisses in Preußen« (1846) in Auszügen abgedr. in: »A. Borsig, Berlin 1837–1902, Festschrift zur Feier der 5000sten Lokomotive, Tegel, 21. Juni 1902«, von Max Krause (Direktor von A. Borsigs Berg- und Hüttenverwaltung) Berlin 1902, S. 28–39.

93 »Erinnerungen aus den ersten Jahrzehnten Borsigschen Lokomotivbaues«, in: »100 Jahre...« (wie Anm. 68), S. 85–99.

94 Zit. n. ebenda, S. 90.

95 Gottfried Bernhard Loos/Heinrich Lorenz/Schilling, Preismedaille der Gewerbeausstellung des Zollvereins im Zeughaus zu Berlin 1844; Vorderseite: Darstellung einer sitzenden Germania auf einem Stein mit der Inschrift: »Seid einig«. Umschrift: »Erinnerung an die Ausstellung deutscher Gewerbserzeugnisse zu Berlin 1844«; Rückseite: Darstellung einer Lokomotive, umgeben von emblematischen Wappen der Landwirtschaft, der Textilindustrie, der Dampfschiffahrt, des Bergbaus und der chemischen Industrie. Umschrift: »Vorwaerts mit deutschem Fleisse und deutscher Kraft«; 1844, Gold, 4,6 cm Durchmesser; Borsig-Archiv, Medaillensammlung. Ein dazugehöriges Schreiben vom 31.3.1845 befindet sich im Archiv der A.B.V., Mappe: August Borsig.

96 Siehe S. 156.

97 Angaben aus: »A. Borsig, ... (wie Anm. 92), siehe dort Tabelle 40.

98 Patent vom 15.3.1854, 36 x 23,2 cm; Archiv der A.B.V., Mappe: August Borsig.

99 Nachricht in der Nationalzeitung (25.3.1854); zit. n.: Archiv der A.B.V., Nr. 190, S. 1.

100 Nachricht in der Nationalzeitung (26.3.1854); ebenda.

101 Hintze (wie Anm. 45) passim.

102 Siehe S. 157–159.

103 Vgl. Anm. 44.

104 Kopien des Schriftwechsels zwischen der königlichen Seehandlung und August Borsig befinden sich als lose Blätterfolge in einem Karton »Kirchstraße« im Borsig-Archiv.

105 »Verwertung des Grundbesitzes in Berlin-Moabit« (handschriftliches Dokument vom 5.3.1931, 17 S.); Archiv der A.B.V., Mappe: Geschichte der Familie Borsig.

106 Mieck (wie Anm. 8), S. 191.

107 Hauptbuch der Maschinenbau-Anstalt und Eisengießerei von A. Borsig (aus den Jahren 1840 bis 1845), S. 327; Borsig-Archiv.

108 »Verwertung ...« (wie Anm. 105), S. 6.

109 Vgl. Eva Börsch-Supan, Berliner Baukunst nach Schinkel, München 1977, S. 120. Sie nennt dort als erstes Baujahr 1849, in dem Joh. Heinr. Strack die Villa errichtet habe. – Lilli Martius nennt die Jahre 1848

und 1849 als Zeitraum für die Bauzeit der ersten Fassung der Villa Borsig, da sich in der Holzdecke des Bibliothekszimmers eine Datierung fand, die sich auf die Revolution 1848 bezieht (L.M., Die Villa Borsig in Berlin Moabit. Über ihren Architekten Johann Heinrich Strack und den Maler Paul Meyerheim, in: Der Bär von Berlin, 1955 (14), S. 261–280; S. 268, Anm. 9).

110 Allgemeine Gartenzeitung, 1851; abgebildet bei M. Seiler (wie Anm. 116), S. 490.

111 Berliner Nachrichten, Nr. 78 (4.4.1834); zit. n. W. Arenhövel (wie Anm. 12), S. 96.

112 Zur Biographie von J. H. Strack siehe Börsch-Supan (wie Anm. 109), S. 689–696.

113 Martius (wie Anm. 109).

114 »Das neue Borsigsche Etablissement in Moabit bei Berlin zieht soviel Besucher herbei, dass sich der Eigentümer genötigt sah, den Eintritt an erschwerende Bedingungen zu knüpfen«, in: Illustrirte Zeitung (12.4.1851) S. 233 (Wie die erschwerenden Bedingungen aussahen, wurde nicht mitgeteilt.); zit. n. Archiv der A.B.V., Nr. 1023, S. 3.

115 Hintze (wie Anm. 45), S. 15.

116 Zit. n. Michael Seiler, Der Borsigsche Garten und die Gewächshäuser in Moabit, in: Kat. Berlin I, S. 487 (dort ohne Quellenangabe).

117 Zit. n.: »Deutscher Maschinenbau...« (wie Anm. 43), S. 26.

118 Angaben nach: Hauptbuch (wie Anm. 107), »Moabiter Fabrik«.

119 »Verwertung ...« (wie Anm. 105), S. 6/7; s. auch Plan 1.

120 Berlin und seine Bauten 1877, S. 136.

121 »Deutschlands grosse Industriewerkstätten. Bei dem Locomotivenkönig«, in: Die Gartenlaube, 1867, S. 554–558 und 779–782; S. 554.

122 Hintze (wie Anm. 45), S. 13/14.

123 »A. Borsig's Maschinenbau-Anstalt in Berlin«, in: Osthavelländisches Kreis-Blatt, 1855, No. 35 (S. 138–139), No. 36 (S. 143–144) und No. 37 (S. 147); S. 138.

124 Das Aquarell steht in der Tradition des Gemäldes »Das Walzwerk bei Neustadt-Eberswalde« (1834) von Karl Blechen (Berlin/West, Nationalgalerie).

125 »Industriewerkstätten« (wie Anm. 121), S. 554.

126 Eine grundsätzliche Beschreibung über Vorbildung und Herkommen der Borsigarbeiter, wie sie für die Arbeiter der Maschinenfabrik in Esslingen geleistet wurde (Heilwig Schomerus, Die Arbeiter der Maschinenfabrik Esslingen, Forschungen zur Lage der Arbeiterschaft im 19. Jahrhundert, Stuttgart 1977), ist mit dem zur Verfügung stehenden Archivmaterial für die Firma Borsig nicht zu leisten. Vielleicht ändert sich einmal etwas, wenn die alten (?) Archivakten der Firma Bergmann-Borsig (Berlin/DDR), die 1979 in das Märkische Museum verbracht wurden, der Forschung zugänglich werden. – Im Archiv der A. Borsigschen Vermögensverwaltung hat sich eine Akte »Fabrickangelegenheiten 1848–1884« (a 536R) erhalten (unnumeriert, chronologisch gebunden). Während in den ersten vier Jahren des angegebenen Zeitraumes ausschließlich Entwürfe zur Reglementierung der Arbeiter vorliegen, werden in den folgenden Jahren die unterschiedlichsten Dokumente eingebunden (steuerrechtliche Angelegenheiten, Feuerversicherungen, Verzeichnisse der auf dem Gelände befindlichen Dampfmaschinen, Bekanntmachungen des Kuratoriums etc.). Bauten betreffende Dokumente beziehen sich nur auf Kanalisations-, Wasser- und Gasanschlüsse und auf die Wartung der Schornsteine. Einige Dokumente sind in dieser Arbeit wiedergegeben [33, 34, 36–43, 47].

127 Lebenslauf des Schlossers Wilhelm Blaue vom 6.2.1865; Archiv der A.B.V., a 536 R.

128 Lebenslauf des Schlossers Friedrich Hartmann vom 6.2.1865; ebenda a 536 R.

129 Entwurf für eine Bekanntmachung in der Fabrik Chausseestraße vom 18.2.1850; ebenda, a 536 R.

130 »Verzeichniß derjenigen Beamten, Meister und Arbeiter, welche 25 Jahre und darüber in der hiesigen Fabrik beschäftigt sind«; Archiv der A.B.V., a 536 R.

131 »Die Eisengießerei und Maschinenbau-Anstalt von A. Borsig in Berlin«, in: Berliner Kalender für 1848; Archiv der A.B.V., Nr. 1033, S. 3.

132 »A. Borsig's Eisengießerei und Maschinenbau-Anstalt in Berlin«, in: Illustrirte Zeitung, 1848, No. 242 (S. 116–117) und No. 244 (S. 148–150); S. 148.

133 Wie Anm. 132 (S. 148).

134 Entwurf zu einer Bekanntmachung über die Marken vom 17.12.1849; Archiv der A.B.V., a 536 R.

135 Entwurf zu einer Bekanntmachung über die Benutzung des Speiselokals vom 18.12.1849; ebenda, a 536 R.

136 »Die Thürme auf der Maschinenfabrik des Herrn Borsig zu Berlin«, nach den Entwürfen von Strack, in: »Notizblatt des Architektenvereins zu Berlin«, 1850 (N.F.), Nr. 1 (S. 11–12, Bl. 3).

137 Wie Anm. 131 (S. 4) und wie Anm. 132 (S. 149).

138 Wie Anm. 123 (S. 147).

139 »Die Gegenwart, Eine encyklopädische Darstellung der neuesten Zeitgeschichte für alle Stände«, Leipzig 1849, 2. Bd., S. 85; zit. n.: Archiv der A.B.V., Nr. 1009, S. 2/3. – Zur Rolle der Maschinenbauer in der Revolution 1848 vgl. auch Karl Obermann, Flugblätter der Revolution. Eine Flugblattsammlung zur Geschichte der Revolution 1848/49 in Deutschland, Berlin (DDR), 1970.

140 Zu diesem Vorgang enthält die Akte »Fabrickangelegenheiten...« (wie Anm. 126) fünf Blätter: 1) Rechnung über ein »Modell eines Monuments für den Friedrichshain bestimmten Eisenkränze«, unterzeichnet von Dankberg (Bildhauer) am 20.2.1849; 2) Rechnung für das Setzen und Vergolden der Schrifttafeln »zu den Denkmälern für die am 18. März 1848 gebliebenen Arbeiter Stamner, Bethke, Vass [Faß, d. Verf.], Frankenberg und Rudolph« vom 17.3.1849, unterzeichnet von dem Vergolder Brandt (die Ausgabe vom 1.4.1848 der Illustrirten Zeitung nennt auf S. 230 die erste Namensliste der Märzgefallenen; u.a. die Namen Faß, Frankenberg und Rudolph.); 3) Rechnung über Anstreichen, bronzieren und staffieren von vier Denkmälern vom 8.6.1849, unterzeichnet von Sievers, Dorotheenstraße 42; 4) Rechnung »über gefertigte Monument-Sandstein Pfeiler zu den Monumenten auf dem Friedrichshain auf Bestellung des Herrn A. Borsig Wohlgeboren« vom 14.4. 1849 unterzeichnet von den Steinmetzen Huth und Heybach; 5) Kostenaufstellung für die Denkmäler auf dem Friedrichshain: 77 Taler (Auslagen für die Rechnungen 1–4), zuzüglich 80 Taler Materialkosten der Firma Borsig und 21 Taler Arbeitslohn für Schlosserarbeiten. Die Kosten von etwa 180 Taler entsprachen dem Jahresgehalt eines Hilfsarbeiters der Borsigschen Fabrik. Obwohl fünf Namen genannt wurden, werden nur vier Denkmäler errichtet. Möglicherweise handelt es sich nur bei diesen vier Arbeitern um direkte Opfer der Revolutionsnacht vom 18. zum 19. März.

141 »Von den für die Hinterbliebenen und Verwundeten eingegangenen 52 Thlr. 4 Sgr. 4 Pf. ist bereits 1/5 oder 10 Thlr. 12 Sgr. 6 Pf. an die Witwe Rudolph, 2/5 oder 20 Thlr. 25 Sgr. an die Witwe Fass gezahlt worden«; Archiv der A.B.V., Akte a 536 R [43].

142 Hans-Peter Helbach, Berliner Unternehmer in Vormärz und Revolution 1847-1848, Eine Trägerschicht der Frühindustrialisierung als neue politische Kraft, in: Untersuchungen zur Geschichte der frühen Industrialisierung (hrsg. von der Historischen Kommission zu Berlin, Bd. 6), Berlin 1971, S. 415-454; S. 440.
143 Mitteilung des »Comite der Berliner gemeinnützigen Baugesellschaft«; in: Allgemeine Preußische Zeitung vom 25.3.1848.
144 Otto Rimpler, Die Berliner Bürgerwehr, Berlin 1850, S. 12.
145 »Verhandelt in der Conferenz am 15. Juli 1848: 1) Da die Deputirten durch das Vertrauen der übrigen Arbeiter gewählt worden sind, so wird auch erwartet: daß jeder Arbeiter einem Deputirten Folge leistet, der sich veranlaßt findet, auf Ungehörigkeiten aufmerksam zu machen…«; Archiv der A.B.V., a 536 R (Entwurf für eine Bekanntmachung).
146 Helbach (wie Anm. 142), S. 444/445.
147 Wie Anm. 123 (S. 147).
148 Entwurf für eine Bekanntmachung über die Urlaubsregelung, 15.3.1850; Archiv der A.B.V., a 536 R.
149 Briefentwurf an die Vossische Zeitung vom 20.3.1850; ebenda, a 536 R.
150 Helbach (wie Anm. 142), S. 445.
151 Ebenda, S. 447 (Anm. 77).
152 Vgl. Abschrift der Petition; Archiv der A.B.V., Mappe: Schriftstücke über August Borsig.
153 »… bei mangelnder Arbeit entließ er seine Arbeiter nicht, sondern beschäftigte sie für seine Bauten, oder schränkte im Notfall die Zeit auf dreiviertel Tag ein…«; zit. n. Hintze (wie Anm. 45), S. 12.
154 Archiv der A.B.V., Mappe: August Borsig.
155 Im Archiv der A.B.V. befindet sich eine Gußeisentafel mit der Aufschrift: »Zum ersten Guß in Moabit, den 23. November 1849«. Nach dem »Verzeichnis der im Zentralbüro…« (wie Anm. 51) gehört diese Platte zur Maschinenbau-Anstalt Kirchstraße 6 in Moabit, der ehem. Seehandlung, die aber erst im November 1850 an Borsig überging. Wahrscheinlicher ist, daß diese Platte zum Walzwerk Moabit gehörte, das von 1847-49 erbaut wurde und mit dieser Platte die Aufnahme der Produktion festhalten wollte.
156 Totenschein für August Borsig; Archiv der A.B.V., Mappe: August Borsig (ausgestellt am 22.7.1854).
157 »August Borsig, 1804-1854«, in: Illustrirte Zeitung, 1854, No. 577, S. 48.
158 Schulzeugnisse aus diesen Jahren sind erhalten; Archiv der A.B.V., Mappe: Albert Borsig.
159 Angaben aus: »Fragen und Antworten, die sich auf die Entwicklung der Firma A. Borsig beziehen und als Textunterlage zu einem Artikel dienen sollen« (Archiv der A.B.V., Nr. 1056, S. 6) und »Albert Borsig«, Nachruf in der Illustrirten Zeitung, 4.5.1878, S. 348. - Albert Borsig wurde von dem bei Borsig tätigen Oberingenieur Flöringer ausgebildet, seine Abschlußarbeit war eine Lokomotiv-Dampfpumpe; Angaben aus: »A. Borsig…« (wie Anm. 97) S. 50.
160 Bis 1854 waren nur 10 Maschinen ins Ausland geliefert worden (Warschau-Wiener Bahn und nach Dänemark); Angaben aus »Fragen und Antworten…« (wie Anm. 159).
161 »A. Borsig…« (wie Anm. 97), S. 62.
162 Dieter Vorsteher, Das Fest der 1000. Locomotive, Ein neues Sternbild über Moabit; in: Tilmann Buddensieg/Henning Rogge, Die Nützlichen Künste, Berlin 1981 (Kat.), S. 90-98.
163 »Tauf-Rede beim Ausgang der 1000. Lokomotive aus der Werkstatt am 21. August 1858«, Broschüre, 4 S., S. 4; Archiv der A.B.V., Mappe: Jubiläums- und Festschriften.

164 Ernennungsurkunde zum Patent des »Commerzienrath« für den »Maschinenfabrik-Besitzer« Albert Borsig zu Berlin vom 5. Juli 1858 (unterzeichnet von Friedrich Wilhelm IV. in Baden-Baden), 35,6 x 22,8 cm; Archiv der A.B.V., Mappe: Albert Borsig.

165 »Rede, gehalten bei der Feier des Ausgangs der 1000sten Lokomotive von A. Borsig am 21. August 1858« (wie Anm. 163), S. 1.

166 »Borsig's Arbeiter-Fest in Moabit«, in: Königlich priviligirte Berlinische Zeitung, Nr. 196, 24.8.1858.

167 »Verwertung des Grundbesitzes...« (wie Anm. 105), S. 8.

168 Patent zur Verleihung des Roten Adlerordens an Albert Borsig am 21.7. 1862, 22 x 36 cm; Archiv der A.B.V., Mappe: Albert Borsig.

169 »Der äußeren Vollendung aber haben Sie, hochgeehrter Herr! durch den nach Ihren Bestimmungen ausgeführten musterhaften Bau, den würdigen Schlußstein gegeben«, zit. aus der Festwidmung der Borsigschen Beamten und Meister an Albert Borsig zum fünfundzwanzigjährigen Bestehen der Firma am 22.7.1862; Archiv der A.B.V., Mappe: Jubiläums- und Festschriften.

170 Vgl. »Deutscher Maschinenbau...« (wie Anm. 43), S. 33. – Lieferungen an das preußische Militär werden innerhalb der Firmenpolitik im 19. Jahrhundert eine untergeordnete Bedeutung gehabt haben. Nur in der Festschrift von 1937 wird auch auf diesen Produktionszweig hingewiesen. Es scheint, daß die Firma mit ihren Werken in Moabit für solche Aufträge nicht eingerichtet war. Ein bei Borsig Beschäftigter schreibt: »Nach der Kriegserklärung 1870 wurde Borsig aufgefordert, die schleunigste Herstellung von 2000 Torpedos bzw. Seeminen zum Schutz der deutschen Küsten zu übernehmen. Es war dies nur ausführbar, wenn Borsig an die Firma Wöhlert und Egells je 500 Stück abgab und die übrigen 1000 Stück selbst übernahm. Auf dieser Basis war es möglich, die 2000 Torpedos ohne Terminüberschreitung zu liefern«; zit n. »Erinnerung von Kalkulator Kuntze, Aus meiner 45jährigen Tätigkeit bei der Firma Borsig«, Berlin 1912 (masch.), 3 Seiten; S. 1; Archiv der A.B.V., Nr. 199. – Patriotische Gesinnung schien Albert Borsig nicht unbedingt von seinen Arbeitern zu fordern, so z.B. auch nicht nach den Einigungskriegen 1866, als für zwei Tage die Arbeit ruhte und man sich zur Begrüßung der Truppen Unter den Linden aufstellte. Der hierzu ergangene Aufruf der Unternehmensleitung befindet sich als Entwurf in der Akte »Fabricksangelegenheiten« (a 536 R) unter dem 18.9. 1866: »Bekanntmachung. Von Seiten der Maschinenfabrikanten Berlins ist beschlossen worden, wegen des Einzuges der aus dem Felde heimkehrenden Truppen am 20. und 21. in ihren Werkstätten nicht arbeiten zu lassen, sich aber am Donnerstag den 20. an der Einzugsfeier in üblicher Weise mit ihren Arbeitern zu betheiligen. Diesem Beschlusse bin ich ebenfalls beigetreten, doch soll die Betheiligung seitens der Arbeiter eine ganz freiwillige sein...« Aus der Sicht der bei Borsig Beschäftigten ist durch den Bericht des Kalkulators Kuntze die Aufnahme des Sieges nach dem Krieg 1870/71 geschildert: »Es ist bekannt, welch' ungeheuren Jubel der glückliche Verlauf des Krieges und namentlich die Gefangennahme Napoleons in Berlin hervorriefen. Beim Eintreffen der Nachrichten vom 2. September wurde wie auf Kommando in den Fabriken in der Chausseestraße die Arbeit niedergelegt, die Fahnen und das Maschinenbanner herausgeholt, und voran die Borsigianer, wie sie von der Arbeitsstätte kamen, treten in geordnetem Zuge den Marsch nach dem Palais des alten Wilhelm an, um der Königin Augusta ihre Ovationen darzubringen. Ein Schornsteinfegerlehrling erkletterte das Denkmal des alten Fritz und bekrönte dessen Haupt mit einem Lorbeerkranz. Auch bei dem Einzug der Truppen

aus dem deutsch-französischen Feldzug war die Front des Fabrikgebäudes am Oranienburger Tor auf das großartigste dekoriert. Die Illumination der Säulenhalle und des Turmes übertraf infolge der hervorragend schönen architektonischen Konturen alles bisher Gesehene.«

171 Patent zum Geheimen Kommerzienrat für Albert Borsig vom 22.11. 1869, 35,8 x 23 cm: Archiv der A.B.V., Mappe: Albert Borsig.

172 Das Gut Behnitz im Kreise Nieder-Barnim wurde von Albert Borsig 1866 erworben und war bis zum Ende des Zweiten Weltkriegs Landsitz der Familie.

173 Vgl. Tabelle der Lokomotivproduktion in: »A. Borsig...« (wie Anm. 97), S. 62.

174 »Der Kampf des Borsig und des Pleß-Palais«, in: Vossische Zeitung vom 1.1.1926; zit. n.: Archiv der A.B.V., Nr. 625.

175 Vgl. Karl Gutzkow, Ritter vom Glück, Leipzig 1850–52 (Buch 4).

176 J. Loewenberg, Die beiden Borsigs, in: Die Gartenlaube, 1878, S. 299–301; S. 301.

177 Archiv der A.B.V., Mappe: Albert Borsig (Testament).

178 Einen ausführlichen, aber auch deutlich für die Familie parteiergreifenden Beitrag zur Geschichte der Firma Borsig während der Zeit des Kuratoriums hat der kaufmännische Angestellte Unger rückblickend verfaßt. Unger, der seit 1874 zunächst im Hausbüro der Villa, dann in der Maschinenfabrik in der Kirchstraße die Prokura bekam, war später Direktor in Tegel. – »Beitrag zur Geschichte der Familie und Firma A. Borsig von Direktor Franz Unger«, Berlin 1931 (masch.), 32 Seiten; Archiv der A.B.V., Nr. 100.

179 Ebenda, S. 21.

180 Ebenda, S. 18.

181 Ebenda, S. 19.

182 Ebenda, S. 21.

183 Ebenda, S. 22.

184 Ebenda, S. 25. – Der Nettogewinn aus dem Verkauf der Lokomotivfabrik in der Chausseestraße betrug nach Abzug der Verluste 2,8 Mill. Mark; Archiv der A.B.V., Nr. 651.

185 »Ueber die Pensionierung bezw. die Entschädigung der durch die Schließung eines Teiles der Borsig'schen Werkstätten brotlos gewordenen Arbeit«, in: Volkszeitung, 25.11.1886; Archiv der A.B.V., Nr. 651. – Die Zeitung druckte einen Brief aus dem Berliner Volksblatt, den ein entlassener Borsigarbeiter verfaßt haben soll: »In diesem Jahre waren ca. 72 Jubiläen von Beamten und Arbeitern. Das hat die Herrn von der Verwaltung stutzig gemacht. Man bemühte sich nicht genug, um Arbeit zu erhalten, und konnte nun wegen Mangel an Arbeit die Leute entlassen. Humaner hätte man gehandelt, wenn man Arbeit angenommen und die Leute wenigstens den Winter hindurch bis zum Frühjahr hätte arbeiten lassen. Gegen die Beamten handelte die Verwaltung humaner. Die älteren sind pensionirt; ein Buchhalter, welcher 20 Jahre im Geschäft war, erhielt einen vollen Jahresgehalt; ein Arbeiter, der ebenfalls 20 Jahre tätig war und mehr Schweißtropfen vergossen als jener, erhält die Entlassung. Der verstorbene Herr Borsig hat den Herren vom Kuratorium zu viel Rechte eingeräumt. So erhält der Kurator beim Eingehen der Fabrik vom Verkauf der Grundstücke 1pCt., und wird da wohl eine ganz anständige Summe herauskommen. Außerdem erhält er, so lang einer der Borsigschen Erben minorenn ist, 15.000 Mark pro Jahr. Die Arbeiter laufen herum und suchen vergeblich Arbeit, da vielen das Haar gebleicht ist und andere Fabriken selten einen Mann einstellen, der in den vierziger resp. fünfziger Jahren ist.«

186 »Elektrizität gab es noch nicht; Wasserleitung und Kanalisation waren fromme Wünsche. Für Arbeiter und Beamte funktionierte tadellos das Tonnen-System«, Direktor Franz Unger über die Sanitäranlagen in der Maschinenbau-Anstalt in der Kirchstraße um 1875 (wie Anm. 176), S. 7.

187 Preis des Grundstückes: 687.000 Mark.

188 Deutscher Maschinenbau (wie Anm. 43), S. 39.

189 Ebenda.

190 Vgl. zu Arnold Borsig: »A. Borsig...« (Anm. 92); S. 88–93. – Archiv der A.B.V., Mappe: Arnold Borsig.

191 Vgl. Anhang IV.

192 »Erhebung des Herrn Commerzienrath Ernst von Borsig in den Adelsstand«, »Erhebung des Herrn Commerzienrath Conrad von Borsig in den Adelsstand«; Archiv der A.B.V., Akte A 114 und A 115.

193 Die Wirtschaftskrise in den dreißiger Jahren ließ die Bestellungen im Lokomotivbau abrupt zurückgehen. Ende 1930 wurde das Lokomotivgeschäft aufgegeben und eine Borsig Lokomotiv-Werke GmbH gegründet, die bis Dezember 1931 exisitierte und dann von der AEG übernommen wurde und bis zum Ende des Zweiten Weltkrieges in Henningsdorf betrieben wurde.

194 1938 ging ein Teil des Aktienkapitals an die »Reichwerke AG für Erzbergbau und Eisenhütten Hermann Göring«; während des Krieges wurde hauptsächlich der Rüstungssektor ausgebaut (Panzerabwehrkanonen, Flaks, Artilleriegeschütze, Eisenbahngeschütze, ferngesteuerte Torpedos, Granaten); Ende des Krieges arbeiteten über 18.000 Beschäftigte in Tegel, durch Luftangriffe wurden 80 Prozent der Werkanlagen zerstört; nach dem Krieg Demontage zunächst durch die sowjetische, dann durch die französische Besatzungsmacht. – 1947 gründeten Betriebsangehörige nach der Schließung des Werkes die »Alte Tegeler Maschinen-, Kessel- und Apparatebauer GmbH«. – 1950 gründete die Rheinmetall-Borsig AG in Berlin die Borsig AG. – 1956 wurde die Borsig AG aus der Rheinmetall-Borsig AG ausgegliedert und an die Salzgitter AG veräußert. – 1967 erwarb die Deutsche Industrieanlagen Gesellschaft mbH Borsig von der Salzgitter AG. – 1968 gingen das Stahl-, Walz- und Rohrwerk und die Gießerei an Thyssen. – 1970/71 erwarb die deutsche Babcock & Wilcock AG die Geschäftsanteile. – 1981 ging der 25.000. Kugelhahn für Gas- und Ölpipelines in die Sowjetunion.
Das Privatvermögen der Familie blieb 1933 bei der A. Borsig oHG, die 1937 in die A. Borsigsche Vermögensverwaltung umbenannt wurde mit Sitz in der Chausseestraße 13; Ende der fünfziger Jahre Übersiedlung nach Berlin/West. 1981, nach Verkauf der letzten Immobilien, beendete die Vermögensverwaltung ihre Tätigkeit, und das Archiv ging 1982 als Dauerleihgabe an das Land Berlin/West. 1983 folgte das Borsig-Archiv aus Tegel. Beide Archivbestände, vom Museum für Verkehr und Technik (Berlin/West) betreut, sollen 1984 in einer Ausstellung präsentiert werden.

195 Die Gießereien waren bis zur Mitte des 19. Jahrhunderts hauptsächlich mit Drehkränen ausgestattet.

196 Vgl. Grundriß der Egellsschen Eisengießerei im Stadtplan von Berlin 1841 (Landesarchiv Berlin, Kartensammlung) und Grundriß der Gießerei von L. Schwartzkopff in der Festschrift »75 Jahre Schwartzkopff« (hrsg. von der Berliner Maschinenbau-Actien-Gesellschaft, vormals L. Schwartzkopff), Berlin 1927, Tafel I, Abb. 1 (Grundriß für 1851–53). – Zu Freund vgl. auch I. Wirth (wie Anm. 25).

197 Bei allen vergleichbaren Gießereien befand sich die Eisenputzerei im räumlichen Anschluß an die Gießhalle.

198 Wie Anm. 132 (S. 117).
199 Zur Saynerhütte vgl. D. Vorsteher, in: Arenhövel (wie Anm. 12), S. 259 -273.
200 Berlin und seine Bauten 1877, S. 133, Fig. 90.
201 Oktogonale Grundrisse hatten ebenfalls die beiden Gasanstalten auf den Fabrikgeländen in Moabit und an der Chausseestraße, vgl. [32, Tafel V].
202 Kohte (wie Anm. 1), Sp. 21, Anm. 2.
203 Börsch-Supan (wie Anm. 109), S. 113.
204 James Stuart/Nicolas Revett, The Antiquities of Athens, London 1789. - Zur Bedeutung dieses Werkes vgl. auch: Rolf Bothe, Antikenrezeption in Bauten und Entwürfen Berliner Architekten zwischen 1790 und 1870, in: Berlin und die Antike, Berlin 1979 (Kat.), S. 294–333.
205 Franz Kugler/Johann Heinrich Strack/Friedrich Eduard Meyerheim, Architektonische Denkmäler der Altmark Brandenburg, Berlin 1833.
206 Stuart/Revett (wie Anm. 204).
207 Bothe (wie Anm. 204), S. 310.
208 Ebenda, Abb. 636.
209 Ebenda, Abb. 638.
210 Volker Duvigneau, Die Potsdam-Berliner Architektur zwischen 1840 und 1875, München 1966 (Diss.) S. 53.
211 Vgl. den Entwurf der Fenster für das dritte Geschoß des Mittelrisalits im eingereichten Bauplan vom 7. Juli 1858. Borsig-Archiv, o. Nr. (Foto eines verschollenen Bauplans).
212 Ludwig Runge, Beiträge zur Kenntnis der Backstein-Architektur Italiens, Berlin 1846–52; 1848, Bl. 12 (abgeb. in: Börsch-Supan [wie Anm. 109], Abb. 467).
213 Börsch-Supan (wie Anm. 203), S. 45.
214 Ebenda, Abb. 372–373.
215 »Vorbilder für Fabrikanten und Handwerker« (hrsg. auf Anordnung des Ministeriums für Handel, Gewerbe und Bauwesen von der Technischen Deputation für das Gewerbe), Berlin 1821 ff.
216 Börsch-Supan (wie Anm. 109), S. 691.
217 Kohte (wie Anm. 1), Sp. 24.
218 Paul Ortwin Rave, Genius der Baukunst, Eine klassisch-romantische Bilderfolge an der Berliner Bauakademie von Karl Friedrich Schinkel, Berlin (1939); vgl. dort S. 42–51.
219 Rave (wie Anm. 218), S. 46.
220 Obwohl Rave den Würfel erwähnt und dieser auch auf der Stichätzung mit der Gesamtdarstellung des Portalprogrammes sichtbar ist (Rave [wie Anm. 218], S. 41), fehlt er auf der fotografischen Ansicht der Terrakottaplatte, vgl. [111].
221 »Das Fest der tausendsten Locomotive«; in: Die Gartenlaube, 1858, S. 541.
222 Erwähnt in: »Das Borsig'sche Arbeiterfest«; in: Volkszeitung, Organ für Jedermann aus dem Volke, No. 34 (23.8.1858).
223 Hintze (wie Anm. 45), S. 17.
224 Vgl. die in geringer Anzahl vorhandenen Festblätter und Festgedichte von Arbeitern im Archiv der A.B.V., Mappe: Jubiläums- und Festschriften.
225 Karl Marx, Der Fetischcharakter der Ware und sein Geheimnis, in: K. M., Das Kapital, Berlin (DDR) 1972, S. 85.
226 Vgl. Ernst Dronke, Berlin, Darmstadt 1974 (Nachdruck der Erstausgabe, Frankfurt 1846), S. 225.
227 Vgl. die Figur des »Hans Dampf« im Festspiel zum fünfundzwanzigjährigen Bestehen der Firma Borsig 1862.

228 Vgl. Françoise Forster-Hahn, Adolf Menzels »Eisenwalzwerk«, Kunst im Konflikt zwischen Tradition und sozialer Wirklichkeit, in: Die Nützlichen Künste (wie Anm. 162), S. 122–129.
229 Wie Anm. 132 (S. 148).
230 Wie Anm. 123 (S. 147).
231 J. Loewenberg, Die beiden Borsigs (wie Anm. 176).
232 Vgl. Vorsteher (wie Anm. 162).
233 »Rede, gehalten bei der Feier des Ausgangs der 1000. Lokomotive von A. Borsig am 21. August 1858«; Archiv der A.B.V., Mappe: Jubiläums- und Festschriften.
234 »Dem Königlichen Kommerzienrathe Herrn August Julius Albert Borsig am 22. Juli 1862...«; Archiv der A.B.V., Mappe: Jubiläums- und Festschriften.
235 Wie Anm. 233.
236 Bericht der Berliner Illustrirten Montags-Zeitung, No. 34 (23.8.1858), in ihrem Artikel »Wochenschau«.
237 Wie Anm. 233.
238 Wie Anm. 236.
239 Albrecht Altdorfer, Alexanderschlacht, Öl auf Holz, 1529; München, Alte Pinakothek.
240 »Prometheus«, in: Goethes Werke in sechzehn Bänden, Berlin o. J., Bd. 2 (zweiter Teil), S. 39/40.
241 Patent zur Verleihung des Roten Adlerordens an Albert Borsig, ausgestellt am 21.7.1862 (36 x 22 cm); Archiv der A.B.V., Mappe: Albert Borsig.
242 »Das Borsig-Fest«, in: Berliner Reform, 24.7.1862; Archiv der A.B.V., Nr. 1011.
243 »Die Feier des 25jährigen Bestehens der Borsigschen Maschinenbau-Anstalt am 22. Juli«, in: »Stand der Industrie und des Gewerbes in Berlin bis zum Jahre 1862, Beitrag der Berliner Pfennigblätter, Volks-Zeitschrift zur Unterhaltung für Leser aller Stände«, Berlin 1862.
244 Von dieser Umschreibung hat sich leider kein Manuskript nachweisen lassen. Erwähnt ist es auf dem Programmzettel [127].
245 »Festspiel zur Feier des fünfundzwanzigjährigen Bestehens der Maschinenbau-Anstalt von A. Borsig in Berlin am 22. Juli 1862«, 20 S.; Archiv der A.B.V., Mappe: Jubiläums- und Festschriften.
246 »Zur fünfundzwanzigjährigen Jubel-Kermes des verdienten und ehrbaren Meisters Hermes als Jubelpokal aus purem Verdruss dem Jubilar von Anonymus. 1862, am zwölften des Januarius«, Broschüre mit zwei Gedichten, 4 Seiten; »Dem Ober Werkführer Herrn Friedrich Hermes zum Fünfundzwanzigjährigen Jubiläum am 12. Januar 1862«, Broschüre mit einem Gedicht, 4 Seiten; Archiv der A.B.V., Mappe: Jubiläums- und Festschriften.
247 Friedrich Hermes am 12.1.1862 (»Ober-Werkführer«); Adolf Carl am 1.8.1862 (»Disponent«); Carl Schlüter am 26.2.1863 (»Comptoirdiener«) (1); Anton Flöringer am 1.6.1866 (»Ober-Ingenieur«); Wilhelm Hoffmann am 1.8.1868 (»Haupt-Rendant«); Friedrich Beu am 1.5.1876 (»Ober-Ingenieur« und Direktor der Lokomotivfabrik in der Chausseestraße, 1878 Mitglied des Kuratoriums); Theodor v. Przybylski am 1.9.1879 (»Kassen-Inspektor«); Carl Gustav Braetsch am 22.1.1881 (»Hütten-Direktor« vom Borsigwerk in Oberschlesien, seit 1878 Mitglied des Kuratoriums); Hugo Schletter am 27.10.1892 (»Berg-Inspektor« in Oberschlesien); Archiv der A.B.V., Mappe: Albert Borsig, 9.2.1867. – (1) Der Pokal für Carl Schlüter ist seit 1981 bei Herrn Albert Borsig in den USA, Miami (Florida).
248 »Verzeichnis derjenigen Beamten, Meister und Arbeiter, welche 25

Jahre und darüber in der hiesigen Fabrik beschäftigt sind«, das Verzeichnis nennt 46 Namen und diente als Unterlage für den Medailleur Wilhelm Kullrich, der im Verlauf des Jahres 1866 die Medaillen mit Namen, Arbeitsstand und Jubiläumsdatum versah. Es scheint, daß erst 1866 die fünfundzwanzigjährige Tätigkeit für die Firma bei allen Mitarbeitern durch eine Medaille gewürdig wurde, während Feste bei den Oberbeamten schon seit 1862 gefeiert wurden; Archiv der A.B.V., a 536 R (28.12.1866).

249 Archiv der A.B.V., Mappe: Albert Borsig, 9.2.1867.

250 Hintze (wie Anm. 45), S. 13.

251 Ebenda, S. 4.

252 Ebenda, S. 10.

253 Ebenda, S. 13.

254 Zum Beispiel bei den Konstruktionszeichnungen für die Dampfmaschine, die bei den Arbeiten am Neuen Museum benötigt wurde (siehe Anm. 255).

255 So zum Beispiel die Angaben von A. Brix für die Dampfmaschine in Sanssouci. Ähnlich detailliert waren die Angaben für die Dampfmaschine, die zum Bau des »Neuen Museums« benötigt wurde. Hier erhielt Borsig Zeichnungen und Maßangaben nach englischen Vorbildern. Es wurden ihm Zeichnungen für einen Dampfkessel mit dem Hinwes überreicht, daß die Konstruktionsangaben dem Erfahrungssatz entsprächen, »den die besten Maschinenbauer in Cornwall annehmen und in den meisten Fällen auszuführen pflegen« (Brief von Carl W. Hoffmann an A. Borsig vom 16.3.1842; Archiv der A.B.V., Akte a 544 R, Bl. 19).

256 Hintze (wie Anm. 45), S. 8.

257 Ebenda, S. 11.

258 Ebenda, S. 2.

259 »Borsig«, Beiblatt zur National-Zeitung vom 20.7.1854, Nr. 333; Archiv der A.B.V., Nr. 1021.

260 Hintze (wie Anm. 45), S. 11/12.

261 »Das Borsigfest in Berlin«, in: Illustrirte Zeitung, No. 793 (11.9.1858), S. 167.

262 Erwähnt in: »Industriewerkstätten« (wie Anm. 121), S. 11.

263 Max Maria von Weber berichtet aus seiner Zeit bei Borsig: »Einem jungen Ingenieur auf seinem Bureau, dem er [August Borsig, d. Verf.] wegen seiner Talente mit Recht sehr gewogen war, der es aber liebte, dann und wann seine Gelehrsamkeit in der angewandten höheren Mathematik bei den ihm gestellten Construktions-Aufgaben zur Schau zu tragen, und ihm einst die Lösung einer solchen in einer etwas komplizirten Formel vorlegte, sagte er kopfschüttelnd, indem er mit dem Zollstocke die Länge des Ausdrucks maß: ›Die Formel taugt nichts, sie ist über zwei Zoll lang‹, und sprach in diesem Scherze mehr technische Weisheit aus, als in manchem Lehrbuche enthalten ist« (M. v. Weber, Vom rollenden Flügelrade, Berlin 1882, S. 22/23).

264 »Industriewerkstätten« (wie Anm. 121), S. 2.

265 Hintze (wie Anm. 45), S. 12/13.

266 »A. Borsig's Maschinenbau-Anstalt in Berlin« (wie Anm. 123), S. 138.

267 Wie Anm. 132 (S. 117).

268 »Berlin vor seinen Thoren, Die Freund'sche Fabrik«, in: Berlinische Nachrichten von Staats- und gelehrten Sachen (Haude & Spenersche Zeitung), Berlin, 22.2.1840; zit. n. Geist/Kürvers (wie Anm. 32), S. 123.

269 Wie Anm. 123.

270 »Industriewerkstätten« (wie Anm. 121), S. 779.

271 Wie Anm. 132 (S. 117).

272 Tagebuch des Kohlenhändlers Emanuel Friedländer (5.7.1847); zit. n. Geist/Kürvers (wie Anm. 32), S. 183.
273 Wie Anm. 132 (S. 117).
274 Ebenda.
275 Wie Anm. 123 (S. 147).
276 Wie Anm. 234.
277 »Industriewerkstätten« (wie Anm. 121), S. 779.
278 Ebenda.
279 Wie Anm. 123 (S. 147).
280 »A. Borsig's Eisengießerei...« (wie Anm. 132), S. 139.
281 »Die Eisengießerei...« (wie Anm. 131), S. 117 und 148.
282 »Die Not im Riesengebirge«, in: Priviligirte Schlesische Zeitung, No.2 (3.1.1844); zit. n.: Lutz Kroneberg/Rolf Schloesser, Weber-Revolte 1844, Köln 1979, S. 69–71.
283 Friedrich Eggers, Über Themen für Genre- und Landschaftsmaler, in: Deutsches Kunstblatt, 1852, S. 108.
284 Ebenda.
285 Ebenda.
286 Hintze (wie Anm. 45), S. 17.
287 Tilmann Buddensieg/Henning Rogge, Industriekultur, Peter Behrens und die AEG 1907–1914, Berlin 1979, S. 5.
288 Börsch-Supan (wie Anm. 109), S. 45.

Anhang

I
Beschlußfassung der Berliner Maschinenfabrikbesitzer zu den Forderungen der Berliner Maschinenbauer nach der Märzrevolution 1848

»Nachdem die Unterschriebenen in einer besonderen Beratungsversammlung in der Wohnung des mitunterzeichneten Herrn F. A. Egells sich in Bezug auf die gestellten Forderungen ihrer Arbeiter vollständig geeinigt, wurde durch dieselben Nachfolgendes bestimmt und festgestellt:
Der geringste Lohn eines Gesellen soll wöchentlich 4 Thlr. sein, für die fähigeren Arbeiter ist schon immer ein höherer Lohn bewilligt worden, und wird auch ferner von uns und den Werkführern bestimmt werden. Die Arbeitsleute haben schon seit längerer Zeit 3 Thaler Wochenlohn.
Die Arbeitszeit ist im Sommer und im Winter von morgens 6 bis abends 6 Uhr, oder nach Abrechnung einer halben Stunde Frühstück, einer Stunde Mittags- und einer halben Stunde Vesperzeit, überhaupt täglich auf 10 Stunden festgesetzt. An den Oster-, Pfingst- und Weihnachtsheiligabenden wird von 6 Uhr morgens bis nachmittags 3 Uhr gearbeitet und als voller Tag bezahlt. Überstunden sollen nicht gemacht werden, und da, wo in sehr dringenden Fällen es nötig wird, länger zu arbeiten, soll mit den Beteiligten ein besonderes Abkommen getroffen werden. Ebendasselbe soll bei Sonntags- und Nacht-Arbeiten geschehen.
Die Handhabung der Ordnung und Gerechtigkeit geschieht von jedem der Unterzeichneten in seiner Fabrik unter Zuziehung der Werkführer, welche ihn in den Werkstätten vertreten. Um aber von den Wünschen und Bedürfnissen oder sonst zu schlichtenden Angelegenheiten der in unseren Fabriken beschäftigten Arbeiter besser unterrichtet zu werden, setzen wir fest, dass aus jeder Anzahl Arbeiter, die unter einem Werkführer stehen, zwei Deputierte, welche durch das Vertrauen der übrigen Arbeiter dazu erwählt worden sind, jeden Sonnabend nach Feierabend sich bei ihrem Fabrikherrn versammeln, um alle nötigen Angelegenheiten zur Sprache zu bringen.

Diese Deputierte können alle 3 Monate neu gewählt, nur darf die Wahl, sowie auch alle sonstigen Beratungen nur ausser den Arbeitsstunden vorgenommen werden.
An den Beratungen dieser Versammlungen, worin jedesmal der Fabrikherr den Vorsitz führt, sollen die Werkführer, und in grösseren Fabriken das betroffene Kontor-Personal teilnehmen.
In Betreff der Strafgelder sind zwar die Gründe für deren Beibehaltung genügend auseinandergesetzt, allein in Rücksicht darauf, dass die zu ernennenden Deputierten mit auf Ordnung sehen werden, wollen wir die Strafen versuchsweise aufheben, es bleibt jedoch zum Ersatz für angerichteten Schaden, oder verdorbene Arbeit jeder verpflichtet.
Wegen des Zuspätkommens wird festgesetzt: dass, sobald die zur Arbeit festgesetzte Stunde geschlagen hat, nach wie vor der Eingang zur Fabrik geschlossen wird. Haben sich einzelne Arbeiter verspätet und kommen noch innerhalb der nächsten Viertelstunde, so wird denselben eine Viertelstunde vom Lohn abgezogen. Nach Ablauf einer Viertelstunde wird keiner mehr eingelassen, und ihm der Eintritt erst in der Frühstückszeit gestattet.
Die Bestimmungen, ob ein Arbeiter wegen Unordnung oder Nachlässigkeit in der Arbeit verabschiedet werden soll, sowie die Annahme der Arbeiter bleibt allein dem Fabrikherrn und dessen Werkführern überlassen. Im allgemeinen ist es aber Sache eines jeden Arbeiters, auf Ruhe und Ordnung überall zu halten, und dieses kann jeder umsomehr, als er durch die Deputierten Gelegenheit hat, alle Beschwerden und Übelstände den nächsten Sonnabend zur Sprache zu bringen.
Wie es überhaupt wohl jeder, der sich das Wohl der Arbeiter angelegen sein lässt, tun wird, so werden auch wir uns für solche Einrichtungen interessieren, welche eine Versorgung oder Unterstützung der ordentlichen und tüchtigen Arbeiter im höheren Alter bezwecken, und uns daher gern derartigen Vereinen anschliessen.
Alle Anordnungen, welche früher in unseren Werkstätten bestanden, bleiben in Kraft, insofern dieselben durch diese Bestimmungen nicht aufgehoben sind.
Berlin, den 14. April 1848

C. Hummel
Eckardt, Vorstand der kgl. Eisengießereien
F. A. Egells
A. Borsig
J. C. Freund & Co.
F. A. Pflug
M. Webers
H. Thomas
C. Hauschild
C. L. Paalzow
W. E. Weidner (für G. Sigl)
Eduard Friedberg
Bursche & Reich
Schürmann & Jürgens
M. Hirtz & Co.
F. Wöhlert
A. F. Lehmann
Dr. Kufahl
H. E. Runge
C. Rüdiger
Brückner & Lämmerhirt
Petzholdt (für die Maschinenbau-Anstalt in Moabit)
C. Spatzier«

II
Borsigs öffentliche Stellungnahme auf die Forderungen der Berliner Maschinenbauer nach dem 18. März 1848

»Arbeiter-Angelegenheiten
Erklärung des Herrn Borsig.

Die Arbeiter meiner Fabrik werden längst die Ueberzeugung gewonnen haben, daß ich mich fortwährend damit beschäftige Uebelstände und Unordnungen zu beseitigen und dagegen jede mögliche Verbesserung einzuführen, welche nicht allein das Wohl der Arbeiter befördert, sondern auch das Fortbestehen der Anstalt sichert.

Es ist also ein gemeinsames Interesse vorhanden, mit dem Geiste der Zeit fortzuschreiten und in diesem Sinne mache ich die Aenderungen bekannt, die mir nöthig erschienen, wenn das vorgesteckte Ziel erreicht und den laut gewordenen Wünschen entsprochen werden soll.

Die nicht allein hier, sondern im Allgemeinen zur Sprache gebrachten Gegenstände sind folgende:

1) *Erhöhung des Lohns für die Schmiedegesellen.*
2) *Die Beschäftigung von Schmiedegesellen bei denjenigen Schmiedefeuern, wo jetzt Arbeitsleute angestellt sind.*
3) *Aufhebung sämmtlicher Strafen.*
4) *Statt der Strafe, Entlassung Derjenigen, welche zu spät zur Arbeit kommen.*
5) *Lohn-Erhöhung für die Ueberstunden.*
6) *Die Annahme von Geschenken Seitens der Werkführer.*
7) *Die Bestimmung, daß die Arbeiter nicht von den Werkführern angenommen und entlassen werden können.*
8) *Eine genaue Controlle und öftere Revision der Kranken- und Unterstützungs-Casse.*
9) *Erlaubniß, während der Arbeit in der Fabrik rauchen zu dürfen.*

Ich werde nun die einzelnen Punkte näher erörtern und dabei feststellen, was geschehen soll und was nicht, wobei ich aber bemerke, daß die angeführten Bestimmungen auf das Nachdrücklichste fest gehalten werden sollen. Ich hege hierbei die Hoffnung, daß diejenigen meiner Arbeiter, welche es einsehen, daß nur durch ein beiderseitiges kräftiges Zusammenwirken die Ordnung der Dinge wieder hergestellt werden kann, mich dabei thätig unterstützen und die Andersdenkenden durch vernünftige Vorstellungen in das rechte Geleise zurückführen werden; erkläre aber gleichzeitig, daß wenn dennoch einzelne Uebelgesinnte sich finden sollten, ich es mir sowohl, als den übrigen wohlgesinnten Arbeitern schuldig bin, solche zu entfernen.

ad 1) In Betreff der Erhöhung des Lohns für die Schmiedegesellen, setze ich hierdurch fest, daß in Rücksicht der angestrengten und schweren Arbeit, welche diese Leute haben, jeder Schmiedegeselle, welcher nicht Schirrmeister ist, einen Wochenlohn von 4 Thaler erhalten soll. Die Schirrmeister sind schon und werden auch künftig nach ihren Fähigkeiten gelohnt.

ad 2) Es sollen nicht Arbeiterleute statt Schmiedegesellen angestellt werden. Diese Beschwerde hat eigentlich für meine Fabrik keine Geltung, da die Verwendung von Arbeitsleuten bei Schmiedefeuern nur in wenigen einzelnen Fällen stattgefunden hat; doch sollen auch diese in der Folge zurückgehalten werden.

ad 3) Aufhebung sämmtlicher Strafen.

Diesem Verlangen kann ich keine Folge geben und zwar um so weniger, als dasselbe nur von den unordentlichen und nachlässigen Arbeitern ausgehen kann, denn der ordentliche und geschickte Arbeiter braucht keine Strafe zu zahlen. Die Strafen sind im Allgemeinen sehr gering, insofern solche nicht eine wirklich verdorbene Arbeit betreffen, wo sie dem angerichteten Schaden entsprechend festgestellt werden soll. In diesem Falle sind es aber keine Strafen, sondern es ist in der Regel nur ein Theil des Ersatzes für den Verlust, welchen der Arbeiter angerichtet hat. Was die Ordnungsstrafen betrifft, so sollen diese nur dazu dienen, die Unordentlichen zu bessern und es bliebe beim Wegfallen dieser Strafen kein anderes Mittel, als die Betreffenden sofort zu entlassen, was bei Weiterem härter wäre.

ad 4) Entlassung derjenigen, welche zu spät zur Arbeit kommen. In dieser Beziehung setze ich Folgendes fest:
Sobald die zur Arbeit festgesetzte Stunde geschlagen hat, wird nach wie vor das Gittertor geschlossen. Haben sich welche verspätet und kommen noch bis 5 Minuten nach dem Glockenschlage, so sollen sie ohne weiteren Nachtheil noch eingelassen werden. Kommen welche noch bis innerhalb 1/4 Stunde zu spät, so werden diese zwar auch noch eingelassen, doch wird ihnen eine Stunde von ihrem Lohne abgezogen. Den noch später Kommenden wird erst in der Frühstücks- und Vesperstunde der Eintritt gestattet. Jedem Arbeiter wird eine Marke ertheilt, die mit einer Nummer und einem Stempel versehen ist, und die er wohl verwahren und immer bei sich tragen muß; diese Marke muß er im Fall des Zuspätkommens dem Portier übergeben, welcher solche im Comptoir abzuliefern hat, wo die mit den Nummern bezeichnete Namensliste vorhanden ist. Beim nächsten Ausgang wird dem Arbeiter die Marke zurückgegeben. Die Entschuldigung, daß Jemand die Marke vergessen habe, wird nicht angenommen, sondern er muß umkehren und hat sich den Zeitverlust selbst zuzuschreiben. Kommt ein Arbeiter in einer und derselben Woche dreimal zu spät, so wird er entlassen.

ad 5) Lohnerhöhung für die Ueberstunden.
Eine solche findet nicht statt, da diese nur zu Mißbräuchen Anlaß giebt. Es wird nur den vollen Tag gearbeitet, und in ganz geringenden Fällen wo die Arbeit sehr pressirt, soll mit den betheiligten Arbeitern ein besonderes Abkommen getroffen werden.

ad 6) Die Annahme von Geschenken Seitens der Werkführer.
Ich kann und will nicht annehmen, daß sich einer meiner Werkführer auf solche Weise hat bestechen lassen, setze aber dennoch fest, daß wenn ein Werkführer überführt ist, Geschenke angenommen zu haben, derselbe sofort entlassen werden soll.

ad 7) Die Bestimmung, daß die Arbeiter nicht von den Werkführern angenommen oder entlassen werden können.
Diese Bestimmung kann nicht gegeben werden. Es ist unmöglich, daß ich jeden einzelnen Arbeiter hinsichtlich seiner Fähigkeiten beobachten oder prüfen kann, sondern muß dies den Werkführern überlassen. Von diesen fordere ich die Arbeit und gute Arbeit, sie allein können also auch nur am besten wissen, wer zu brauchen ist und wer nicht. Ich habe auch gar keinen Grund anzunehmen, daß die Werkführer partheiisch sein sollten, sondern hege vielmehr das volle Vertrauen, daß sie gegen Jeden gerecht sein werden.

ad 8) Controlle der Kranken- und Unterstützungs-Kasse.
Die Berücksichtigung dieses Wunsches fällt von selbst fort, da ich es mir seit dem Bestehen dieser Kassen zur heiligsten Pflicht gemacht habe, die größt möglichste Oeffentlichkeit zu beobachten. Es ist jedem Arbeiter bekannt, daß zu diesem Zwecke in der Werkstatt Tafeln ausgehängt sind, auf welchen allwöchentlich die Einnahme und Ausgabe so wie der Bestand der genannten Kassen verzeichnet werden.

ad 9) Die Erlaubniß, während der Arbeit rauchen zu dürfen, kann ich nicht geben, sondern ist dasselbe nur wie bisher während der Frühstücks-, Mittags- und Vesperzeit gestattet. Abgesehen davon, daß das Rauchen sehr störend bei der Arbeit ist, so würden auch die in den oberen Werkstätten Arbeitenden vom Tabacksrauche sehr belästigt, und es würde von diesen wieder die Klage laut werden, welche früher wegen des Lampengeruches stattfand, der nun durch die Einführung einer allgemeinen Gas-Beleuchtung beseitigt ist.
Alle übrigen Bestimmungen, welche durch gegenwärtige Verordnungen nicht aufgehoben werden, bleiben in Kraft.
Ich erwarte nun, daß am Montag den 27. März d.J. jeder Arbeiter zur üblichen Zeit sich wieder zur Arbeit einfinden wird, und werde ich Jedem, der sich nicht einstellt, seine Entlassung ins Haus schicken, weil ich dann annehme, daß er nicht ferner bei mir arbeiten will.
Berlin, den 25. März 1848 *A. Borsig«*

III
Rede von Albert Borsig anläßlich der Feier zum 25. Firmenjubiläum am 22. Juli 1862

»Meine lieben Beamten und Arbeiter!
Vor drei Jahren feierten wir ein Fest, wie noch keines herrlicher, einmütiger und fröhlicher in Berlin gesehen worden ist. Tausende von glücklichen Menschen tanzten draußen in Moabit, Tausende von bunten Lampen glänzten dort.
Die tausendste Lokomotive war aus dieser Anstalt hervorgegangen.
Es war ein Fest nicht nur des Borsig'schen Werkes, es war ein Triumphfest der deutschen Industrie. Das Jubelfest, zu dem wir heute zusammen sind, hat nicht jenes Interesse für die Allgemeinheit, es ist mehr ein Familienfest, bestimmt, die Gefühle der Treue, Einheit und Zusammengehörigkeit zu wecken unter allen Gliedern, die zu dieser Familie von Anbeginn gehören, oder ihr erst später zugetreten sind. Es ist zugleich ein Fest der Erinnerung. 25 Jahre, ein Vierteljahrhundert, besteht das Haus, unter dessen Namen und Schutz wir alle schaffen. Lassen Sie uns nun auf die Geschichte dieser Anstalt, auf die Jahre hinter uns blicken, denn auch die Vergangenheit dieser Fabrik ist ein Stück preussischer Geschichte, lehrreicher als manch dicker Foliant, den gelehrte Professoren schreiben, lehrreicher als die Geschichte von manchen Kriegen, Notenwechseln, Mobilmachungen und Staatsumwälzungen. Im Jahre 1837 gründete mein seliger Vater diese Fabrik und hatte die Freude, am 22. Juli den ersten Guß machen zu können. Es war nicht lange nach jener Zeit, wo die erstaunte Welt zum ersten Male eine Lokomotive pfeifen hörte, ohne zu ahnen, dass dieser Pfiff das erste Signal sei zur friedlichen Umwälzung des Staats, ja – sagen wir es deutlicher – zu einer friedlichen Revolution aller sozialen und politischen Verhältnisse wurde. Obgleich der Dampf schon längst angefangen, die Menschkraft zu ersetzen, oder vielmehr, sie zu veredeln, wütete noch immer gegen den eisernen Arbeiter das Vorurteil, stemmte sich die Gewohnheit und die Kurzsichtigen riefen und schrieen: ›Wehe‹, der eiserne Arbeiter, die Dampfmaschine wird den Handwerker an den Bettelstab bringen und ein Proletariat des fürchterlichsten Elends erzeugen. Sie wird das Kapital des Landes verzehren und den Markt überschwemmen mit schlechten Waren. Mein seliger Vater sah mit klarem Auge die Dinge. Er blickte auf England, Frankreich, Belgien und Nordamerika und sagte sich: diese Länder werden von Tag zu Tag reicher, angesehener durch den eisernen Arbeiter und ist ihre innere wie ihre Kraft nach aussen gestiegen. Er blickte auf Deutschland, auf Preussen und sagte sich: Warum sollte nicht unsere Industrie auch einer Entwicklung fähig sein. Wir haben Kohlen und Eisen so gut wie diese Länder und andere Stoffe noch besser, schiffbare Ströme und gute Straßen. Wie viele Tausend Menschen könnten glücklich werden, wenn wir selbst daran gingen, diese Schätze zu heben und zu verwerten kraft des Dampfes.
Und er faßte sich ein Herz und gründete sein eigenes Haus. Gering nur waren die Mittel, die er sich durch Fleiss und Sparsamkeit erworben hatte. Aber Glück und Kredit standen ihm zur Seite. Als heute vor 25 Jahren auf diesem Grundstück der erste Guss geschah, waren schon 50 Arbeiter um meinen Vater, 50 Paten an der Wiege der Fabrik. Heute sind hier 1800 Zeugen versammelt und ich glaube, jeder freut sich zu bekunden, wie herrlich das Kind gediehen und zum kräftigen Manne erwachsen ist.
Aber diese 25 Jahre bilden ein Leben voller wechselnder Schicksale, ernster Prüfungen und schwerer Lehrjahre. Glauben Sie mir, mein seliger Vater hatte in der damaligen Zeit mit vielen Sorgen zu kämpfen. Während der ersten Zeit fehlte es der Fabrik an einem bestimmten Absatzfelde, und wo dies fehlt, da fehlt auch die bestimmte Richtung für die Tätigkeit. Erst als 1840 der Bau der Eisenbahnen in Deutschland in grösserem Masse begann, da war die Richtung und das Feld gefunden, und schon 1841 dampfte unsere 1. Lokomotive über die Schienen. 1844 erhielt mein Vater auf der Berliner Gewerbeausstellung für seine Lokomotive die goldene Medaille und 10 Jahre später hatte ich die Freude, dass unsere Konstruktion, unser Material und unsere Arbeit in Paris geehrt wurde vor den Erzeugnissen fremdländischer Industrie durch Zuerkennung der grossen goldenen Medaille. Trotz dieses Glückes hatten wir doch zu kämpfen gegen gar viele

gefährliche Feinde, gegen die Konkurrenz des Auslandes, gegen die Ungunst der Konjunktur, gegen alle Hindernisse, die aus dem Wiener-Händel der Zeit für Handel und Industrie entsprangen. Die Schläge, die den Handel trafen, trafen auch uns. Die politische Krisis des Jahres 1848 zwang uns, unsere Tätigkeit einzuschränken. Die soziale Krisis in Amerika, welcher die Europäische Handelskrisis auf dem Fusse folgte, übte im Jahre 1857 ihren Rückschlag auch auf uns. Und wenn wir, trotzdem Englands Fabriken unter den Folgen jenes Krieges seufzen, trotzdem sich noch überall das Kapital scheu von der Börse des Weltmarktes zurückzieht, vollauf zu tun haben, so ist das ein Zeichen unserer Gesundheit, dass wir mit gesunder Kraft eine Industrie betrieben, die keines künstlichen Schutzes bedarf, die auf eigenen festen Beinen steht und mit gesunden Augen allen Gefahren entgegengeht. Es ist unser Stolz, dass wir in Russland und Polen den Sieg über Frankreich, England und Belgien davontragen, dass unsere Lokomotiven laufen werden bis an den Ural, wie sie jetzt schon jagen durch Österreich, Dänemark, Russland und Deutschland bis an die französische Grenze. Wir haben keine Kolonien, keine Kriegsflotte zum Schutz unseres Handels, keine Macht, uns neue Handelswege zu erzwingen. Wo sich der Brite und Franzose solche Wege bahnt, da ist er stets auch gleich da mit seinem Gelde, seinen Ingenieuren, seinen Eisenbahnen, um den Markt des Landes an sich zu reissen. Wir Deutschen sind eine gesplitterte Nation, die da ringt nach Einheit, nach gemeinsamer Fahne und Flagge, um sich unter dem Schutz dieser im friedlichen Kampfe der Industrie mit andern Ländern messen zu können. Lassen Sie uns hoffen, dass wir das Ziel bald erreichen. Die Lokomotive ist der feurige Vorläufer der Freiheit und Einheit in allen Ländern, sie bringt am leichtesten Bildung, Arbeit und Gesittung zu allen Nationen, sie rückt die Völker näher aneinander, vermittelt den Austausch der weltlichen und geistigen Güter; sie saust über Vorurteile, Zopfwesen, Kleinstaaterei, Pass-Schererei schon jetzt in Deutschland lustig hinweg – möge sie denn die Deutschen zu einer einigen Nation, ihre Industrie zur Grossmacht gestalten.

Die Vergangenheit unserer Fabrik, sagte ich vorhin, ist ein Stück Weltgeschichte. Sie ist's auch in dem Sinne, dass sie uns lehrt, wie ein in sich gesunder Staat fortblüht und wächst, auch wenn die Hand dessen fehlt, der ihn gepflanzt hat. Meine lieben Beamten und Arbeiter, seit ich diese Werke leite, durch Sie alle unterstützt, war es meine Aufgabe, im Sinne meines seligen Vaters zu wirken. Und ich bin überzeugt, wenn er heute, an diesem Festtage unter uns treten könnte – er würde sich des Geschaffenen freuen. Ich könnte ihn mit freudigem Auge und redlichem Bewußtsein anblicken und ihm zurufen: Sieh', Vater, ich habe Deine Erbschaft angetreten und sie zu Deiner Ehre bis heute erhalten. Nun lassen Sie uns das Jubelfest damit beginnen, dass wir unserer dreifachen Hoffnung auf die Zukunft dreifachen Ausdruck geben. Hoffen wir erstens, dass wir im Schutze des Friedens und der Verfassung an unserem Werke weiter arbeiten können und darum rufen wir dem Schirmherrn des Friedens, dem Hüter des Preussischen Vaterlandes, unserm König das erste Hoch! Hoffen wir zweitens, dass Handel und Industrie durch Vereinigung von ganz Deutschland ebenbürtig werden den andern Großmächten und darum lassen Sie uns das zweite Hoch dem Deutschen Vaterlande zurufen. Hoch! Hoffen wir drittens, dass unsere Industrie, unsere Fabrik, unsere Arbeit blühen möge bis zum goldenen Jubelfest, und darum rufen Sie mit mir: Hoch lebe die Maschinenbauerei!«

IV
Jubiläen der Firma Borsig

22. Juli 1837	Erster Guß in der Eisengießerei an der Chausseestraße
24. Juni 1841	Fertigstellung der ersten Lokomotive »Borsig«
Sommer 1844	Beschickung der Gewerbeausstellung mit der 24. Lokomotive »Beuth«
20. Sept. 1846	100. Lokomotive »Dioskuren«
13. Okt. 1847	200. Lokomotive
8. Dez. 1850	300. Lokomotive
6. Nov. 1853	400. Lokomotive
25. März 1854	500. Lokomotive »Borsig«
21. Aug. 1858	1000. Lokomotive »Borussia«
22. Juli 1862	25. Firmenjubiläum
1863	1500. Lokomotive
2. März 1867	2000. Lokomotive »König Wilhelm« zur Weltausstellung nach Paris (Goldene Medaille)
1869	2500. Lokomotive
1873	3000. Lokomotive »Drei Tausend«
1883	4000. Lokomotive
21. Juni 1902	5000. Lokomotive
23. Juni 1904	100. Jahrfeier zum Geburtstag von August Borsig
22. Juli 1912	75. Firmenjubiläum
1914	9000. Lokomotive
1918	10000. Lokomotive
1925	12000. Lokomotive
1931	14000. Lokomotive

V
Große Bauaufgaben der Firma Borsig vor 1850

1840–1843	Pumpanlage und Bewässerungssystem im Park von Sanssouci
1841–1844	Eisenkonstruktion für den Verbindungsgang zwischen Altem und Neuem Museum Berlin und Kuppel über dem Neuen Museum
1844–1847	Bauarbeiten an der Nicolaikirche in Potsdam
1847–1848	Kuppel über der Nicolaikirche in Potsdam
1847–1852	Kuppel über dem Königlichen Schloß zu Berlin und Heizanlage für die Kapelle
vor 1847	Brücken für die Potsdam-Magdeburger Eisenbahn
	Brücken für die Berlin–Hamburger Eisenbahn
	Brücken für die Thüringische Eisenbahn
	Dach der Bahnhofshalle in Krakau
1847	Dach für den Hamburger Bahnhof bei Berlin

Literatur

Festschriften

A. Borsig Berlin 1837–1902, Festschrift zur Feier der 5000sten Lokomotive, Tegel, 21. Juni 1902, Berlin 1902.
A. Borsig 1837–1902, Feier des 75jährigen Bestehens der Firma A. Borsig, Festakt im Werke Berlin-Tegel, Sonnabend, den 14. September 1912…, Berlin 1912.
90 Jahre Borsig, A. Borsig Berlin-Tegel, 1837–1927, Berlin 1927.
75 Jahre Borsigwerk, Glogau (Oberschlesien) 1929.
Deutscher Maschinenbau 1837–1937 im Spiegel des Werkes Borsig (hrsg. von der Rheinmetall-Borsig Aktiengesellschaft), Berlin 1937.
100 Jahre Borsig Lokomotiven 1837–1937 (hrsg. im Jahre 1937 von den Borsig Lokomotiv-Werken GmbH), Berlin 1937.

Ausstellungen

Borsig in der Kunst, Berlin 1969 (Kat.), 16.S.
Kat. Preußen I, Kat. Nr. 22/229–290.

Bücher, Zeitungen und Zeitschriften

(Anonym nach Erscheinungsjahr)
Eisengiesserei und Maschinenfabrik des Herrn Borsig in Berlin, in: Allgemeine Bauzeitung, 1844 (Jg. 8), S. 15–16, Tafel DLXXV u. DLXXVI.
Die Eisengießerei und Maschinenbau-Anstalt von A. Borsig in Berlin, in: Berliner Kalender für 1848.
A. Borsig's Eisengießerei und Maschinenbauanstalt in Berlin, in: Illustrirte Zeitung, 1848, S. 116–117 und S. 148–150.
A. Borsig's Maschinenbau-Anstalt in Berlin, in: Osthavelländisches Kreis-Blatt, 1855 (No. 35) S. 138–139, (No. 36) S. 143–144, (No. 37) S. 147.
Das Borsig'sche Arbeiterfest zur Feier des Ausganges der 1000. Locomotive am 21. August 1858, in: Berlinische Nachrichten von Staats- und gelehrten Sachen, No. 195 (22.8.1858).
Das Borsig'sche Arbeiterfest, in: Volks-Zeitung, Organ für Jedermann aus dem Volke, No. 197 (24.8.1858).
Borsig's Arbeiter-Fest in Moabit, in: Königlich privilegirte Berlinische Zeitung, Nr. 196 (24.8. 1858).
Das Borsigfest in Berlin, in: Illustrirte Zeitung, No. 793 (11.9. 1858).
Das Fest der tausendsten Locomotive, in: Die Gartenlaube, 1858, S. 541.
Das Borsig-Fest, in: Berliner Reform, No. 171 (24.7.1862).
Deutschlands Industriewerkstätten. Bei dem Locomotivkönig, in: Die Gartenlaube, 1867, S. 554–558 und 779–782.
Die Trauerfeierlichkeiten für Borsig, in: Berliner Tageblatt, Nr. 90 (16.4.1878).
Albert Borsig, in: Illustrirte Zeitung, 4.5.1878 (S. 348).
Ueber die Pensionierung bezw. die Entschädigung der durch die Schließung eines Teiles der Borsig'schen Werkstätten brotlos gewordenen Arbeiter, in: Volkszeitung (25.11.1886).
Die Schließung der Borsig'schen Fabrik, in: Berliner Tageblatt, Nr. 316 (26.6.1887).
Der Kampf des Borsig und des Pleß-Palais, in: Vossische Zeitung (1.1.1926).
Borsig und Beuth, in: Kat. Berlin III, S. 70–74.

*

Architektonisches Skizzenbuch, Eine Sammlung von Landhäusern, Villen, welche… in Berlin, Potsdam und anderen Orten ausgeführt sind, Berlin 1852 ff.
Arenhövel, Willmuth, Eisen statt Gold, Berlin 1982 (Kat.).
Artelt, Paul, Die Wasserkünste in Sanssouci, Berlin 1893.
Baar, Lothar, Die Berliner Industrie in der industriellen Revolution, Berlin (DDR) 1966.
Beck, Ludwig, Die Geschichte des Eisens in technischer und kulturgeschichtlicher Beziehung (Bd 4: Das XIX. Jahrhundert), Braunschweig 1899.
Berlin und seine Bauten, Bearbeitet und hrsg. vom Architekten-Verein zu Berlin und der Vereinigung Berliner Architekten, Berlin 1877 (1. Ausg.), Berlin 1896 (2. Ausg.).
Bibliographie zur Architektur im 19. Jahrhundert, Aufsätze in den deutschsprachigen Architekturzeitschriften 1789–1918 (hrsg. von Stephan Waetzoldt, Red. Verena Haas), Nendeln 1977, 8 Bde. (insb. Bd. 6, Stichwort: Fabrikbau).
Börsch-Supan, Eva, Berliner Baukunst nach Schinkel, München 1977.
Bothe, Rolf, Antikenrezeption in Bauten und Entwürfen Berliner Architekten zwischen 1790 und 1870, in: Berlin und die Antike, Berlin 1979 (Kat.), S. 294–333.
Das neue Buch der Erfindungen, Berlin/Leipzig 1864–67 (6 Bde).
Buddensieg, Tilmann/Henning Rogge u.a., Industriekultur, Peter Behrens und die AEG: 1907–1914, Berlin 1978.
Buddensieg, Tilmann/Henning Rogge (Hrsg.), Die Nützlichen Künste, Gestaltende Technik und Bildende Kunst seit der Industriellen Revolution, Berlin 1981 (Kat.).

Büsch, Otto, Industrialisierung und Gewerbe im Raum Berlin/ Brandenburg 1800–1850 (Einzelveröffentlichung der Historischen Kommission zu Berlin, Bd. 9), Berlin 1971, S. 86–94.

Cramer, Hermann, Geschichte der Königlichen Eisengießerei zu Berlin, in: Zeitschrift für Berg-, Hütten- und Salinenwesen im preußischen Staate, Bd. 23 (1875), S. 164–187.

Die deutsche Gewerbeausstellung in Berlin vom Jahre 1844, in: Illustrirte Zeitung, 1844 (Jg. 3), S. 298–301.

Die Gegenwart, Eine encyklopädische Darstellung der neuesten Zeitgeschichte für alle Stände, Leipzig 1849.

Duvigneau, Volker, Die Potsdam-Berliner Architektur zwischen 1840 und 1875, München 1966 (Diss.).

Eggers, Friedrich, Über Themen für Genre- und Landschaftsmaler, in: Deutsche Kunstblatt, 1852, S. 108.

Feldhaus, Franz M., Zeittafel des Berliner Handels und der Industrie seit 1800, in: Berlins Aufstieg zur Weltstadt, Ein Gedenkbuch hrsg. vom Verein Berliner Kaufleute und Industrieller aus Anlaß seines 50-jährigen Bestehens mit Beiträgen von Max Osborn u.a., Berlin 1929, S. 313ff.

Helbach, Hans-Peter, Berliner Unternehmer in Vormärz und Revolution 1847–1848, Eine Trägerschicht der Frühindustrialisierung als neue politische Kraft, in: Untersuchungen zur Geschichte der frühen Industrialisierung (Einzelveröffentlichungen der Historischen Kommission zu Berlin, Bd. 6), Berlin 1971, S. 416–454.

Hintze, E., August Borsig, in: Berliner Volkskalender, Berlin 1855.

Hofmann, Werner, Der Tod der Götter, in: John Flaxmann, Mythologie und Industrie, Kunst um 1800, München 1979 (Kat.), S. 20–30.

Hofmeister, Burkhard, Moabit – Durchgangsstation im Zuge der Randwanderung der Industrie? in: Kat. Berlin, S. 183–190.

Industrie und deutsche Literatur 1830–1914 (hrsg. von Keith Bullivant, Hugh Ridley), München 1976.

Industriebilder aus Westfalen, Gemälde, Aquarelle, Handzeichnungen, Druckgraphik 1800–1960, Münster 1979 (Kat.).

Kaelble, Hartmut, Berliner Unternehmer während der frühen Industrialisierung (Veröffentlichung der Historischen Kommission zu Berlin, Bd. 40), Berlin 1972.

Kania, Hans, Potsdam, Staats- und Bürgerbauten (Schinkel-Monographie), Berlin 1939.

Kat. Berlin I–III – Berlin: Von der Residenzstadt zur Industriemetropole, Ein Beitrag der Technischen Universität Berlin zum Preußen-Jahr 1981, 3 Bde., Berlin 1981.

Kat. Preußen I–V – Preußen, Versuch einer Bilanz, Ausstellung der Berliner Festspiel GmbH, 5 Bde., Berlin 1981.

Kling, Michael, Borsig – ein Abriß der Unternehmensgeschichte; in: Kat. Berlin I, S. 193–199.

Kloss, Klaus-Peter, Veränderung städtebaulicher Strukturen während der Industrialisierung; in: Kat. Berlin I, S. 477–485.

Köhler, Fritz, Borsig, der eiserne Vorarbeiter, Leipzig 1938, in: Deutschlands Namen, H. 28.

Kohte, Julius, Die ehemalige Maschinenbau-Anstalt von A. Borsig Chausseestraße 1, in: Zeitschrift für Bauwesen, 1891 (41), Sp. 19–26 und Tafel 9.

ders., Der Schornstein des ehemaligen Borsigschen Eisenwerkes in Berlin, Alt Moabit, in: Zentralblatt der Bauverwaltung, 1902 (Jg. 22), S. 369.

(Kühnemann): Das Haus A. Borsig, Aus der industriellen Entwicklungsgeschichte Berlins, in: Groß-Berlin. Bilder von der Ausstellungsstadt (hrsg. von Albert Kühnemann), Berlin 1896/97, S. 27-32 und 53–56.

Kugler, Franz/Johann Heinrich Strack/Friedrich Eduard Meyerheim, Architektonische Denkmäler der Altmark Brandenburg, Berlin 1833.

Löffler, Adam, Die Entstehung des Borsig'schen Etablissements am Oranienburger Tor, in: Berliner Lokalanzeiger (12.2.1888).

Loewenberg, J., Die beiden Borsigs, in: Die Gartenlaube, 1878, S. 229–301.

Martius, Lilli, Die Villa Borsig in Berlin Moabit, Über ihren Architekten Johann Heinrich Strack und den Maler Paul Meyerheim, in: Der Bär von Berlin, 1965 (Jg. 14), S. 261–280.

Marx, Karl, Maschinerie und große Industrie, in: K.M., Das Kapital, Berlin (DDR) 1972, S. 391–530.

ders., Der Fetischcharakter der Ware und sein Geheimnis, in: K.M., Das Kapital, Berlin (DDR) 1972, S. 85–96.

Matschoss, Conrad, Ein Jahrhundert deutscher Maschinenbau. Von der Mechanischen Werkstatt bis zur Deutschen Maschinenfabrik 1819–1919, Berlin 1919.

Mieck, Ilja, Der Staat und die Anfänge des Maschinenbaus in Berlin, in: Kat. Berlin I, S. 97–110.

dies., Preußische Gewerbepolitik in Berlin 1806–1844 (Veröffentlichung der Historischen Kommission zu Berlin beim Friedrich-Meinecke-Institut der FU Berlin), Berlin 1965.

Nova, Max, Die Stadttore der Mark Brandenburg im Mittelalter, Berlin 1909.

Orth, August, Die Industriebauten, in: Berlin und seine Bauten 1877, S. 115–240.

Pachtner, Fritz, August Borsig, Zeulenroda 1954.

Pierson, Kurt, A. Borsig, Berlin-

Tegel, 130 Jahre Lokomotivbau, in: Lok-Magazin, 1971.
ders., Borsig, Ein Name geht um die Welt, Berlin 1973.
Pietsch, L., Bläser's Giebelgruppe am Borsig'schen Etablissement in Berlin, in: Illustrirte Zeitung, Nr. 982 (26.4.1862).
(Randow) Borsig, eine biographische Skizze seinen Freunden und Verehrern gewidmet von Georg Friedrich Randow, Berlin 1854.
Ranke, Winfried, Die industrielle Revolution setzt sich durch, in: Kat. Preußen I, S. 386–397.
Rave, Paul Ortwin, Genius der Baukunst, Eine klassisch-romantische Bilderfolge an der Berliner Bauakademie von Karl-Friedrich Schinkel, Berlin (1939).
Reihlen, Helmut, Christian Peter Wilhelm Beuth – eine geschichtliche Betrachtung aus Anlaß des 125. Todestages, in: DIN-Mitteilungen, 1978 (Jg. 57), Nr. 9, S. 488–499.
Riemann, Gottfried, Karl Friedrich Schinkels Reise nach England im Jahre 1826 und ihre Wirkung auf sein architektonisches Werk, Halle/Saale 1967 (Diss. masch.).
ders., Reise durch England, Schottland und Wales, in: Karl Friedrich Schinkel 1781–1841, Berlin (DDR) 1981 (Kat.), S. 307–314.
Ring, Max, Die deutsche Kaiserstadt Berlin und ihre Umgebung, Leipzig 1884.
Rimpler, Otto, Berliner Bürgerwehr, Berlin 1850.
Rogge, Henning, siehe Buddensieg, Tilmann.
Rumpf, J. D. F., Der Fremdenführer, oder wie kann der Fremde, in der kürzesten Zeit, alle Merkwürdigkeiten in Berlin, Potsdam, Charlottenburg und deren Umgebung sehen und kennen zu lernen, Berlin 1833.
Runge, Ludwig, Beiträge zur Kenntniß der Backstein-Architektur Italiens, Berlin 1846–52.
(Schwartzkopff) 75 Jahre Schwartzkopff (hrsg. von der Berliner Maschinenbau-Actien-Gesellschaft vormals L. Schwartzkopff), Berlin 1927.
Schinkel, Karl Friedrich, Das Architektonische Lehrbuch (Hrsg. Goerd Peschken), München/Berlin 1979.
Schinkel, Karl Friedrich, Architektur, Malerei, Kunstgewerbe (bearbeitet von der Verwaltung der Staatlichen Schlösser und Gärten und der Nationalgalerie Berlin), Berlin 1981.
ders., Werke und Wirkungen (bearbeitet vom Senat für Bau- und Wohnungswesen, dem Architekten- und Ingenieur-Verein zu Berlin und der Technischen Universität Berlin), Berlin 1981.
ders., 1781–1841 (Hrsg. Staatliche Museen zu Berlin, Berlin (DDR) 1980.
Schmidt, Eva, Der preußische Eisenkunstguß, Technik, Geschichte, Werke, Künstler, Berlin 1981.
Schmitz, Hermann, Berliner Eisenkunstguß, Berlin 1917.
(Schöler) Ein Held der Arbeit, Der Werdegang des Hauses A. Borsig, o.O.o.J. (Sonderdruck aus: Helden der Arbeit, o.O.o.J., Hrsg. Hermann Schöler).
Schomerus, Heilwig, Die Arbeiter der Maschinenfabrik Esslingen. Forschungen zur Lage der Arbeiterschaft im 19. Jahrhundert, Stuttgart 1977.
Schütze, Karl-Robert, Der Vorsitzende gab ferner eine Idee von einer Maschine…, in: Karl Friedrich Schinkel, Werke und Wirkungen, Berlin 1981 (Kat.), S. 91–105.
Seiler, Michael, Der Borsig'sche Garten und die Gewächshäuser in Moabit, in: Kat. Berlin I, S. 487–493.
Stamm, Brigitte, Vorbilder für Fabrikanten und Handwerker. Zur preußischen Gewerbeförderung in der 1. Hälfte des 19. Jahrhunderts, in: Karl-Friedrich Schinkel, Architektur, Malerei, Kunstgewerbe, Berlin 1981 (Kat.), S. 333–348.
(Strack) Die Thürme auf der Maschinenfabrik des Herrn Borsig zu Berlin nach Entwürfen von Strack, in: Notizblatt des Architekturvereins zu Berlin, 1850 (N.F.), Nr. 1, S. 11–12, Bl. 3.
(Strack) Architektonische Details, Ausgeführt von Heinrich Strack, Berlin 1857, H. 1–3.
Streich, Wolfgang-Jürgen, Industriearchitektur in Berlin von 1820–1910, in: Kat. Berlin I, S. 413–427.
Stuart, James/Nicolas Revett, The Antiquities of Athens, London 1789.
Süchting, Wolfgang, Erhaltenswerte Industriebauten als soziokulturelle Zentren? in: Kultur aktiv in alten Gebäuden, Frankfurt 1979, S. 16–35.
Treue, Wilhelm, Preußen und die Förderung der nützlichen Künste, in: Kat. Berlin I, S. 59–95.
(Vater) Rede bei der Begräbniß-Feier des Geheimen Kommerzien-Rathes Carl August Borsig, Gesprochen im Trauerhause zu Moabit am 10. Juni 1854 von L. Vater, Prediger an der Dorotheenstädtischen Kirche, Manuskript für Borsig's Freunde, Berlin 1854.
Vogt, Hermann, August Borsig, Ein Lebensbild, Berlin 1880.
Vorbilder für Fabrikanten und Handwerker (hrsg. auf Anordnung des Ministeriums für Handel, Gewerbe und Bauwesen von der Technischen Deputation für das Gewerbe), Berlin 1821 ff.
Vorsteher, Dieter, Ein Industriebild zwischen Jubelfeier und Revolution, in: kritische berichte, 1980 (H. 4/5), S. 35–48.
ders., Das Fest der 1000. Lokomotive – Ein neues Sternbild über Moabit, in: Die Nützlichen Künste. (hrsg. von Til-

mann Buddensieg und Henning Rogge), Berlin 1981 (Kat.), S. 90–98.
ders., Neue Götter in Moabit – Die Poesie der Produktion, in: Kat. Berlin I, S. 231–241.
ders., Alta Slesia: nascita di un paesaggio industriale, in: Casabella, 483 (1982), S. 42–49.
Weber, Heinrich, Der vaterländische Gewerbefreund, Ein Leitfaden zur Kenntnis der industriellen Geschäftigkeit im Preußischen Staate, Berlin/Leipzig 1819/20 (2 Bde.).
Weber, Max Marie von, Vom rollenden Flügelrade, Berlin 1862.
Winkelmann, Beschreibung eines aus Holz, Guss- und Schmiedeeisen construirten Dachverbandes über einem Schuppen in der Maschinen-Fabrik des Herrn Borsig in Berlin, in: Notizblatt des Architektenvereins zu Berlin, 1844 (Jg. 12), Nr. 23–24, S. 134–136; Bl. 85–87.
Wirth, Irmgard, Die ehemalige Maschinenbauanstalt von J. C. Freund in Charlottenburg, in: Berlinische Notizen, 1979 (H. 12), S. 17–20.
Zerges, Kristina/Hella Dünger, Vater oder Vollblutkapitalist? Das Etablissement Borsig im Spiegel der Arbeitermedien, in: Kat. Berlin I, S. 243–252.

Abbildungsnachweis

[1] 27 x 20 cm; Archiv der A.B.V., Nr. 176/6.
[2] 22.9.1823; 35,8 x 45,8 cm; Archiv der A.B.V., Akte August Borsig.
[3] Zeichnung verschollen; Borsig-Archiv, Fotonummer 3843 VA.
[4] Berlin, Landesbildstelle, Nr. 155344.
[5] 20.12.1836; 35,4 x 21,4 cm; Archiv der A.B.V., Akte August Borsig.
[6] Zeichnung verschollen; Borsig-Archiv, Fotonummer 59-678-VA.
[7] 37,3 x 21 cm; Archiv der A.B.V., Akte a 527 R (»Fontainen-Anlage in Sanssouci 1840, 1841, 1842«).
[8] 38 x 23,5 cm; Archiv der A.B.V., (wie [7]).
[9] Borsig-Zeitung, 1930 Nr. 3/4, S. 9.
[10] Zeichnung verschollen; Borsig-Archiv, Fotonummer 3866 VA.
[11] Paul Artelt, Die Wasserkünste von Sanssouci, Berlin 1893, Taf. 14.
[12] J. Hasse nach Biermann, 13 x 9 cm; Borsig-Archiv, Fotonummer 57-384-VA.
[13] Borsig-Archiv, Fotonummer 59-361-VA.
[14] aus: Karl Friedrich Schinkel, Berlin, Bauten und Entwürfe, Berlin 1973 (hrsg. von Klaus J. Lemmer), S. 82.
[15] Emil Prüfer, »Construction der Schutzkuppel der St. Nicolai-Kirche in Potsdam«, in: Zeitschrift für Bauwesen, Jg. 2 (1852), Atlas Bl. 31.
[16] 30.5.1851; 35,5 x 22,7 cm; Archiv der A.B.V., Akte August Borsig.
[17] Borsig-Archiv, Hauptbuch (Fotonummer 62-253-VA).
[18] (vermutl. Rekonstruktion nach einer Strichzeichnung aus: Dingler's Polytechnisches Journal, 1842, Tafel 2; Zeichnung verschollen); Borsig-Archiv, Fotonummer 1553 VA.
[19] Borsig-Archiv, Fotonummer 1552 VA.
[20] nach Quellen: »Verwertung des Grundbesitzes in Berlin-Moabit«, 17 S. (5.3.1931); Archiv der A.B.V., Akte: Geschichte der Firma Borsig. – Und unter Verwendung von [26].
[21] Borsig-Archiv, Fotonummer 60-629-VA (Original im Archiv der A.B.V.).
[22] farbige Lithographie, 14 x 18 cm (Bildgröße); aus: Architektonisches Skizzenbuch«, Heft XIV, Bl. 5.
[23] aus: Folkwin Wendland, Berlins Gärten und Parke, Berlin 1979, S. 159 (Abb. 167). – Original in Potsdam, Verwaltung der Staatlichen Schlösser und Gärten.
[24] links: 21,4 x 17,5 cm (Detail); rechts: 21,3 x 17,8 cm (Detail), beschriftet: »Wohnhaus in Moabit«; beide Archiv der A.B.V., Akte August Borsig.
[25] farbige Lithographie, 25,6 x 17,8 cm; aus: »Architektonisches Skizzenbuch«, Heft CI (101), Bl. 5 (1870).
[26] kolorierte Federzeichnung, 26 x 39,5 cm; Archiv der A.B.V., ohne Nummer (z.Z.: Archiv des ehem. Vermögensverwalters).
[27] Borsig-Archiv, Fotonummer 3880-VA.
[28] aus: Johann Heinrich Strack, Der innere Ausbau von Wohnhäusern, Berlin 1854, Heft 1, Bl. 2.
[29] Borsig-Archiv, Fotonummer 3919-VA.
[30] Borsig-Archiv, Fotonummer 3918-VA.
[31] Borsig-Archiv, Fotonummer 61-495-VA (Detail).
[32] aus: »Das Königreich Preussen in malerischen Original-Ansichten seiner interessantesten Gegenden…«, Darmstadt 1862; 11,1 x 15,4 cm (Bildgröße); Berlin, Berlin Museum.

[33], [34], [36]–[43], [47] Archiv der A.B.V., Akte A 536 K (Fabricksangelegenheiten 1848–1884).
[35] Borsig-Archiv, Fotonummer 2613-VA.
[36] siehe [33].
[44] Borsig-Archiv, Fotonummer 57-347-VA (Original im Archiv der A.B.V., ohne Nummer).
[45] Borsig-Archiv, Fotonummer 534-VA (Detail).
[46] Borsig-Archiv, Fotonummer 3897-VA.
[47] siehe [33].
[48]–[51] Borsig-Archiv, Fotonummer 1097-VA bis 1100-VA.
[52] aus: Deutscher Maschinenbau 1837–1937 im Spiegel des Werkes Borsig, Berlin 1937, S. 38 (Abb. 13).
[53] Borsig-Archiv, Fotonummer J 2232.
[54] Borsig-Archiv, Fotonummer 1017 VA.
[55] 8,9 x 12,2 cm, beschriftet: »Borsig's Fabrik in Berlin von meiner Wohnung Borsig-Str. 12a gezeichnet, 1868«; Tübingen, Privatbesitz.
[56] Berlin, Landesarchiv.
[57]–[64], [67], [68], [70]–[74] Quelle: »Die Entwicklung der Werksanlagen der Eisengießerei und Maschinenbau-Anstalt A. Borsig am Oranienburger Tor 1836–1887«, 40 S. (1931); Archiv der A.B.V., Nr. 231.
[65], [66] aus: Johann Geist/Klaus Kürvers, Das Berliner Mietshaus, München 1980, S. 182f.
[67], [68] siehe [57].
[69] aus: Heilwig Schomerus, Die Arbeiter der Maschinenfabrik Esslingen, Forschungen zur Lage der Arbeiterschaft im 19. Jahrhundert, Stuttgart 1977.
[70]–[74] siehe [57].
[75] Berlin und seine Bauten, Berlin 1877, S. 132 (Fig. 89; dort auch Angaben zur Ziffernlegende).
[76] aus: Fritz Pachtner, August Borsig, Zeulenroda 1954, S. 129.
[77] aus: Geist/Kürvers (wie [65], [66]).
[78] 16,1 x 22,7 cm; aus: Illustrirte Zeitung, 1848 (Nr. 242), S. 117.
[79] Borsig-Archiv, Fotografie ohne Nummer.
[80] 11,2 x 23 cm; aus: Illustrirte Zeitung, 1848 (Nr. 244), S. 148.
[81] 11,9 x 22,9 cm; aus: Illustrirte Zeitung, 1848 (Nr. 224), S. 149.
[82] 11,1 x 22,8 cm; aus: Illustrirte Zeitung, 1848, Nr. 244, S. 149.
[83] aus: Das neue Buch der Erfindungen, Leipzig/Berlin 1864–67, 6 Bde.; Bd. VI, nach S. 14.
[84] beschriftet o.l.: »Borsig am Oranienburger Tor 1865«; Borsig-Archiv, Fotonummer 58-094 VA.
[85] Farblithographie, 35,5 x 26 cm; aus: »Systematische Darstellung der Bau-Constructionen. Für den Unterricht an der Königlichen Bau-Akademie zu Berlin, bearbeitet von A. F. Fleischinger und W. A. Becker«, Berlin 1862, 14. Lieferung, Bl. 8/44.
[86] gelblich getönte Farblithographie, 21 x 17 cm; beschriftet: »Erf. v. Strack, gez. von v. Keller«; aus: »Architektonisches Skizzenbuch«, Heft XXXXVIII (48), Bl. 4 (1860).
[87] gelblich getönte Farblithographie von v. Keller nach J. H. Strack aus: »Architektonisches Skizzenbuch«, Heft XXXXXIX (59), Bl. 5 (1862); 19,5 x 17,7 cm.
[88] Kohlezeichnung (verschollen); Borsig-Archiv, Fotonummer 69-075 VA.
[89]–[91], [93] zeichnerische Bauaufnahme von Julius Kohte; aus: J. K., Die ehemalige Maschinenbau-Anstalt ..., in: Zeitschrift für Bauwesen 41 (1891).
[92] Terrakotta, Höhe 97 cm; Garten der Technischen Universität Berlin.
[94] Terrakotta, 45 cm Durchmesser; Garten der Technischen Universität Berlin.
[95] Borsig-Archiv, Fotonummer 757-VA.
[96]–[99] Terrakotta, Höhe der Kapitelle 38 cm; Garten der Technischen Universität Berlin.
[100], [101] Terrakotta, 97 x 76 cm; Garten der Technischen Universität Berlin.
[102] Borsig-Archiv, Fotonummer 58-087-V.
[103] 17,7 x 24 cm; aus: L. P., Bläser's Giebelgruppe am Borsig'schen Etablissement in Berlin; in: Illustrirte Zeitung, 1862 (Nr. 982).
[104] 5 x 8 cm; Titelkupfer aus: Heinrich Weber, Der vaterländische Gewerbsfreund. Ein Leitfaden zur Kenntnis der industriellen Geschäftigkeit im Preußischen Staate, Berlin/Leipzig 1819/1820, 2 Bde.; Bd. 2.
[105] aus: Eva Börsch-Supan, Berliner Baukunst nach Schinkel, München 1977, Abb. 426.
[106] Berlin, Plansammlung der Universitätsbibliothek der TU, Nr. 1643
[107] aus: James Stuart und Nicolas Revett, The Antiquities of Athen, London 1789, Cap. III, Pl. III (Reprint von 1925).
[108] Detail aus: Bauzeichnung »Nr. XXVI« (Zeichnung verschollen); Borsig-Archiv, ohne Nummer (Foto).
[109] aus: Franz Kugler/Johann Heinrich Strack/Freidrich E. Meyerheim, Architektonische Denkmäler der Altmark Brandenburg, Berlin 1833, Taf. 2 (24,4 x 17,3 cm).
[110] 45 x 60 cm; aus: »Vorbilder...«, hrsg. von der Technischen Deputation für das Gewerbe, Berlin 1821; II, Bl. 13.
[111] obere Platte am Türgewände links, Terrakotta, Entwurf nach Karl Friedrich Schinkel; aus: Paul Ortwin Rave, Genius der Baukunst, Eine klassisch-romantische Bilderfolge an der Berliner Bauakademie von Karl Friedrich Schinkel, Berlin (1939); Taf. 5.
[112] obere Platte am Türgewände rechts, Terrakotta, Entwurf nach Karl Friedrich Schinkel; aus: Paul Ortwin Rave (wie [111]), Taf. 6.
[113] Terrakotta, 32 x 195 cm (Detail); Garten der Technischen Universität Berlin.
[114] 60 x 40 cm; aus: »Vorlagen..« (wie [110]), Berlin 1836; I, Bl. 24.
[115] Terrakotta und Backstein;

Garten der Technischen Universität Berlin.
[116] Terrakotta, 113 x 52 cm; Garten der Technischen Universität Berlin.
[117] 4,3 cm Durchmesser; Berlin, Historisches Archiv der Universitätsbibliothek der TU Berlin.
[118] in: »Architektonisches Skizzenbuch«, 69 (1864); nach: Eva Börsch-Supan, Berliner Baukunst nach Schinkel, München 1977, Abb. 376.
[119] Seide, 60 x 15,5 cm; Archiv der A.B.V., Akte: Jubiläums- und Festschriften.
[120], [127] Archiv der A.B.V., Akte: Jubiläums- und Festschriften.
[121] Lithographie, 33,1 x 39,2 cm; Borsig-Archiv, Bildersammlung.
[122] Bronze, 3,6 cm Durchmesser; 1858; Borsig-Archiv, Medaillensammlung.
[123] beschriftet: »gem. v. Bartsch, lith. v. Hartwich«, 42 x 57 cm; Borsig-Archiv, Bildersammlung.
[124] 41,2 x 57,3 cm; Illustrirte Zeitung, 1858 (Nr. 20), S. 168–169); Archiv der A.B.V., Akte: Jubiläums- und Festschriften.
[125] Berlin, Bildarchiv Preußischer Kulturbesitz, 906/13.
[126] Berlin, Berlinische Galerie, Fotosammlung.
[127] siehe [120].
[128] Silber, 7,8 cm Durchmesser; Borsig-Archiv, Fotonummer 82 V.
[129] Zeichnung verschollen; Borsig-Archiv, Fotonummer 69-076-VA.
[130] Silber, 20 x 50 x12 cm; Hannover, Hans Friedrich Hermes.
[131] 14,5 x 23 cm; aus: Illustrirte Zeitung, 1854 (No. 577), S. 49.
[132] Lithographie, 33 x 39 cm; Borsig-Archiv, Bildersammlung.
[133] Bronze, 7,8 cm Durchmesser; Borsig-Archiv, Medaillensammlung.
[134] ÖL/Lw (verschollen); Borsig-Archiv, Fotonummer 1271-VA.
[135] 26,2 x 17,9 cm; aus: »Architektonisches Skizzenbuch«, Heft LXXII, Bl. 3 (1865).
[136] Borsig-Archiv, Fotonummer 3929-VA.
[137] Dortmund, Westfälisches Wirtschaftsarchiv.

Tafeln

I 31,5 x 48,5 cm; Archiv der A.B.V., Inv. nr. 3.
II 110 x 161,5 cm; Archiv der A.B.V., ohne Nummer.
III 39,8 x 52,3 cm; Archiv der A.B.V., Inv. nr. 11.
IV 29,4 x 47 cm; beschriftet: »Zur Erinnerung an die Feier ihres 25jährigen Bestehens am 22. Juli 1862«; Archiv der A.B.V., Inv. nr. 8.
V 28 x 39 cm; aus: Die Gartenlaube, 1867 (Nr. 35), S. 556–557; Borsig-Archiv, Fotonummer 3840 v.
VI Höhe 82 cm; Berlin, Berlin Museum.